JINSHU QIEXUEYE PEIFANG YU ZHIBEI

金属切削液

 配方与制备

李东光　主编

（一）

化学工业出版社

·北京·

本书收集了约 300 种切削液配方，包括低温切削液、防腐切削液、防锈切削液、改进型切削液等，详细介绍了切削液产品的原料配比、制备方法、产品用途等内容。

本书适合从事金属切削液研发、生产、应用的人员学习使用，同时可作为精细化工专业师生的参考书。

图书在版编目（CIP）数据

金属切削液配方与制备（一）/ 李东光主编. —北京：化学工业出版社，2016.10
ISBN 978-7-122-27931-6

Ⅰ．①金… Ⅱ．①李… Ⅲ．①金属切削-切削液-配方②金属切削-切削液-制备 Ⅳ．①TG501.5

中国版本图书馆 CIP 数据核字（2016）第 203910 号

责任编辑：张　艳　靳星瑞　　　　文字编辑：陈　雨
责任校对：宋　夏　　　　　　　　装帧设计：王晓宇

出版发行：化学工业出版社(北京市东城区青年湖南街 13 号　邮政编码 100011)
印　　装：北京虎彩文化传播有限公司
850mm×1168mm　1/32　印张 9¾　字数 299 千字
2016 年 11 月北京第 1 版第 1 次印刷

购书咨询：010-64518888　　　　　　售后服务：010-64518899
网　　址：http://www.cip.com.cn
凡购买本书，如有缺损质量问题，本社销售中心负责调换。

定　　价：48.00 元　　　　　　　　版权所有　违者必究

切削液是一种在金属切、削、磨加工过程中，用来冷却和润滑刀具和加工件的工业用液体，是金属切削加工的重要配套材料。18 世纪中后期以来，切削液在各种金属加工领域中得到了广泛的应用。20 世纪初，人们从原油中提炼出大量润滑油，发明了各种润滑油添加剂，真正拉开了现代切削液技术的历史序幕。

切削液的品种繁多，作用各异，分为油基切削液和水基切削液两大类。油基切削液也叫切削油，它主要用于低速重切削加工和难加工材料的切削加工。水基切削液分为三大类：乳化切削液、微乳化切削液和合成切削液。

使用切削液的主要目的是为了减少切削能耗，及时带走切削区内产生的热量以降低切削温度、减少刀具与工件间的摩擦和磨损、提高刀具使用寿命，保证工件加工精度和表面质量，提高加工效率，达到最佳经济效果。切削液在加工过程中的这些效果主要来源于其润滑作用、冷却作用、清洗作用和防锈作用。此外，因为切削液是油脂化学制品，直接与操作人员、工件和机床相接触，对其安全性和腐蚀性也必须有一定的要求。

我国的切削液技术发展很快，切削液新品种不断出现，性能也不断改进和完善，特别是 20 世纪 70 年代末生产的水基合成切削液和近几年发展起来的半合成切削液（微乳化切削液）在生产中的推广和应用，为机械加工向节能、减少环境污染、降低工业生产成本方向发展开辟了新路径。

为了满足市场的需求，我们在化学工业出版社的组织下编写了这套《金属切削液配方与制备》，本书为第一册。书中收集了 300 余种金属切削液配方，详细介绍了产品的原料配比、制备方法、产品用途和产品特性，旨在为金属表面处理工业的发展尽点微薄之力。

　　本书由李东光主编，参加编写的还有翟怀凤、李桂芝、吴宪民、吴慧芳、蒋永波、邢胜利、李嘉等，由于编者水平有限，疏漏和不足之处在所难免，读者使用过程中发现问题可随时指正。作者 Email 地址为 ldguang@163.com。

编者
2016 年 8 月

目录
CONTENTS

安全抗菌切削液……………………1
安全无毒切削液……………………1
安全性能高的切削液………………2
半导体硅材料水基切削液…………3
半合成金属切削液（1）……………4
半合成金属切削液（2）……………6
半合成金属切削液（3）……………8
半合成金属切削液（4）……………10
半合成金属切削液（5）……………12
半合成金属切削液（6）……………13
半合成金属切削液（7）……………14
半合成金属切削液（8）……………16
半合成防锈切削液…………………17
蓖麻基环境友好高硬度合金
　　钢切削液………………………19
蓖麻基深孔钻切削液………………21
不锈钢切削液………………………22
柴油机整机铸铁工件防锈型
　　切削液…………………………23
超高极压型微乳化切削液…………25
超强抗杂油半合成金属
　　切削液…………………………27
超硬材料加工过程中的
　　切削液…………………………28
车削粗加工切削液…………………30
车削精加工切削液…………………31

沉降性水基切削液（1）……………32
沉降性水基切削液（2）……………34
齿轮加工微量切削液………………37
齿轮加工用切削液（1）……………38
齿轮加工用切削液（2）……………41
齿轮加工准干切削液………………42
齿轮用切削液………………………44
齿轮专用切削液……………………45
单晶硅切削液（1）…………………45
单晶硅切削液（2）…………………46
单晶硅切削液（3）…………………48
导热防锈性能优良的水基
　　切削液…………………………49
低泡除垢型水基切削液……………52
低泡抗硬水金属切削液……………54
低皮肤过敏合成型金属
　　切削液…………………………55
低温防锈复合切削液………………57
低温加工切削液……………………58
低温切削液（1）……………………59
低温切削液（2）……………………59
低温润滑切削液（1）………………60
低温润滑切削液（2）………………61
低温润滑切削液（3）………………62
地沟油基金属切削液………………63
地沟油微乳型切削液………………64

电子铝加工专用无硅水性
　　切削液 ……………………66
端铣加工切削液………………67
对环境友好的水性金属
　　切削液 ……………………68
对机床无腐蚀的环保微乳型
　　切削液（1）………………70
对机床无腐蚀的环保微乳型
　　切削液（2）………………72
多功能极压抗磨切削液………73
多功能切削液（1）…………75
多功能切削液（2）…………77
多功能切削液（3）…………78
多功能切削液（4）…………80
多功能切削液（5）…………81
多功能切削液（6）…………82
多功能水基切削液（1）……83
多功能水基切削液（2）……85
多功能透明水溶性切削液……87
多功效合成切削液（1）……89
多功效合成切削液（2）……89
多效型半合成切削液…………92
多效型半合成微乳化
　　切削液 ……………………95
多用途水基切削液……………98
防腐抗氧的水基多功能
　　切削液 ……………………99
防腐切削液（1）……………101
防腐切削液（2）……………101
防腐切削液（3）……………102
防腐切削液（4）……………103
防腐散热水基切削液…………104
防霉微乳化切削液……………106

防锈低温切削液………………108
防锈防腐润滑性冷却性好的
　　切削液 ……………………109
防锈防腐蚀金属切削液………111
防锈防霉效果优良的金属
　　切削液 ……………………112
防锈环保切削液………………115
防锈加工切削液（1）………116
防锈加工切削液（2）………116
防锈金属切削液（1）………117
防锈金属切削液（2）………118
防锈金属切削液（3）………119
防锈金属切削液（4）………121
防锈金属切削液（5）………124
防锈抗腐蚀切削液……………125
防锈抗菌水基切削液…………125
防锈抗菌水基切削液…………127
防锈切削液（1）……………129
防锈切削液（2）……………130
防锈切削液（3）……………131
防锈切削液（4）……………132
防锈切削液（5）……………133
防锈切削液（6）……………133
防锈切削液（7）……………134
防锈切削液（8）……………136
防锈切削液（9）……………137
防锈切削液（10）……………138
防锈切削液（11）……………139
防锈切削液（12）……………140
防锈切削液（13）……………142
防锈切削液（14）……………142
防锈水基切削液………………143
防锈透明切削液………………144

防锈微乳化金属
　切削液（1）……………… 145
防锈微乳化金属
　切削液（2）……………… 146
防锈效果显著分散性好的水基
　切削液 …………………… 148
防锈效果优异的环保水性
　切削液 …………………… 151
非磷非硅的铝合金切削液 …… 153
复合皂化切削液 …………… 155
改进的低温切削液 ………… 156
改进的低温润滑切削液 …… 157
改进的多功能合成切削液 …… 158
改进的多功能切削液 ……… 158
改进的防腐蚀切削液 ……… 159
改进的防锈加工切削液 …… 160
改进的防锈切削液（1）…… 161
改进的防锈切削液（2）…… 162
改进的高渗透性切削液 …… 162
改进的高温加工切削液 …… 163
改进的高性能微乳化
　切削液 …………………… 164
改进的钻削加工切削液 …… 165
改进的管件加工切削液 …… 165
改进的合成型切削液 ……… 166
改进的环保切削液 ………… 167
改进的环保型金属切削液 …… 167
改进的机床用切削液 ……… 168
改进的机械加工
　切削液（1）……………… 169
改进的机械加工
　切削液（2）……………… 170
改进的基于植物油的

切削液 …………………… 170
改进的加工切削液 ……… 171
改进的降温切削液 ……… 172
改进的节能切削液 ……… 173
改进的金属环保切削液 …… 173
改进的金属切削液（1）…… 174
改进的金属切削液（2）…… 175
改进的金属切削液（3）…… 176
改进的抗腐蚀切削液 ……… 176
改进的抗极压切削液 ……… 177
改进的绿色防锈切削液 …… 178
改进的耐极压切削液 ……… 179
改进的耐用型安全
　切削液 …………………… 180
改进的切削液（1）……… 180
改进的切削液（2）……… 181
改进的切削液（3）……… 182
改进的切削液（4）……… 183
改进的乳化切削液 ……… 184
改进的润滑切削液 ……… 184
改进的微乳切削液 ……… 185
改进的稳定的切削液 …… 186
改进型金属切削液 ……… 187
改进型铝合金切削液 …… 188
改进型切削液（1）……… 188
改进型切削液（2）……… 189
改进型切削液（3）……… 190
改性防锈切削液 ………… 190
钢砂压铸铝材用切削液 …… 191
钢砂压铸铝材用水性全合成
　切削液 …………………… 193
高度清洗性机械加工
　切削液 …………………… 194

高分散性乳液型切削液………195
高工钢砂轮磨削用切削液…197
高含油量环保水性切削液…198
高精度模具切削用切削液…201
高抗磨切削液………203
高抗磨性水基切削液………205
高抗锈金属切削液………207
高强度润滑半合成金属
　切削液………208
高清洁、经济型微乳化金属
　切削液………210
高润滑、低泡沫微乳型
　切削液………212
高渗透防腐性能优异的金属
　切削液………214
高渗透性切削液………216
高生物稳定性半合成型金属
　切削液………217
高速加工模具切削液…219
高温防锈切削液………220
高温切削液（1）………220
高温切削液（2）………221
高温切削液（3）………222
高效的半合成切削液…222
高效硅片切削液………223
高效低温切削液………224
高效多功能透明型切削液…225
高效防锈切削液（1）………226
高效防锈切削液（2）………227
高效硅片切割切削液………228
高效环保切削液（1）………229
高效环保切削液（2）………230
高效机械防锈切削液…230

高效金属切削液（1）………231
高效金属切削液（2）………232
高效能安全环保全合成
　切削液………233
高效润滑水基切削液…235
高效润滑切削液（1）………236
高效润滑切削液（2）………237
高效润滑切削液（3）………237
高效润滑切削液（4）………238
高效水溶性切削液………239
高效稳定切削液………240
高性价比水基切削液…240
高性能防锈切削液………241
高性能环保金属切削液…242
高性能环境友好型磁性材料
　切削液………243
高性能金属切削液（1）………244
高性能金属切削液（2）………245
高性能冷却切削液………248
高性能切削液………249
高性能润滑切削液………249
高性能水基全合成切削液…250
高性能水基乳化切削液…252
高性能微乳化切削液…255
高性能稳定切削液………256
高性能油基切削液………257
高压高效加工用水性低泡半
　合成切削液………258
功能化离子液体辅助增效的
　水性环保切削液………259
固体切削液………262
刮辊用水性半合成切削液…264
管件加工降温切削液………265

管件加工切削液（1） ········· 266
管件加工切削液（2） ········· 267
管件加工切削液（3） ········· 267
管件加工切削液（4） ········· 268
管件加工用改进型切削液 ····· 269
管件润滑切削液 ············· 269
硅晶体切削液 ··············· 270
硅片切割用切削液 ··········· 272
硅片切割用水基切削液 ······· 272
硅片切削液 ················· 273
硅片线切割用水基切削液 ····· 274
滚齿加工切削液 ············· 276
含氮化铝粉抗菌切削液 ······· 277
含废机油切削液 ············· 279

含纳米石墨切削液 ············· 281
含硼酸铝纳米微粒切削液 ····· 283
含石墨烯分散液的金属
　　切削液 ················· 285
含石墨烯分散液的水基合成
　　金属切削液 ············· 286
含石墨烯环保切削液 ········· 288
含铜离子的水性切削液 ······· 290
含有离子液体的微乳化金属
　　切削液 ················· 292
含有磨料的乳化复合金属
　　切削液 ················· 294
合成高硬度金属切削液 ······· 296

参考文献 ···299

安全抗菌切削液

原料配比

原　　料	配比（质量份）		
	1#	2#	3#
二乙醇胺硼酸多聚羧酸复合酯	14	27	20
环己六醇六磷酸酯	16	23	19
石油磺酸钠	30	36	33
乙基香草醛	3	6.5	4.8
聚乙二醇	8	16	12
苯甲酸钠	1.6	3.3	2.5
三元羧酸钡	4.5	8	6.8
葡萄糖酸钠	3	7	5
水	80	80	80

制备方法　将各组分混合均匀即可。

原料配伍　本品各组分质量份配比范围为：二乙醇胺硼酸多聚羧酸复合酯 14～27、环己六醇六磷酸酯 16～23、石油磺酸钠 30～36、乙基香草醛 3～6.5、聚乙二醇 8～16、苯甲酸钠 1.6～3.3、三元羧酸钡 4.5～8、葡萄糖酸钠 3～7、水 80。

产品应用　本品主要应用于金属切削加工。

产品特性　本品能够满足切削液的润滑、防锈、冷却、洗涤等各项功能，还具有强大的抗菌能力，在较长的时间内不会发出臭味，对人体无害。

安全无毒切削液

原料配比

原　　料	配比（质量份）		
	1#	2#	3#
石油磺酸钠	15	25	20
二乙醇胺硼酸酯	11	18	15

原 料	配比（质量份）		
	1#	2#	3#
环己六醇六磷酸酯	2.9	7.5	5
柠檬酸	2.1	4.5	3
消泡剂	1.2	3.4	2.5
二乙醇胺	4	8	6.5
硼砂	2	7	5
甘油	3.6	4.4	4
水	10	20	15

制备方法 将各组分混合均匀即可。

原料配伍 本品各组分质量份配比范围为：石油磺酸钠 15～25、二乙醇胺硼酸酯 11～18、环己六醇六磷酸酯 2.9～7.5、柠檬酸 2.1～4.5、消泡剂 1.2～3.4、二乙醇胺 4～8、硼砂 2～7、甘油 3.6～4.4、水 10～20。

产品应用 本品主要应用于金属切削加工。

产品特性 本品不含有对皮肤等有刺激性的化学成分，并且能够保证切削液的各项功能。

安全性能高的切削液

原料配比

原 料	配比（质量份）		
	1#	2#	3#
烷基醇酰胺磷酸酯	7	15	11
杀菌剂	6	9	7.5
脂肪醇聚氧乙烯醚磷酸酯钠	6	8.5	7
二烷基二硫代磷酸锌	1.5	2.5	2
三乙醇胺	2	8	5
硼酸	15	19	17
水	12	20	16

制备方法 将各组分混合均匀即可。

原料配伍 本品各组分质量份配比范围为：烷基醇酰胺磷酸酯 7～15、杀菌剂 6～9、脂肪醇聚氧乙烯醚磷酸酯钠 6～8.5、二烷基二硫代磷酸锌 1.5～2.5、三乙醇胺 2～8、硼酸 15～19、水 12～20。

产品应用 本品主要应用于金属切削加工。

产品特性 本品能够减轻对工人身体健康的危害，且有良好的润滑和防锈性。

半导体硅材料水基切削液

原料配比

原　　料	配比（质量份）		
	1#	2#	3#
聚乙二醇（PEG200）	90	—	—
聚乙二醇（PEG600）	—	50	—
聚乙二醇（PEG1000）	—	—	30
胺碱（羟乙基乙二胺）	9	30	20
螯合剂（FA/O）	1	10	5
去离子水	加至 100	加至 100	加至 100

制备方法 在连续搅拌下的聚乙二醇中，将羟乙基乙二胺和螯合剂缓慢依次加入，搅拌至均匀得生产浓度的切削液，在生产使用时与去离子水按 1∶（10～20）的配置使用。

原料配伍 本品各组分质量份配比范围为：聚乙二醇（分子量 200～1000）30～90、pH 值调节剂 9～30、螯合剂 1～10、去离子水加至 100。

所述 pH 值调节剂是羟乙基乙二胺、三乙醇胺等多羟多胺类有机碱。

所述螯合剂是具有 13 个以上螯合环、无金属离子且溶于水的乙二胺四乙酸四（四羟乙基乙二胺）FA/O 螯合剂。

聚乙二醇可以吸附于固体颗粒表面而产生足够高的位垒和电垒，不仅阻碍切屑颗粒在新表面的吸附，同时可以在晶块受刀具机械力作用出现裂纹时，渗入到微细裂纹中去，定向排列于微细裂纹表面而形成化学能的劈裂作用，切削液继续沿裂缝向深处扩展而有利于切割效率的提高。

所述 pH 值调节剂胺碱是一种有机碱，使切削液呈碱性，可与硅发生化学反应，如式 $Si+2OH^-+H_2O \longrightarrow SiO_3^{2-}+2H_2\uparrow$，胺碱产生的氢氧根离子与硅反应，均匀地作用于硅片的被加工表面，可使硅片剩余损伤层变小，减小了后面工序加工量，有利于降低生产成本。碱性切削液对金属有钝化作用，避免切削液腐蚀设备和刀片，提高刀片寿命。具有 13 个以上螯合环、无金属离子且溶于水的 FA/O 螯合剂为河北工业大学多年研制并已在半导体加工行业普通使用的产品，具有优良的去除金属离子的性能，尤其是可以明显去除刀片产生的铁离子，去离子水为最主要溶剂。

[产品应用]　本品主要适用于半导体材料的切割，此外也适用于高硬度材料的切割。

[产品特性]　将现有中性切削液改进为具有化学劈裂作用和硅发生化学反应的碱性切削液，使切片中单一的机械作用转变为均匀稳定的化学机械作用，从而有效解决了切片工艺中的应力问题而降低损伤。同时碱性切削液能避免设备的酸腐蚀和提高刀片寿命。有效地解决了切屑和切粒粉末的再沉积问题，避免了硅片表面的化学键合吸附现象，而便于硅片的清洗和后续加工，消除了金属离子尤其是铁离子污染，所得切片的表面损伤。机械应力、热应力明显降低。

半合成金属切削液（1）

[原料配比]

原　　料	配比（质量份）		
	1#	2#	3#
季戊四醇油酸酯	20	23	25
非离子表面活性剂	16	20	24
阴离子表面活性剂	4	5	6
防锈剂	12	10	8
助溶剂	5	6	8
极压剂	3	3	2
消泡剂	1	2	2
杀菌剂	1	0.5	1
水	38	30.5	24

（1）将防锈剂倒入水中，搅拌均匀形成水系；

（2）将极压剂、消泡剂、杀菌剂依次加入基础油中，搅拌均匀形成油系；

（3）将步骤（1）所形成的水系和步骤（2）所形成的油系混合并搅拌均匀后，再一边搅拌一边依次加入非离子表面活性剂、阴离子表面活性剂和助溶剂，最终得到均一、澄清的微乳体系即为一种以季戊四醇油酸酯为基础油的半合成金属切削液。

原料配伍 本品各组分质量份配比范围为：基础油 20～25、非离子表面活性剂 16～24、阴离子表面活性剂 4～6、防锈剂 8～12、助溶剂 5～8、极压剂 2～3、消泡剂 1～2、杀菌剂 0.5～1、水加至 100。

所述的基础油为季戊四醇油酸酯。

所述的非离子表面活性剂为烷基酚聚氧乙烯醚、支链脂肪醇环氧乙烷缩合物或蓖麻油环氧乙烷缩合物。

所述的阴离子表面活性剂为石油磺酸盐；所述的石油磺酸盐优选碳链长度平均为 14～18 的直链烷基磺酸钠。

上述的非离子表面活性剂、阴离子表面活性剂按质量比计算，非离子表面活性剂：阴离子表面活性的最佳比例为 4：1。

所述的防锈剂为三乙醇胺硼酸酯、妥尔油或三乙醇胺硼酸酯与妥尔油组成的混合物。

所述的助溶剂为乙二醇丁醚。

所述的极压剂为硫化油酸。

所述的消泡剂为二甲基硅油。

所述的杀菌剂为苯并三氮唑。

质量指标

检 验 项 目		检 验 结 果			检验方法
		1#	2#	3#	
pH 值（5%稀释液）		9.2	9.27	9.25	pH 计
防锈性（35℃±2℃）/h	单片（>24h，合格）	36	33	34	GB/T 6144 5.9
	叠片（>8h，合格）	13	12	10	
腐蚀性（55℃±2℃）/h	铜（>8h，合格）	15	14	13	GB/T 6144 5.8
	铝（>8h，合格）	10	9	9.5	
	铸铁（>24h，合格）	38	35	36	

检验项目	检验结果			检验方法
	1#	2#	3#	
四球法（P_B 值）/N	940	870	890	GB 3142
生物降解性（28d 降解百分数）/%	≥85	≥85	≥85	CEC-L33-C93

产品应用 本品主要应用于铸铁、铜、铝材质的金属切削加工。

产品特性 本品采用合成酯季戊四醇油酸酯取代矿物油作为金属切削液的基础油，由于合成酯季戊四醇油酸酯与矿物油相比，倾点较低，闪点较高，具有更好的黏温特性和润滑性能，热稳定性好且具有良好的生物降解性，因此本品润滑性好，可生物降解，对环境和人类健康无毒无害，从而解决了传统的半合成金属切削液中矿物油对环境造成的不良影响的问题。

另外，本品具有优异的润滑、防锈性能。

半合成金属切削液（2）

原料配比

表1　助剂

原　料	配比（质量份）
氧化胺	1
吗啉	2
纳米氮化铝	0.1
硅酸钠	1
硼砂	2
2-氨基-2-甲基-1-丙醇	2
聚氧乙烯山梨糖醇酐单油酸酯	3
桃胶	2
过硫酸铵	1
水	20

表2　半合成金属切削液

原　　料	配比（质量份）
十二烷基磺酸钠	2.5
癸二酸	4.5
山梨糖醇单油酸酯	4
单乙醇胺	1.5
矿物油	11
肉豆蔻酸异丙酯	11
聚二甲基硅氧烷	3.5
硫酸钠	2.5
柠檬酸	2.5
聚亚烷基二醇	11
助剂	7
水	200

【制备方法】

（1）助剂的制备　将过硫酸铵溶于水后，再加入其他剩余物料，搅拌10～15min，加热至70～80℃，搅拌反应1～2h，即得。

（2）半合成金属切削液的制备　将水、十二烷基磺酸钠、聚二甲基硅氧烷、肉豆蔻酸异丙酯、硫酸钠混合，加热至40～50℃，在3000～4000r/min搅拌下，加入山梨糖醇单油酸酯、矿物油、聚亚烷基二醇、助剂，继续加热到70～80℃，搅拌10～15min，加入其他剩余成分，继续搅拌15～25min，即得。

【原料配伍】　本品各组分质量份配比范围为：十二烷基磺酸钠2～3、癸二酸4～5、山梨糖醇单油酸酯3～5、单乙醇胺1～2、矿物油10～12、肉豆蔻酸异丙酯10～12、聚二甲基硅氧烷3～4、硫酸钠2～3、柠檬酸2～3、聚亚烷基二醇10～12、助剂6～8、水200。

所述助剂包括：氧化胺1～2、吗啉2～3、纳米氮化铝0.1～0.2、硅酸钠1～2、硼砂2～3、2-氨基-2-甲基-1-丙醇1～2、聚氧乙烯山梨糖醇酐单油酸酯2～3、桃胶2～3、过硫酸铵1～2、水20～24。

【质量指标】

检　验　项　目	检　验　标　准	检　验　结　果
最大无卡咬负荷（P_B）/N	≥400	≥580
防锈性（35℃±2℃），一级灰铸铁	单片，24h，合格	>50h 无锈
	叠片，8h，合格	>16h 无锈

检 验 项 目	检 验 标 准	检 验 结 果
腐蚀试验（35℃±2℃），全浸	铸铁，24h，合格	＞54h
	紫铜，8h，合格	＞21h
对机床涂料适应性	不起泡、不发黏	

产品应用　本品主要应用于金属切削加工。

产品特性　本切削液具有润滑性良好和清洗性好的优点，还克服了乳化型切削液易变质发臭、使用寿命短及合成型切削液油性润滑性能较差的缺点，而且冷却性能好，环保。

半合成金属切削液（3）

原料配比

原　料	配比（质量份）		
	1#	2#	3#
三羟甲基丙烷油酸酯	20	25	30
非离子表面活性剂	15	20	25
阴离子表面活性剂	3	4	5
防锈剂	15	12	12
助溶剂	5	6	10
极压剂	3	3	2
消泡剂	0.5	0.5	0.2
杀菌剂	1	0.5	0.8
水	37.5	29	15

制备方法

（1）将极压剂加入到基础油中搅拌均匀得溶液 A；

（2）将消泡剂、防锈剂、助溶剂、杀菌剂依次加入水中，搅拌均匀，得到溶液 B；

（3）将步骤（1）所得的溶液 A 和步骤（2）所得的溶液 B 混合后，一边搅拌一边缓慢滴加非离子表面活性剂、阴离子表面活性剂，最终得到均一、澄清的微乳体系即得以三羟甲基丙烷油酸酯为基础油的半合成金属切削液。

原料配伍 本品各组分质量份配比范围为：基础油 20～30、非离子表面活性剂 15～25、阴离子表面活性剂 3～5、防锈剂 10～15、助溶剂 5～10、极压剂 0～5、消泡剂 0.2～0.5、杀菌剂 0.5～1、水加至 100。

所述的基础油为三羟甲基丙烷油酸酯。

所述的非离子表面活性剂为脂肪醇聚氧乙烯醚、聚氧乙烯山梨醇脂肪酸酯或蓖麻油环氧乙烷缩合物；所述的脂肪醇聚氧乙烯醚为月桂醇聚氧乙烯醚，所述的聚氧乙烯山梨醇脂肪酸酯为吐温 80，所述的蓖麻油环氧乙烷缩合物为 EL40。

所述的阴离子表面活性剂为石油磺酸盐或蓖麻酸硫酸酯盐；所述的石油磺酸盐为石油磺酸钠，所述的蓖麻酸硫酸酯盐为蓖麻酸硫酸酯钠。

所述的防锈剂为苯甲酸钠、硼酸单乙醇胺及妥尔油中一种或两种以上组成的混合物。

所述的助溶剂为正丁醇。

所述的极压剂为硫化蓖麻油。

所述的消泡剂为 1000X。

所述的杀菌剂为吡啶硫酮。

上述的一种以三羟甲基丙烷油酸酯为基础油的半合成金属切削液，非离子表面活性剂：阴离子表面活性剂的最佳比例为 5∶1。

质量指标

检验项目		检验结果			检验方法
		1#	2#	3#	
pH 值（5%稀释液）		9.15	9.2	9.21	pH 计
防锈性（35℃±2℃）/h	单片	42 合格	36 合格	40 合格	GB/T 6144 5.9(>24h，合格)
	叠片	20 合格	18 合格	18 合格	GB/T 6144 5.9 (>8h，合格)
腐蚀性（55℃±2℃）/h	铜	16 合格	15 合格	15 合格	GB/T 6144 5.8 (>8h，合格)
	铝	12 合格	10 合格	10 合格	GB/T 6144 5.8 (>8h，合格)
	铸铁	42 合格	38 合格	42 合格	GB/T 6144 5.8(>24h，合格)
四球法（P_B 值）/kg		85 合格	94 合格	92 合格	GB 3142
生物降解性（28d 降解百分数）/%		≥85	≥85	≥80	CEC-L33-C93

产品应用 本品主要应用于铸铁、铜、铝等金属材料的切削加工。

产品特性 本品由于采用三羟甲基丙烷油酸酯作为半合成金属切削液基础油，它比季戊网醇油酸酯黏度小，具有良好的黏温特性（黏度指数≥180℃）和热稳定性，高闪点（≥290℃），低温流动性好（倾点≤-25℃），与表面活性剂的配伍性更好，因此本切削液调配时动力消耗更小，表面活性剂用量少，原料成本低，更具有优势。

本品具有优异的润滑、防锈性能。其制备方法简便，适于工业化生产。

半合成金属切削液（4）

原料配比

表1 助剂

原　料	配比（质量份）
聚氧乙烯山梨糖醇酐单油酸酯	2
氮化铝粉	0.1
硼酸	2
吗啉	1
硅酸钠	2
硅烷偶联剂 KH-560	1
过硫酸钾	1
桃胶	3
水	20

表2 半合成切削液

原　料	配比（质量份）
硼酸酯	6
磷酸酯	3.5
二乙二醇	11
三嗪	3.5
纤维素羟乙基醚	1.5
10 号航空液压油	32
三乙二醇二甲醚	3.5

原　　料	配比（质量份）
钼酸铵	2.5
三羟甲基丙烷	1.5
十二烷基苯磺酸钠	1.5
助剂	7
水	200

制备方法

（1）助剂的制备　将过硫酸钾溶于水后，再加入其他剩余物料，搅拌 10～15min，加热至 70～80℃，搅拌反应 1～2h，即得。

（2）半合成金属切削液的制备　将水、纤维素羟乙基醚、十二烷基苯磺酸钠混合，加热至 40～50℃，在 3000～4000r/min 搅拌下，加入硼酸酯、磷酸酯、二乙二醇、10 号航空液压油、三乙二醇二甲醚、三羟甲基丙烷、助剂，继续加热到 70～80℃，搅拌 10～15min，加入其他剩余成分，继续搅拌 15～25min，即得。

原料配伍　本品各组分质量份配比范围为：硼酸酯 5～7、磷酸酯 3～4、二乙二醇 10～12、三嗪 3～4、纤维素羟乙基醚 1～2、10 号航空液压油 30～34、三乙二醇二甲醚 3～4、钼酸铵 2～3、三羟甲基丙烷 1～2、十二烷基苯磺酸钠 1～2、助剂 6～8、水 200。

所述助剂包括以下组分：聚氧乙烯山梨糖醇酐单油酸酯 2～3、氮化铝粉 0.1～0.2、硼酸 2～3、吗啉 1～2、硅酸钠 1～2、硅烷偶联剂 KH-560 1～2、过硫酸钾 1～2、桃胶 3～4、水 20～24。

质量指标

检验项目	检验标准		检验结果
最大无卡咬负荷（P_B）值/N	≥400		≥500
防锈性（35℃±2℃），一级灰铸铁	单片，24h，合格		>36h 无锈
	叠片，8h，合格		>10h 无锈
腐蚀试验（35℃±2℃），全浸	铸铁，24h，合格		>40h
	紫铜，8h，合格		>12h
对机床涂料适应性	不起泡，不发黏		

产品应用　本品主要应用于金属切削加工。

产品特性　本品的半合成切削液通过使用硼酸酯、磷酸酯、10 号航空

11

液压油等润滑剂，不仅润滑性好，而且还能在金属表面形成保护膜，提高极压耐磨性，不易磨损金属表面，而且清洗性能好，对环境友好，有较好的抗腐坏性能，不易变质发臭，分散稳定不易凝聚，沉降性能好，使用时间长，对工件和设备有很好的保护的作用，使用完废液处理简单。

半合成金属切削液（5）

原料配比

原　　料	配比（质量份）	
	1#	2#
2-氨乙基十七烯基咪唑啉	4	7
烷基磺胺乙酸钠	4	11
月桂酸	2.5	4.3
缓蚀剂	2.3	4.6
乳化剂	9	15
去离子水	16	24
矿物油	12	24
聚氧乙烯苯基磷酸酯	6	12
磷酸三钠	3.2	4.5
润滑剂	8	14
丁基卡必醇	4	7
油酸三乙醇胺	2	7
环烷基油	8	17
聚甘油脂肪酸酯	7	15

制备方法　将各组分混合均匀即可。

原料配伍　本品各组分质量份配比范围为：2-氨乙基十七烯基咪唑啉 4～7、烷基磺胺乙酸钠 4～11、月桂酸 2.5～4.3、缓蚀剂 2.3～4.6、乳化剂 9～15、去离子水 16～24、矿物油 12～24、聚氧乙烯苯基磷酸酯 6～12、磷酸三钠 3.2～4.5、润滑剂 8～14、丁基卡必醇 4～7、油酸三乙醇胺 2～7、环烷基油 8～17、聚甘油脂肪酸酯 7～15。

产品应用　本品主要应用于金属切削加工。

本品提高了润滑效果，减小了磨削力和摩擦热，而且具备良好的稳定性。

半合成金属切削液（6）

原料配比

原　　料	配比（质量份）			
	1#	2#	3#	4#
基础油	20.46	20	21	22
半合成切削液	8.18	10	9	8
硼酸酯	6.55	7	6	5
动物油酸	1.64	1	2	1.5
二聚酸	2.45	2	3	2.5
妥尔油二乙醇酰胺	4.09	4	4.5	5
氯化石蜡	6.55	6	7	6.5
磷酸酯	1.23	1	2	1.5
硫黄	9.41	8	8.4	8
二乙二醇	1.64	1	2	1.5
三嗪	2.45	2	3	4
苯并异噻唑啉酮	1.64	1	1	2
正丁基-1,2-异噻唑啉-3-酮	0.82	1.5	1	0.5
去离子水	32.73	35	30	31.5
有机硅消泡剂	0.16	0.5	0.1	0.5

制备方法　将上述除了去离子水和有机硅消泡剂之外的余下物质放入反应釜中，30～40℃搅拌反应 40min，然后加入去离子水和有机硅消泡剂，35～40℃再搅拌反应 40min，得到半合成切削液。

原料配伍　本品各组分质量份配比范围为：基础油 20～22、半合成切削液 8～10、硼酸酯 5～7、阴离子表面活性剂 1～3、防腐防锈剂 2～4、缓冲剂 4～5、极压剂 6～8、磷酸酯 1～3、硫黄 8～10、二乙二醇 1～3、三嗪 2～4、防腐剂 1～2、杀菌剂 0.5～1.5、去离子水 30～35、消泡剂 0.1～0.5。

　　所述阴离子表面活性剂为动物油酸。

　　所述防腐防锈剂为二聚酸。

所述缓冲剂为妥尔油二乙醇酰胺。

所述极压剂为氯化石蜡。

所述防腐剂为苯并异噻唑啉酮。

所述杀菌剂为正丁基-1,2-异噻唑啉-3-酮。

所述消泡剂为有机硅消泡剂。

产品应用 本品主要应用于金属加工。

产品特性 本品对环境友好，对人体和设备有很好的保护作用，使用完废液处理简单，具有很好的抗腐败性能。

半合成金属切削液（7）

原料配比

表1 助剂

原　　料	配比（质量份）
壬基酚聚氧乙烯醚	2
尿素	1
纳米氮化铝	0.1
硅酸钠	2
硼酸	2
钼酸铵	1
新戊二醇	3
桃胶	2
过硫酸铵	2
水	20

表2 半合成切削液

原　　料	配比（质量份）
乙二醇丁醚	22
妥尔油	8
聚乙二醇十六烷基醚	5
磷酸钾	2.5
苯酚	6
丙二醇	11

原　　料	配比（质量份）
三羟甲基丙烷	5
壬基酚聚氧乙烯醚	2.5
助剂	7
水	200

制备方法

（1）助剂的制备　将过硫酸铵溶于水后，再加入其他剩余物料，搅拌10～15min，加热至70～80℃，搅拌反应1～2h，即得。

（2）半合成金属切削液的制备　将水、丙二醇、壬基酚聚氧乙烯醚混合，加热至40～50℃，加入三羟甲基丙烷、乙二醇丁醚、妥尔油、聚乙二醇十六烷基醚、助剂，继续加热到70～80℃，搅拌10～15min，加入其他剩余成分，继续搅拌10～15min，即得。

原料配伍　本品各组分质量份配比范围为：乙二醇丁醚20～23、妥尔油7～9、聚乙二醇十六烷基醚4～6、磷酸钾2～3、苯酚5～7、丙二醇10～12、三羟甲基丙烷4～6、壬基酚聚氧乙烯醚2～3、助剂6～8、水200。

所述助剂包括以下组分：壬基酚聚氧乙烯醚2～3、尿素1～2、纳米氮化铝0.1～0.2、硅酸钠2～3、硼酸1～2、钼酸铵1～2、新戊二醇3～4、桃胶2～3、过硫酸铵1～2、水20～24。

质量指标

检验项目	检验标准		检验结果
最大无卡咬负荷（P_B）值/N	≥400		≥550
防锈性（35℃±2℃），一级灰铸铁	单片，24h，合格		>36h 无锈
	叠片，8h，合格		>12h 无锈
腐蚀试验（35℃±2℃），全浸	铸铁，24h，合格		>40h
	紫铜，8h，合格		>15h
对机床涂料适应性	不起泡、不发黏		

产品应用　本品主要应用于金属切削加工。

产品特性　本切削液具有良好的润滑性、清洗性、耐极压性和防锈性，乳化效果好，能够使油水成为澄清、均一、稳定的微乳体系，使用寿命长，对金属表面有保护作用，在金属表面形成牢固的吸附膜，在接近边界润滑条件下，防止金属摩擦面而减少摩擦，切削后的金属表面光亮如新。

半合成金属切削液（8）

原料配比

原　料	配比（质量份）
多元酸	0.5～15
氮氧化物	0.5～30
硼酸酯	0.5～15
表面活性剂	0.5～12
聚醚	0.5～20
机械油	5～45
软水剂	0.5～12
水	加至 100

制备方法　常压下，在容器内加入机械油、多元酸、聚醚、氮氧化物，加热 100～120℃，搅拌全溶后，加入水搅拌，再加入硼酸酯、表面活性剂、软水剂搅拌全部互溶后，停止加热搅拌，降温至常温，进入包装程序。

原料配伍　本品各组分质量份配比范围为：多元酸 0.5～15、氮氧化物 0.5～30、硼酸酯 0.5～15、表面活性剂 0.5～12、聚醚 0.5～20、机械油 5～45、软水剂 0.5～12、水加至 100。

质量指标

检 验 项 目	检 验 标 准	检 验 结 果
外观	半透明均相液	棕黄色无分相液体
pH 值	8～10	8.5
相对密度	1.02～1.1	1.02
泡沫性能/（mL/10min）	≤2	2
表面张力/（N/m）	≤4×10^{-2}	合格
防锈性能 HT 叠片	24h 无锈蚀	合格
防锈性能 HT 单片	24h 无锈蚀	合格
极压性能 P_D 值/N	≥1100	1131

产品应用 本品主要应用于金属切削加工。

产品特性 本品是通过科学的配方，精细加工制备的半合成切削液，具有润滑、防锈、极压、防腐、清洗、冷却等性能，无毒、无异味、无刺激，对环境友好，使用安全方便。

半合成防锈切削液

原料配比

表 1 助剂

原 料	配比（质量份）
分散剂 NNO	1
聚甘油脂肪酸	0.6
松焦油	3
2-氨基-2-甲基-1-丙醇	2
高耐磨炭黑	3
硅油	4
植酸	3
乙酰丙酮	2
山梨糖醇	1
硫脲	2
二异丙醇胺	0.5
消泡剂	0.4
水	45

表 2 半合成型防锈切削液

原 料	配比（质量份）
亚硝酸钠	1
纳米石墨	5
环烷酸锌	2
烯基丁二酸	1
亚油酸	5
豆油	11
液体石蜡	7
纳米硼化钒	3

原　料	配比（质量份）
吗啉	1
水溶性巯基苯并噻唑	2
油酰氧基乙磺酸钠	1
助剂	6
水	180

制备方法

（1）助剂的制备

① 将分散剂 NNO、聚甘油脂肪酸、山梨糖醇加到水中，加热至 50～60℃，搅拌均匀后加入消泡剂备用；

② 将松焦油、硅油、植酸、高耐磨炭黑、乙酰丙酮混合加热至 40～50℃，搅拌均匀后将步骤①中的产物缓慢加入，以 300～400r/min 的转速搅拌，加料结束后加热至 70～80℃，并在 1800～2000r/min 下高速搅拌 10～15min，再加入其余剩余物质继续搅拌 5～10min 即可。

（2）半合成型防锈切削液的制备

① 将亚油酸、豆油、液体石蜡和油酰氧基乙磺酸钠混合，加热至 50～65℃，搅拌反应 20～40min 后得到混合物 A；

② 将水煮沸后迅速冷却至 50～70℃，再加入纳米石墨和烯基丁二酸搅拌均匀，搅拌均匀后加入助剂以 800～900r/min 搅拌反应 40～60min，得到混合物 B；

③ 将混合物 B 边搅拌边缓慢地加入混合物 A 中，将温度控制在 40～55℃，搅拌均匀后加入其余剩余成分，在 1400～1600r/min 下高速搅拌 20～30min 后过滤即可。

原料配伍 本品各组分质量份配比范围为：亚硝酸钠 1～2、纳米石墨 3～5、环烷酸锌 2～3、烯基丁二酸 1～2、亚油酸 4～6、豆油 10～12、液体石蜡 6～8、纳米硼化钒 2～4、吗啉 1～2、水溶性巯基苯并噻唑 2～3、油酰氧基乙磺酸钠 1～2、助剂 5～7、水 150～180。

所述助剂包括：分散剂 NNO 1～2、聚甘油脂肪酸 0.4～0.6、松焦油 3～4、2-氨基-2-甲基-1-丙醇 1～2、高耐磨炭黑 2～4、硅油 4～6、植酸 2～3、乙酰丙酮 2～3、山梨糖醇 1～2、硫脲 2～3、二异丙醇胺 0.4～0.7、消泡剂 0.2～0.4、水 40～50。

检 验 项 目	检 验 结 果
5%乳化液安定性试验（15～30℃，24h）	不析油、不析皂
防锈性试验（35℃±2℃，钢铁单片24h）	≥48h，无锈斑
防锈性试验（35℃±2℃，钢铁叠片8h）	≥12h，无锈斑
腐蚀试验（55℃±2℃，铸铁24h）	≥48h
腐蚀试验（55℃±2℃，紫铜8h）	≥12h
对机床涂料适应性	不起泡、不开裂、不发黏

产品应用 本品主要应用于金属切削加工。

产品特性 本品具有良好的渗透性、清洗性，采用水基半合成配方，防锈效果优异、润滑性高、冷却速率快，降低了加工面的温度，有效地避免工件因高温产生的卷边和变形，添加的助剂增强了切削液的分散、润滑、成膜性能。

蓖麻基环境友好高硬度合金钢切削液

原料配比

原　　料	配比（质量份）		
	1#	2#	3#
氢化蓖麻油	25	10	20
C_8～C_{10}烷基葡萄糖苷	5	3	4
蓖麻油聚氧乙烯（24）醚	5	3	4
聚醚酯	4	3	3.5
质量比40%的硼酸盐与60%的烷基磷酸盐复合	5	—	—
质量比50%的硼酸盐与50%的烷基磷酸盐复合	—	3	—
质量比45%的硼酸盐与55%的烷基磷酸盐复合	—	—	4
羧酸胺	4	2	3
聚异丁烯丁二酸酰胺	2	1	1.54
50%的1,4-氧氮杂环己烷与50%的正丁基-1,2-异噻唑啉-3-酮复合物	0.299	—	0.155
40%的1,4-氧氮杂环己烷与60%的正丁基-1,2-异噻唑啉-3-酮复合物	—	0.199	—
丙烯酸酯与醚共聚物	0.001	0.001	0.005
去离子水	49.7	74.8	59.8

制备方法 将各组分混合均匀即可。

原料配伍 本品各组分质量份配比范围为：基础油 10～25、表面活性剂 3～5、乳化剂 3～5、抗磨剂 3～4、极压剂 3～5、防锈剂 2～4、助乳化剂 1～2、杀菌剂 0.1～0.3、消泡剂 0.001～0.01、水加至 100。

所述基础油是氢化蓖麻油。

所述表面活性剂是 C_8～C_{10} 烷基葡萄糖苷。

所述乳化剂是蓖麻油聚氧乙烯（24）醚。

所述抗磨剂是聚醚酯。

所述极压剂是质量比为 50%～40%的硼酸盐与 50%～60%的烷基磷酸盐复合物。

所述防锈剂是羧酸胺。

所述助乳化剂是聚异丁烯丁二酸酰胺。

所述杀菌剂是质量比 50%～40%的 1,4-氧氮杂环己烷与 50%～60%的正丁基-1,2-异噻唑啉-3-酮复合物。

所述消泡剂是丙烯酸酯与醚共聚物。

质量指标

检 验 项 目	检 验 结 果
40℃运动黏度/（mm²/s）	29.5
黏度指数	196
倾点/℃	-30
闪点（开口）/℃	232
机械杂质（质量分数）/%	无
水分（质量分数）/%	痕迹
5%稀释液 pH 值	9～11
5%稀释液消泡性（静置 10min）/mL	0
腐蚀试验（铜片，100℃，3h）/级	1
防锈试验（35℃±2℃），一级灰口铸铁单片（24h）	A 级
5%稀释液腐蚀试验（全浸，35℃±2℃），一级灰口铸铁（24h）	A 级
T2 紫铜片（24h）	A 级
H62 号黄铜片（24h）	A 级
5%稀释 P_B 值/N	1005

产品应用 本品主要应用于金属切削加工。

产品特性 本品具有良好的润滑、冷却、清洗和防锈等作用，可提高刀具耐用度，保证加工质量和精度，提高生产效率，降低使用成本，而且具有良好的生物降解性，减少环境污染，适用于加工高硬度的金属钢。

蓖麻基深孔钻切削液

原料配比

原　　料	配比（质量份）		
	1#	2#	3#
抗磨剂	7	8	9
抗氧剂	1	1.25	1.5
油性剂	2	2.5	3
金属减活剂	1	1.3	2
摩擦改进剂	3	4	5
防锈剂	0.8	1.15	1.5
抗泡剂	0.05	0.0065	0.008
抗乳化剂	0.5	0.75	1
抗氧防腐剂	0.8	0.9	1
补强剂	0.5	0.75	1
抗油雾剂	3	4	5
基础油	加至 100	加至 100	加至 100

制备方法　将各组分混合均匀即可。

原料配伍　本品各组分质量份配比范围为：抗磨剂 7～9、抗氧剂 1～1.5、油性剂 2～3、金属减活剂 1～2、摩擦改进剂 3～5、防锈剂 0.8～1.5、抗泡剂 0.005～0.05、抗乳化剂 0.5～1、抗氧防腐剂 0.8～1、补强剂 0.5～1、抗油雾剂 3～5、基础油加至 100。

基础油是质量比 60%～50%的聚丙烯烃与 40%～50%的蓖麻基癸二酸二异癸酯复合物。

抗磨剂是质量比 60%～50%的硫化异丁烯与 40%～50%的 52 号氯化石蜡复合物。

抗氧剂是质量比 60%～50%的二烷基二苯胺与 40%～50%的 2,6-二叔丁基对甲酚复合物。

油性剂是硫化蓖麻籽油。

金属减活剂是质量比 60%～50%的噻二唑衍生物与 40%～50%的

苯二唑衍生物复合物。

摩擦改进剂是烷基亚磷酸酯。

防锈剂是质量比 60%～50%的甲基苯并二氮唑与 40%～50%的二壬基萘磺酸钡复合物。

抗泡剂是甲基硅油酯。

抗乳化剂是质量比 60%～50%的聚醚类高分子化合物与 40%～50%的胺与环氧化合物缩合物复合物。

抗氧防腐剂是硫磷丁辛基锌盐。

补强剂是二硫代氨基甲酸钿。

抗油雾剂是聚异丁烯。

【质量指标】

检 验 项 目	检 验 结 果
水分/%	痕迹
40℃运动黏度/（mm²/s）	9.6
闪点（开口）/℃	226
机械杂质/%	无
最大无卡咬负荷（P_B）值/N	850
倾点/℃	−22
水溶性酸或碱	无
腐蚀试验（铜片、100℃、3h）/级	1
黏度指数	145
抗乳化性（40-37-3）54℃/min	30

【产品应用】 本品主要应用于金属切削加工。

【产品特性】 本品具有良好的冷却性、黏温性能、润滑性，减摩、抗磨性、流动性、渗透性、防锈性、高温氧化安定性、抗乳化性、抗泡性、低挥发性、低烟雾及易清洗性。

不锈钢切削液

【原料配比】

原 料	配比（质量份）	
	1#	2#
聚苯胺水性防腐剂	6	14
聚乙二醇	3	7

原 料	配比（质量份）	
	1#	2#
甘油	7	14
丙烯酸钡	7.2	12.5
工业矿物油	23	46
二元酸酐	5	10
硫代硫酸钠	12	26
蓖麻酰胺	4	8
苯甲酸	6	12
精制妥尔油	4	5.5
三元羧酸盐	5.2	7.8
石油磺酸钠	6	7
油酸钠	8	12

制备方法 将各组分混合均匀即可。

原料配伍 本品各组分质量份配比范围为：聚苯胺水性防腐剂 6～14、聚乙二醇 3～7、甘油 7～14、丙烯酸钡 7.2～12.5、工业矿物油 23～46、二元酸酐 5～10、硫代硫酸钠 12～26、蓖麻酰胺 4～8、苯甲酸 6～12、精制妥尔油 4～5.5、三元羧酸盐 5.2～7.8、石油磺酸钠 6～7、油酸钠 8～12。

产品应用 本品主要应用于金属切削加工。

产品特性 本品具有稳定的润滑性，可有效降低刀具的切削温度，对刀具起保护作用。

柴油机整机铸铁工件防锈型切削液

原料配比

表1　A剂

原 料	配比（质量份）		
	1#	2#	3#
植酸	2	6	4
常温钢铁表面处理剂	10	8	9
磷酸氢铵	1	3	2
三乙醇胺	3	7	5

続表

原　料	配比（质量份）		
	1#	2#	3#
聚乙二醇	3	5	4
有机硅消泡剂	0.6	1.2	0.9
水	加至100	加至100	加至100

表2　B剂

原　料	配比（质量份）		
	1#	2#	3#
碳酸钠	2	4	3
亚硝酸钠	10	10	15
三乙醇胺	10	10	13
水	加至100	加至100	加至100

表3　切削液

原　料	配比（质量份）		
	1#	2#	3#
A剂	10	14	12
B剂	45	10	25
油酸钠	1	5	3
聚醚	1	7	5
工业甘油	1	9	6
异噻唑啉酮	0.5	1	0.8
水	加至100	加至100	加至100

制备方法

（1）A剂的制备　在不锈钢反应釜中先加入计算量的水，并启动搅拌器，控制转速为60～80r/min，然后依次加入计算量的植酸、常温钢铁表面处理剂、碳酸氢铵、三乙醇胺、聚乙二醇及有机硅消泡剂，继续搅拌至呈浅绿色透明状液体即可，备用。

（2）B剂的制备　在不锈钢反应釜中先加入计算量的水，并启动搅拌器，控制转速为60～80r/min，然后依次加入计算量的碳酸钠、亚硝酸钠及三乙醇胺，搅拌至呈浅半黄色透明状液体即可，备用。

（3）切削液的制备　在不锈钢反应釜中先加入计算量的水和A

剂，并启动搅拌器，控制转速 40~60r/min，再取计算量的 B 剂以细流缓缓加入到反应釜中，搅拌至呈透明状液体；然后再取计算量的油酸钠、聚醚、工业甘油、异塞唑啉酮，依次加入到上述 A 剂与 B 剂混合液中，边加入边搅拌，直到整体溶液呈浅绿色透明状液体。

原料配伍　本品各组分质量份配比范围为：A 剂 10~14、B 剂 10~45、油酸钠 1~5、聚醚 1~7、工业甘油 1~9、异塞唑啉酮 0.5~1、水加至 100。

所述 A 剂由以下质量份组成：植酸 2~6、常温钢铁表面处理剂 8~10、磷酸氢铵 1~3、三乙醇胺 3~7、聚乙二醇 3~5、有机硅消泡剂 0.6~1.2、水加至 100。

所述 B 剂由以下质量份组成：碳酸钠 2~4、亚硝酸钠 10~20、三乙醇胺 10~16、水加至 100。

产品应用　本品主要应用于金属切削加工。

产品特性　本品优化组合了相关的优质原材料，各组分相互配伍作用，同现有技术相比，具有良好的冷却性能、润滑性能、清洗性能和防锈性能。

冷却性能：在保证切削液正常工作性能的前提下，热导率提高 2~3 倍，比热容提高 1 倍，汽化热提高 4~5 倍。

润滑性能：可有效减少前刀面与切屑及后刀面与已加工表面之间的摩擦、磨损及熔着、黏附的能力；显著减少切削功率消耗，延长刀具的使用寿命，明显提高切削加工工件的表面质量。

清洗性能：使用切削液时，循环泵给予的压力在较宽的范围内都可保证切削加工后工件表面不产生细碎的切屑和金属粉末。

防锈性能：不但要对机床、刀具和工件不产生锈蚀，而且对加工后的金属制品具有良好的防锈性能，铸铁工件的防锈期超过两周。

超高极压型微乳化切削液

原料配比

原　　料	配比（质量份）		
	1#	2#	3#
5#白油	15	10	6.3

原　　料	配比（质量份）		
	1#	2#	3#
氯化石蜡 S52	25	20	31
TPS32	3	5	6.2
合成石油磺酸钠	11.2	13.1	12.6
超酰胺	3	2	3.3
妥尔油	7	9	8
NP-6	3	2	3
异壬酸	0.5	0.5	0.5
环烷酸锌	0.5	0.5	0.5
脂肪酸甲酯	20	15	14.5
二乙醇胺	10	10	3.52
均三嗪杀菌剂	1	1	2.7
氯酚杀菌剂	1	1	2
三嗪氨基酸酯	5	5	5
水	1	1	0.88
乙二胺四乙酸	0.2	0.2	0.2
有机硅	0.1	0.1	0.1

制备方法　称取 5#白油，再加入氯化石蜡 S52、TPS32、合成石油磺酸钠、超酰胺、妥尔油、NP-6、异壬酸、环烷酸锌、脂肪酸甲酯，室温下搅拌 30min，然后加入二乙醇胺，升温至 50～60℃，搅拌约 30min，再加入均三嗪杀菌剂、氯酚杀菌剂、三嗪氨基酸酯、水，最后加入乙二胺四乙酸和有机硅，若不透明，用 0～2.5 份十八碳支链醇和 0～0.5 份二乙二醇丁醚调整透明。

原料配伍　本品各组分质量份配比范围为：5#白油 5.7～24.6、乳化润滑油 25.8～36、极压剂 21.3～37.2、防腐剂 1.8～5.6、防锈剂 4.1～7.4、合成酯（脂肪酸甲酯）11.9～19、油水平衡剂 4.8～5.6、助剂 2.9～10、乙二胺四乙酸 0.16～0.3、消泡剂 0.08～0.1。

其中，所述的防锈剂为三嗪氨基酸酯；所述的合成酯为脂肪酸甲酯；所述乳化润滑剂为妥尔油、油酸二乙醇酰胺、NP-6、异壬酸、合成石油磺酸钠、环烷酸锌中的一种或它们的混合物；所述的极压剂为氯化石蜡 S52、TPS32 中的一种或它们的混合物；所述的防腐剂为均三嗪、氯酚杀菌剂中的一种或它们的混合物；所述的油水平衡剂为十八碳支链醇、乙二醇丁醚、二乙二醇丁醚中的一种或它们的混合物；

所述的助剂为二乙醇胺、三乙醇胺中的一种或它们的混合物；乙二胺四乙酸（EDTA）作为软化剂；所述的消泡剂为低分子量聚醚（分子量小于1100）、有机硅中的一种或它们的混合物。

质量指标

检验项目	检验结果		
	1#	2#	3#
外观	棕黄色透明液体	棕黄色透明液体	棕黄色透明液体
3%铸铁防锈	0级	0级	0级
pH值	8.77	8.62	8.68
对黑色金属防锈	合格	合格	合格
P_B值/N	970	870	1280
使用效果	2个月不发臭	2个月不发臭	2个月不发臭

产品应用　本品主要应用于金属加工切削。适合各种机加工，如切削、车削、钻孔、磨削、镗、铣等高难加工工艺。

产品特性　本品采用5#白油作为基础油，易乳化，乳化润滑剂采用妥尔油、油酸二乙醇酰胺、NP-6、异壬酸、合成石油磺酸钠、环烷酸锌或它们的组合，这些乳化剂配合使用乳化能力更强，可以将更多的含氯极压剂氯化石蜡S52和含硫极压剂TPS32乳化到基础油中，可以调出超高极压型微乳化切削液，乳化颗粒细小，产品更加稳定，同时添加了合成酯——脂肪酸甲酯作为润滑补强剂，解决了中高温加工的极压润滑要求，适合加工温度更宽的机加工；防锈性采用三嗪氨基酸酯进行补强，使防锈效果达到最佳；为了提高使用寿命，还选择了均三嗪、氯酚杀菌剂作为防腐剂，防腐性能强，对细菌、真菌抑菌、杀菌能力强，大大提高了产品的使用寿命。

超强抗杂油半合成金属切削液

原料配比

原　　料	配比（质量份）			
	1#	2#	3#	4#
基础油	5	7	10	6.75
防锈剂	25	14.5	20	10
润滑剂	6	12.4	15	5

原　料	配比（质量份）			
	1#	2#	3#	4#
缓蚀阻垢剂	0.2	0.1	0.3	0.25
水	63.8	66	54.7	78

制备方法　将各组分混合均匀即可。

原料配伍　本品各组分质量份配比范围为：基础油 5～10、防锈剂 10～25、润滑剂 5～15、缓蚀阻垢剂 0.1～0.3、水加至 100。

所述基础油为矿物油。

所述防锈剂为硼酸单乙醇胺、酰胺己酸三乙醇胺、二元脂肪酸的一种或几种混合物。

所述润滑剂为单一聚醚，或者为多种聚醚的混合物。

所述缓蚀阻垢剂是甲基苯并三氮唑。

产品应用　本品主要应用于金属切削加工。

产品特性

（1）具有极佳的冷却性、切削沉淀性，超强的排污油能力，还可保持机床的清洁度；

（2）具有极压润滑性，可用于成型磨削、钻削、攻丝和铰孔操作，而不需要氯化或硫化极压添加剂；

（3）加工普通的含铁和非铁金属材料时具有优秀的防腐性能；

（4）可以保持机器的清洁，同时留下残留物对机床的裸露金属部件起保护作用，这种残留物很容易溶解于冷却液中，避免糊状残留物在机床内堆积；

（5）冷却液寿命特别长，具有超强的排污油能力；

（6）本品可满足环保要求，同时切削性能佳，减少屑末黏结、切削瘤形成。

超硬材料加工过程中的切削液

原料配比

原　料	配比（质量份）		
	1#	2#	3#
二硫化钼	15	18	20

原　　料	配比（质量份）		
	1#	2#	3#
酒石酸	10	13	15
氯化石蜡	10	13	15
油酸	5	5	6
石油磺酸钠	10	13	15
变压器油和/或豆油	15	18	20
四氯化碳	2	3.5	5
石油硫酸铅	2	3.5	5

[制备方法]　将各组分混合，搅拌均匀即可。

[原料配伍]　本品各组分质量份配比范围为：二硫化钼 15～20、酒石酸 10～15、氯化石蜡 10～15、油酸 5～6、石油磺酸钠 10～15、变压器油和/或豆油 15～20、四氯化碳 2～5、石油硫酸铅 2～5。

[产品应用]　本品主要应用于金属切削加工。

[产品特性]　本品在使用过程中不同的成分具有不同的功效：二硫化钼在 1300℃左右时还有较好的润滑性，使刀具在切削过程中受到的热磨损较小；而四氯化碳对铁有腐蚀作用，对合金无影响，与酸有较好的中和性能，使合金刀具在切削铁制品时，对铁有一定腐蚀作用，利于刀具切削；而氯化石蜡主要作用是阻燃性好，为润滑油的添加剂，用于提高切削精度，使刀具在切削高硬度材料时，避免起大火花，从而引起高温度，缩短刀具寿命；酒石酸主要作用是使刀具表面形成均一的油层，在无毒空气中性能稳定，使切削液能均匀地附着在刀具上；石油磺酸钠主要作用是对金属防锈性较好，为多种极压切削油的助溶剂，对金属起防锈作用；石油磺酸铅主要作用是多种极压切削油的助溶剂；油酸主要作用是不溶于水，为高黏度液体，无色无臭，减少切削液的流动性，使切削液能较好地附着在刀尖上；变压器油或豆油主要作用是绝缘，在高温下散热，冷却效果较好。

使用本方法配制而成的切削液，可以在 600～1000℃高温条件下起润滑和冷却作用，特别适合高硬度材料的切削加工，解决了用一般的硬质合金刀具 YG8、YТl5、YW1 等常用刀具就能加工高硬度材料的关键技术，此切削液相对于其他切削液优点在于能较好的附着在普通刀具的刀尖上，能在切削高硬度材料、产生高热量的高温条件下正常切削高硬度材料，大大提高刀具寿命，切削加工高硬度材料时不用进口的刀具来进行加工，这既降低了生产成本也解决了实际生产的需要，而且该切削液组成成分均为市场上较普通的原料，配制方便，成本不高。

车削粗加工切削液

原料配比

原　　料	配比（质量份）				
	1#	2#	3#	4#	5#
油酸环氧酯	7	3	4	6	5
聚丙烯酸酯	10	5	6	8	7
合成磺酸镁	3.5	1.5	2	3	3
低碱值石油磺酸钙	1.5	0.5	0.8	1.2	1.1
环烷酸镁	2	1	1.2	1.8	1.5
碳酸钠	3.8	1.9	2.5	3.5	3
水	150	100	120	143	133

制备方法　将各组分混合均匀即可。

原料配伍　本品各组分质量份配比范围为：油酸环氧酯 3～7、聚丙烯酸酯 5～10、合成磺酸镁 1.5～3.5、低碱值石油磺酸钙 0.5～1.5、环烷酸镁 1～2、碳酸钠 1.9～3.8、水 100～150。

产品应用　本品主要应用于金属切削加工。

产品特性　本品是水基切削液，不仅保证了相应的性能，而且提供了切削液的流动性能，有助于热量的散失；另一方面，通过加入不同的添加剂，增加了水的比热容，使得散热效果更佳，而且低碱值石油磺酸钙和合成磺酸镁之间的协同作用，可以使得切削液具有一定的清洗性能，能够有效去除加工过程中的碎屑。

本品是以冷却和清洗为主要性能的切削液，而且兼具一定的润滑和减摩性能，特别适合在车削粗加工和半精加工领域中使用。

车削精加工切削液

原　　料	配比（质量份）				
	1#	2#	3#	4#	5#
水	35	65	45	55	58
磷酸三甲酚酯	1	2	2	1.4	1.8
氨基硫代酯	0.5	1.5	0.5	0.7	0.6
油酸乙二醇酯	3	7	6	7	5.5
苯二甲酸二辛酯	6	10	12	7	11
中碱值硫化烷基酚钙	1.5	2.5	1.8	2.4	2.2
聚甲基丙烯酸酯	1.8	3.8	2.4	3.5	2.9
合成磺酸钠	0.5	1.5	0.8	1.2	1.3
低分子聚酰胺	1.2	2.8	1.5	1.8	1.8
磺化油	2	3.8	2.8	3.2	3

制备方法　将各组分混合均匀即可。

原料配伍　本品各组分质量份配比范围为：水 35～65、磷酸三甲酚酯 1～2、氨基硫代酯 0.5～1.5、油酸乙二醇酯 3～7、苯二甲酸二辛酯 6～12、中碱值硫化烷基酚钙 1.5～2.5、聚甲基丙烯酸酯 1.8～3.8、合成磺酸钠 0.5～1.5、低分子聚酰胺 1.2～2.8、磺化油 2～3.8。

乳化剂为磺化油或山梨糖醇酐单油酸酯。

产品应用　本品主要应用于金属切削加工。

产品特性　本品是应用于车削精细加工或超精细加工领域的切削液，为更好提高切削液的润滑性能，采用了油性化合物和树脂的水溶性体系，形成一种乳化切削液，其中油性化合物采用了油性剂和油性功能添加剂，且油性化合物之间达到一个功能上的增强作用；少量树脂的加入，改善了切削液的防锈性能，加之清净剂中碱值硫化烷基酚钙，能够在加工过程中达到较好的清洗作用，保证加工精度和避免腐蚀刀具和工件。

本品不仅能够满足车削精细加工的润滑需求，而且能够有效清理碎屑和粉末，避免刀具和工件受到损害，非常适合在车削精细或者超精细加工过程中使用。

沉降性水基切削液（1）

原　　料	配比（质量份）					
	1#	2#	3#	4#	5#	6#
有机硫	8	10	5	7	8	9
絮凝剂	5	5	10	7	5	9
非离子表面活性剂 H	8	10	3	6	7	9
油酸三乙醇胺酯	8	10	3	5	10	3
乙二醇	40	30	50	40	35	40
极压抗磨剂	4	5	3	5	3	5
防腐剂	0.3	0.1	0.4	0.5	0.2	0.4
消泡剂	1	2	1	1	1.8	1.6
水	25.7	27.9	24.6	28.5	30	23

制备方法

（1）非离子表面活性剂 H 的制备　在催化剂下存在条件下，将固体天然松香加热至 160～200℃熔融为液体，加入马来酸酐发生聚合反应得到共聚物马来松香，而后马来松香再与多元胺发生中和反应，即得所述非离子表面活性剂 H。

（2）油酸三乙醇胺酯的制备　130～160℃的反应条件下，将摩尔比为 1∶3 的油酸和三乙醇胺混合，油酸中的—COOH 基团与三乙醇胺的-OH 基团发生酯化反应，生成油酸三乙醇胺酯。

（3）切削液的制备　按配方量取非离子表面活性剂 H、油酸三乙醇胺酯、有机硫、极压抗磨剂、防腐剂和水，混合均匀，再量取消泡剂混合均匀，即得所述水基切削液。

原料配伍　本品各组分质量份配比范围为：有机硫 5～10、絮凝剂 5～10、非离子表面活性剂 3～10、油酸三乙醇胺酯 3～10、乙二醇 30～50、极压抗磨剂 3～5、防腐剂 0.1～0.5、消泡剂 1～2、水加至 100。

所述有机硫为硫醇、硫酚、硫醚、二硫化物、多硫化物或环状硫化物中的一种或数种的混合物。

所述极压抗磨剂为硫化异丁烯、二苄基二硫、偏硼酸钠、偏硼酸钾、三硼酸钾、四硼酸钠和磷酸钠中的一种或数种的混合物。

所述防腐剂为切削液防腐剂 DL602 和 N-360。

所述沉降性水基切削液还含有絮凝剂，所述絮凝剂选自聚合氯化铝（PAC）、聚合硫酸铝（PAS）、聚合氯化铁（PFC）以及聚合硫酸铁（PFS）或其任意混合物。

产品应用 本品主要应用于金属切削加工。适用于构造钢的车削、研磨和钻孔，使用时用水稀释 3 倍。

产品特性 在金属切削加工中，大多数摩擦属于边界润滑摩擦。在边界润滑摩擦中，由于不存在完全的油膜，其承载能力已与油的黏度无关，而取决于润滑油的油性，即润滑成分是否包含着对金属存在强烈吸附的原子团，能在切削界面构成物理吸附膜。非离子表面活性剂 H 中的极性基团对金属有较大的亲和能力，很容易吸附在金属表面，形成吸附润滑膜。因其疏水基团较大，并具有芳香环结构，具有油性剂的作用。同时非离子表面活性剂含有非活性极压元素 N，它兼有油性剂和极压剂的双重功效。再与加入的极压抗磨剂协同作用，形成高强度物理和化学吸附膜，使之在高压、高温和激烈摩擦作用下不至于破坏。能防止或减小工件、切削、刀具三者之间的直接接触，达到减小摩擦及黏结的目标，起到极好的润滑作用。油酸三乙醇胺是一种阳离子外表活性剂，作为油性剂添加在切削液中，易在刃具与切削工件之间形成物理吸附膜，然后起到润滑作用。油酸三乙醇胺与极压抗磨剂也有优越的协同抗磨作用，也可是润滑性能显著提高。

切削液清洗功能的好坏，与切削液的浸透性和流动性严密相关，外表张力低、渗透性和流动性好的切削液，清洗功能就好。本品中含有非离子表面活性剂 H 和阳离子表面活性剂油酸三乙醇胺，二者协调作用，极大地降低了切削液的表面张力，增强了切削液的渗透性和流动性，因而具有很好的清洗性能。

切削液的冷却效果，取决于它的热导率、比热容、汽化热及汽化速率等。水的热导率为油的 3～5 倍，比热容为油的 2～2.5 倍，故水的冷却功能比油优胜良多。本品所述水基切削液中含有 90% 以上的水分，所以冷却功能突出。

本品所述非离子表面活性剂 H 自身具有防锈和防腐效果，与防腐剂发生复合增效效果，在金属表面构成吸附维护膜层，钝化膜层，然后阻滞了阴、阳极侵蚀进程，因为有致密的覆盖膜，能有用地抵抗介质中的水分子、氧及其他侵蚀性物质的浸入，具有优秀的防腐、防锈功能。

本品所述沉降性水基磨削液，含有有机硫，有机硫与绗磨产生的金属粉末反应，形成稳定的有机金属化合物，不易溶解，从而在切削液中形成沉淀并被分离去除，所述絮凝剂促进生成的有机金属化合物聚集并沉淀，从而保证了切削液的润滑性和清洗性能的长期稳定性。

本品所述的沉降性水基切削液是以松香、马来酸酐和多元胺等原料组成的非离子表面活性剂 H，和油酸三乙醇胺酯等复合配制而成的水基切削液，具有优异的光滑性、防锈性、冷却性和清洗性。

沉降性水基切削液（2）

原料配比

原料	配比（质量份）				
	1#	2#	3#	4#	5#
有机硫	8	5	10	9	6
絮凝剂	5	5	10	7	8
非离子表面活性剂 H	8	3	10	5	6
含 $C_1 \sim C_4$ 的脂肪酸	2	1	1	3	5
油酸三乙醇胺酯	8	3	10	8	9
OP-10	6	5	10	7	7
妥尔油酸钠盐	4	3	10	10	7
聚乙二醇	5	1	5	1	2
石油酸钠盐	5	3	10	10	7
L-AN10 机械油	30	50	20	35	38
水	19	21	4	5	5

制备方法

（1）非离子表面活性剂 H 的制备　在催化剂下存在条件下，固体的天然松香加热至 160～200℃熔融为液体，加入马来酸酐发生聚合反应得到共聚物马来松香，而后马来松香再与多元胺发生中和反应，即得所述非离子表面活性剂 H；

（2）油酸三乙醇胺酯的制备　130～160℃的反应条件下，将摩尔比为 1:3 的油酸和三乙醇胺混合，油酸中的—COOH 基团与三乙醇胺的—OH 基团发生酯化反应，生成油酸三乙醇胺酯；

（3）切削液的制备　按配方量取各组分；将 OP-10，含 C_1～C_4 的脂肪酸，聚乙二醇和水混合后，以 1000～2000r/min 搅拌 30min，再加入 L-AN10 机械油，以 1000～2000r/min 搅拌 30min，室温下，加入所述非离子表面活性剂 H，所述油酸三乙醇胺酯，以 1000～2000r/min 搅拌 30min，再加入所述有机硫、所述絮凝剂、所述妥尔油酸钠盐和所述石油酸钠盐混合均匀，最后加入消泡剂混合均匀，即得所述沉降性水基切削液。

原料配伍　本品各组分质量份配比范围为：有机硫 5～10、絮凝剂 5～10、非离子表面活性剂 H 3～10、含 C_1～C_4 的脂肪酸 1～5、油酸三乙醇胺酯 3～10、OP-10 5～10、妥尔油酸钠盐 3～10、聚乙二醇 1～5、石油酸钠盐 3～10、L-AN10 机械油 10～40、水加至 100。

所述非离子表面活性剂 H 为松香、马米酸酐和多元胺聚合反应的产物。

所述油酸三乙醇胺酯是油酸和三乙醇胺酯化反应的产物。

所述多元胺为 3,3′-二氯-4,4′-二苯基甲烷二胺（MOCA）和丙二醇双-（4,4′-二氨基）苯甲酸酯中的一种或其混合物。

所述有机硫为硫醇、硫酚、硫醚、二硫化物、多硫化物或环状硫化物中的一种或数种的混合物。

所述水基切削液还含有絮凝剂，所述絮凝剂选自聚合氯化铝（PAC）、聚合硫酸铝（PAS）、聚合氯化铁（PFC）以及聚合硫酸铁（PFS）或其任意混合物。

产品应用　本品主要应用于金属切削加工。

使用方法　使用时稀释 3～5 倍使用。

产品特性　在金属切削加工中，大多数摩擦属于边界润滑摩擦。在边界润滑摩擦中，由于不存在完全的油膜，其承载能力已与油的黏度无关，而取决于润滑油的油性，即润滑成分是否包含着对金属存在强烈吸附的原子团，能在切削界面构成物理吸附膜。非离子表面活性剂 H 中的极性基团对金属有较大的亲和能力，很容易吸附在金属表面，形成吸附润滑膜。因其疏水基团较大，并具有芳香环结构，具有油性剂的作用。同时非离子表面活性剂含有非活性极压元素 N，它兼有油性剂和极压剂的双重功效。再与加入的极压抗磨剂协同作用，形成高强度物理和化学吸附膜，使之在高压、高温和激烈摩擦作用下不至于破坏。能防止或减小工件、切削、刀具三者之间的直接接触，达到减小摩擦及黏结的目标，起到极好的润滑作用。油酸三乙醇胺是一种阳离子外表活性剂，作为油性剂添加在切削液中，易在刀具与切削工件之间形成物理吸附膜，然后起到润滑作用。

切削液清洗功能的好坏，与切削液的浸透性和流动性严密相关，外表张力低、渗透性和流动性好的切削液，清洗功能就好。本品所述水基切削液中含有非离子外表活性剂 H 和阳离子外表活性剂油酸三乙醇胺，二者协调作用，极大地降低了切削液的外表张力，增强了切削液的渗透性和流动性，因而具有很好的清洗性能。

本品所述非离子外表活性剂 H 自身具有防锈和防腐效果，与防锈剂石油磺酸钠发生复合增效效果，在金属外表构成吸附维护膜层，钝化膜层，然后阻滞了阴、阳极侵蚀进程，因为有致密的覆盖膜，能有用地抵抗介质中的水分子、氧及其他侵蚀性物质的浸入，具有优秀的防腐、防锈功能。

本品还具有含 $C_1 \sim C_4$ 的脂肪酸，含 $C_1 \sim C_4$ 的脂肪酸不仅可以作为表面活性剂，还可以增加切削液的润滑性。

本品所述切削液，乳化剂选用 OP-10，即辛烷基苯酚聚氧乙烯醚-10，OP-10 在无水时，其疏水基和亲水基同时都在外侧，所以其疏水性强，亲水能力弱；有水时，OP-10 的分子空间构型在水的作用下形成曲折结构，亲水基把疏水基包围，亲水基与水分子以水氢键的形式与醚基连接，并在 OP-10 分子周围聚集很多水分子，形成一个较大的亲水基团，使其亲水能力大大提高。可溶性有机醇，如甲醇、乙醇、丙三醇等具有和水以及醚键形成氢键的能力，因此，在 OP-10 中加适量的可溶性有机醇，同样可增加乳化油在水中的分散能力，得到稳定的乳化液，其作用机理和水的作用机理相似，即由于—OH 的作用，使得 OP-10 中亲水基把疏水基包在里面而形成曲折的空间构型—OH 与醚键以氢键的形式结合，而有机醇分子又以氢键的形式与水分子结合，使 OP-10 周围形成一个较大的亲水基团，使其亲水能力大大提高。从而，提高 OP-10 乳化剂基础油的效果，得到稳定的乳化液。

本品还选用妥尔油酸钠盐作为辅助乳化剂，以加快乳化速率，润滑性优越、清洗效果好并且有一定的抗泡作用，对硬水的适应范围宽，有良好的抗酸败性。

本品还含有有机硫，有机硫与绗磨产生的金属粉末反应，形成稳定的有机金属化合物，不易溶解，加速了其沉降过程，从而在切削液中形成沉淀并被分离去除，保证了切削液的润滑性能和清洗性能的长期稳定性。

本品是以松香、马来酸酐和多元胺等原料组成的非离子外表活性剂 H，和油酸三乙醇胺酯等复合配制而成的水基切削液，具有优异的光滑性、防锈性、冷却性和清洗性。本品所述沉降性水基切削液，采用 OP-10、可溶性有机醇和水配置乳化剂，乳化性能好，配置的切削液具有长期稳定性。

齿轮加工微量切削液

原料配比

原　料	配比（质量份）				
	1#	2#	3#	4#	5#
水溶性聚醚	40	50	54	60	70
石油磺酸钠	4	3	5	4	3.4
氯化钠	3	2	1.5	2	1
硫代硫酸钠	3	1.6	2	2.45	1
三聚磷酸钠	1.7	1	3	1	2
苯甲酸钠	0.2	0.32	0.4	0.5	0.5
二甲基硅油	0.1	0.08	0.1	0.05	0.1
水	加至 100	加至 100	加至 100	加至 100	加至 100

制备方法

（1）将按比例称取的水溶性聚醚、石油磺酸钠、二甲基硅油加入搅拌器搅拌均匀；

（2）将按比例称取的氯化钠、硫代硫酸钠、三聚磷酸钠、苯甲酸钠依次加入按比例称取的水中搅拌均匀；

（3）将上述（2）中搅拌均匀的液体加入上述（1）中的液体，混合搅拌 60min 左右，取样观察，完全透明后进行包装。

原料配伍　本品各组分质量份配比范围为：水溶性聚醚 40～70、石油磺酸钠 3～5、氯化钠 1～3、硫代硫酸钠 1～3、三聚磷酸钠 1～3、苯甲酸钠 0.2～0.5、二甲基硅油 0.05～0.1、水加至 100。

产品应用 本品主要应用于滚齿、插齿、铣齿、铇齿、闪齿等齿轮加工工艺领域的润滑和冷却。

产品特性 本品具有很好的润滑性和极压抗磨性,微量切削液就能满足齿轮加工的润滑冷却要求。其中:

水溶性聚醚,有很好的润滑性,散热降温性能极好,用于齿轮加工不冒烟;

石油磺酸钠,有良好的防锈性能;

氯化钠、硫代硫酸钠、三聚磷酸钠可以在瞬间高温和高压下和铁反应,在刀具表面形成硫化铁、氯化铁、磷酸铁的复合极压抗磨保护层,可有效延长刀具使用寿命;

苯甲酸钠防腐性好,可以有效防止溶液变质;

二甲基硅油主要作为消泡抗泡剂;

水的冷却效果很好,同时可以使配方中的盐类成分充分溶解;

配合微量润滑装置使用,可节省切削液的使用量 90%以上。

齿轮加工用切削液(1)

原料配比

表 1　稀土功能助剂

原　料	配比(质量份)
硫酸镧	3
辛苯昔醇	2
烷基苯磺酸钠	2
二乙烯基苯	0.2
烷基丁二酸酯	4
三羟甲基丙烷	0.7
羊毛脂	3
纳米二氧化硅	1～2

原　料	配比（质量份）
去离子水	200
聚乙二醇 4000	14

表 2　齿轮加工用切削液

原　料	配比（质量份）
氨三乙酸三钠	0.5
芳樟醇	1
十二烯基丁二酸	4
硫代硫酸钠	4
氰尿酸锌	2
磷酸二氢钠	3
4-氧丁酸甲基酯	2
硫酸铝铵	0.6
2-氨乙基十七烯基咪唑啉	0.5
妥尔油	2
乌洛托品	0.3
对硝基苯酚	0.4
苯甲酸钠	2
去离子水	70
稀土功能助剂	6～7

制备方法

（1）稀土功能助剂的制备

① 将聚乙二醇 4000、羊毛脂混合加入到反应釜中，加热熔化，调节反应釜温度为 110～120℃，加入烯基丁二酸酯，搅拌反应 30～40min，出料冷却至室温，加入二乙烯基苯、上述去离子水质量的 60%～70%，在 80～90℃下保温静置 40～50min，滴加辛苯昔醇，滴加完毕后搅拌至常温，得聚乙二醇 4000 乳液。

② 将纳米二氧化硅与硫酸镧混合，加入到剩余去离子水中，磁

力搅拌 20～30min，加入聚乙二醇 4000 乳液，升高温度为 70～80℃，加入剩余各原料，300～350r/min 搅拌分散 10～15min，即得所述稀土功能助剂。

（2）切削液的制备

① 取硫代硫酸钠、磷酸二氢钠、苯甲酸钠混合加入到 4～6 倍去离子水中，搅拌均匀后加入硫酸铝铵，50～55℃下搅拌混合 4～6min。

② 将芳樟醇、十二烯基丁二酸混合加入到剩余的去离子水中，升高温度为 70～75℃，加入对硝基苯酚，保温搅拌 10～15min，加入乌洛托品，搅拌至常温。

③ 将上述处理后的各原料混合，搅拌均匀后加入妥尔油、稀土功能助剂，在 60～70℃下保温搅拌 40～50min，加入剩余各原料，600～1000r/min 搅拌分散 30～40min，即得所述切削液。

【原料配伍】 本品各组分质量份配比范围为：氨三乙酸三钠 0.5～1、芳樟醇 1～2、十二烯基丁二酸 3～4、硫代硫酸钠 3～4、氰尿酸锌 2～3、磷酸二氢钠 3～5、4-氧丁酸甲基酯 1～2、硫酸铝铵 0.6-1、2-氨乙基十七烯基咪唑啉 0.5～1、妥尔油 2～3、乌洛托品 0.2～0.3、对硝基苯酚 0.4～1、苯甲酸钠 2～3、去离子水 70～80、稀土功能助剂 6～7。

稀土功能助剂包括（质量份）：硫酸镧 3～4、辛苯昔醇 1～2、烷基苯磺酸钠 2～3、二乙烯基苯 0.1～0.2、烷基丁二酸酯 4～5、三羟甲基丙烷 0.5～0.7、羊毛脂 2～3、纳米二氧化硅 1～2、去离子水 150～200、聚乙二醇 4000 10～14。

【质量指标】

检验项目		检验结果
防锈性（35℃±2℃）一级灰铸铁	单片，24h，合格	>54h 无锈
	叠片，8h，合格	>12h 无锈
腐蚀试验（55℃±2℃）全浸	铸铁，24h，合格	>48h
	紫铜，8h，合格	>12h
对机床涂料适应性		不起泡、不开裂、不发黏

【产品应用】 本品主要应用于金属切削加工。

【产品特性】 本品加入的稀土功能助剂的特性：首先将烯基丁二酸酯、

羊毛脂与聚乙二醇4000共混改性，可以起到稳定的防锈功效；加入的纳米二氧化硅可以起到一定的润滑性，能够减小切削力、摩擦和功率消耗；硫酸镧不仅具有一定的防腐性，还可以提高防锈缓释效果；本品的助剂具有良好的亲水亲油特性和高乳化分散性能，可以有效提高成品切削液的防腐、润滑、防锈及稳定性。

　　本品具有良好的润滑性和极压抗磨性，散热降温性能好，特别适用于齿轮加工用，可有效延长刀具使用寿命。

齿轮加工用切削液（2）

原料配比

原　料	配比（质量份）		
	1#	2#	3#
石油磺酸钠	10	12	11
水溶性聚醚	20	30	26
二甲基硅油	1	2	1.3
三聚磷酸钠	7	9	8
氯化钠	6	8	7
硫代硫酸钠	5	7	6
苯甲酸钠	1	2	1.6
水	15	40	28

制备方法

　　（1）将石油磺酸钠、水溶性聚醚、二甲基硅油搅拌均匀得第一混合液；

　　（2）将三聚磷酸钠、氯化钠、硫代硫酸钠、苯甲酸钠依次加入水中搅拌均匀，得第二混合液；

　　（3）将第二混合液加入第一混合液中，混合搅拌2h，至完全透明。

原料配伍　本品各组分质量份配比范围为：石油磺酸钠10～12、水溶性聚醚20～30、二甲基硅油1～2、三聚磷酸钠7～9、氯化钠6～8、硫代硫酸钠5～7、苯甲酸钠1～2、水15～40。

石油磺酸钠，有良好的防锈性能；

水溶性聚醚，有很好的润滑性，散热降温性能极好，用于齿轮加工不冒烟；

二甲基硅油主要用作消泡抗泡剂；

三聚磷酸钠、氯化钠、硫代硫酸钠可以在瞬间高温和高压下和铁反应，在刀具表面形成硫化铁、氯化铁、磷酸铁的复合极压抗磨保护层，可有效延长刀具使用寿命；

苯甲酸钠防腐性能好，可以有效防止溶液变质；

水的冷却效果很好，同时可以使配方中的盐类成分充分溶解。

〖产品应用〗　本品主要应用于金属切削加工。

〖产品特性〗　本品具有很好的润滑性和极压抗磨性。

齿轮加工准干切削液

〖原料配比〗

表1　聚氧乙烷醚基亚磷酸甘油酯聚合物

原　料	配比（质量份）			
	1#	2#	3#	4#
甘油	92.09	92.09	92.09	92.09
亚磷酸	82	82	82	82
氢氧化钾	5.15	7	4.5	6.25
环氧乙烷	881	660.75	440.5	660.75

表2　切削液

原　料	配比（质量份）			
	1#	2#	3#	4#
聚氧乙烷醚基亚磷酸甘油酯聚合物	70	40	50	60
四硼酸钾	3	3	2.5	2.5
去离子水	27	57	47.5	37.5

制备方法

（1）亚磷酸甘油酯的制备　将甘油和亚磷酸按摩尔比 1∶1 加入反应釜中，充入氮气保护，搅拌加热至 130～140℃，保持恒温搅拌 3～4h，减压排出反应生成的水，制备成亚磷酸甘油酯备用；

（2）聚氧乙烷醚基亚磷酸甘油酯聚合物的制备　称取亚磷酸甘油酯和氢氧化钾加入用 0℃左右的冰盐水循环冷却的聚合釜中搅拌，然后向聚合釜中通入氮气转换釜内空气，当聚合釜中氮气保持止压时用氮气进料罐将环氧乙烷推进聚合釜，同时搅拌升温至 100～120℃，压力调节至 0.3～0.4MPa，聚合反应 15～16h 以后，用氮气将聚合釜内的聚合物挤出，即为聚氧乙烷醚基亚磷酸甘油酯聚合物（含聚氧乙烷甘油醚、亚磷酸钾盐和氢氧化钾）；

（3）齿轮加工准干切削液的制备　将四硼酸钾加入去离子水中搅拌，再加入聚氧乙烷醚基亚磷酸甘油酯聚合物，同时搅拌 2～3h，混合物透明后，即制得一种齿轮加工准干切削液。

原料配伍　本品各组分质量份配比范围为：聚氧乙烷醚基亚磷酸甘油酯聚合物 40～70、四硼酸钾 2.5～3、去离子水 27～57。

所述聚氧乙烷醚基亚磷酸甘油酯聚合物包括以下组分：甘油 92.09、亚磷酸 82、氢氧化钾 4.5～7、环氧乙烷 440.5～881。

质量指标

检 验 项 目	检 验 结 果			检 验 方 法
	1#	2#	3#	
相对密度（20℃）	1065	1032	1044	GB/T 1884
运动黏度（40℃）/(mm²/s)	26.8	2.7	4.3	GB/T 265
pH	10.3	10.1	10.1	SH/T 0578
铜片腐蚀（3h，50℃）	1A	1A	1A	GB/T 5096
四球极压 P_D 值/N	7845	6080	6080	GB/T 12583

产品应用　本品主要应用于金属切削加工。

产品特性　本品具有很好的冷却性和润滑性，还具有良好的极压抗磨性和防锈性（四硼酸钾可在加工时在金属表面形成一层保护膜，此膜有良好的极压抗磨性，可以有效延长刀具使用寿命，同时具有良好的防锈性能）。

本品中的聚氧乙烷醚基亚磷酸甘油酯聚合物是一种良好的极压抗磨剂，同时也是一种良好的表面活性剂，水溶性良好，同时水在加工时蒸发，可带走大量的热，是良好的冷却剂。

本品配合准干切削润滑装置使用，可使润滑剂的使用量降低至5%以下，节能环保。

齿轮用切削液

原料配比

原　　料	配比（质量份）	
	1#	2#
聚乙烯醇缩丁醛树脂	6	14
聚乙烯醇	3	8
丙二醇	2	6
二甲苯	3	7
硼酸钠	1	5
对硝基苯甲酸	5	9
聚氧乙己糖醇脂肪酸酯	4	6
铜合金缓蚀剂	2	5
有机硼	1	3
二聚酸	2	7
对叔丁基苯甲酸	2	8

制备方法　将各组分混合均匀即可。

原料配伍　本品各组分质量份配比范围为：聚乙烯醇缩丁醛树脂 6～14、聚乙烯醇 3～8、丙二醇 2～6、二甲苯 3～7、硼酸钠 1～5、对硝基苯甲酸 5～9、聚氧乙己糖醇脂肪酸酯 4～6、铜合金缓蚀剂 2～5、有机硼 1～3、二聚酸 2～7、对叔丁基苯甲酸 2～8。

产品应用　本品主要应用于金属切削加工。

产品特性　本品具有良好的冷却性，同时在齿轮表面形成一层油膜，减少摩擦。

齿轮专用切削液

原料配比

原　料	配比（质量份）		
	1#	2#	3#
水溶性聚醚	30	40	35
石油磺酸钠	6	13	10
三聚磷酸钠	3	8	6
二甲基硅油	0.6	1.1	0.9
顺丁烯二酸酐	2	9	6
甘油	8	14	11
液态苯并三氮唑	1.3	2.6	2
水	35	35	35

制备方法　将各组分混合均匀即可。

原料配伍　本品各组分质量份配比范围为：水溶性聚醚 30～40、石油磺酸钠 6～13、三聚磷酸钠 3～8、二甲基硅油 0.6～1.1、顺丁烯二酸酐 2～9、甘油 8～14、液态苯并三氮唑 1.3～2.6、水 35。

产品应用　本品主要应用于齿轮切削加工。

产品特性　本品具有很好的润滑性和极压抗磨性，应用于滚齿、插齿、铣齿、铇齿、闪齿等齿轮加工工艺领域的润滑和冷却。

单晶硅切削液（1）

原料配比

原　料	配比（质量份）		
	1#	2#	3#
二乙二醇	25	40	32
PEG	5	13	7
三乙醇胺	10	17	13

原　　料	配比（质量份）		
	1#	2#	3#
癸二酸	2.5	8	5.5
三乙胺	2	4	3.2
氯化钠	3.5	9	6
木质素磺酸盐	3	5	4
水	50	50	50

制备方法　将各组分混合均匀即可。

原料配伍　本品各组分质量份配比范围为：二乙二醇 25～40、PEG 5～13、三乙醇胺 10～17、癸二酸 2.5～8、三乙胺 2～4、氯化钠 3.5～9、木质素磺酸盐 3～5、水 50。

产品应用　本品主要应用于金属切削加工。

产品特性　本切削液具有携载能力强、高悬浮、高润滑、易清洗等特点。

单晶硅切削液（2）

原料配比

原　　料	配比（质量份）		
	1#	2#	3#
二乙二醇	70	79.98	80
甘油	20	10	14.955
PEG400	9.975	10	5
三乙醇胺	0.005	0.01	0.015
液态苯并三氮唑	0.02	0.01	0.03

制备方法　将各组分混合均匀即可。

原料配伍　本品各组分质量份配比范围为：二乙二醇 70～80、甘油 10～20、PEG400 5～10、三乙醇胺 0.005～0.015、液态苯并三氮唑 0.01～0.03。

质量指标

检验项目	检验结果		
	1#	2#	3#
外观	无色透明液体	无色透明液体	无色透明液体
黏度（25℃）	45～53	52～58	57～63
色泽（ApHA）	≤50	≤50	≤50
相对密度（20℃）	1.12～1.13	1.12～1.13	1.12～1.13
水分/%	≤0.3	≤0.3	≤0.3
pH 值（5%水溶液）	6～7	6～7	6～7
折射率（20℃）	1.461～1.467	1.461～1.467	1.461～1.467
重金属含量/（mg/kg）	≤28	≤28	≤28

产品应用　本品主要应用于单品硅等半导体材料的多线切割。

使用方法　将本切削悬浮液与线切割专用刃料按一定比例混合后，即可在线切割机内循环使用。

产品特性

（1）润滑作用　单品硅切削加工液（简称切削液）在切削过程中可以减小前刀面与切屑，后刀面与已加工表面间的摩擦，形成部分润滑膜，从而减小切削力、摩擦和功率消耗，降低刀具与工件坯料摩擦部位的表面温度和刀具磨损，改善工件材料的切削加工性能。

（2）冷却作用　切削液的冷却作用是通过它和因切削而发热的刀具（或砂轮）、切屑和工件间的对流和汽化作用把切削热从刀具和工件处带走，从而有效地降低切削温度，减少工件和刀具的热变形，保持刀具硬度，提高加工精度和刀具耐用度。

（3）清洗作用　在金属切削过程中，本品有良好的清洗作用。能除去生成的切屑、磨屑以及铁粉、油污和砂粒，防止机床和工件、刀具的沾污，使刀具或砂轮的切削刃口保持锋利，不致影响切削效果。它能在表面上形成吸附膜，阻止粒子和油泥等黏附在工件、刀具及砂轮上，同时它能渗入到粒子和油泥黏附的界面上，把它从界面上分离，随切削液带走，保持切削液清洁。

（4）其他作用　除了以上3种作用外，本品具备良好的稳定性，在贮存和使用中不产生沉淀或分层、析油、析皂和老化等现象。对细菌和霉菌有一定抵抗能力，不易长霉及生物降解而导致发臭、变质。

47

不损坏涂漆零件，对人体无危害，无刺激性气味。在使用过程中无烟雾或少烟雾。便于回收，低污染，排放的废液处理简便，经处理后能达到国家规定的工业污水排放标准等。

单晶硅切削液（3）

原料配比

表1 助剂

原 料	配比（质量份）
聚氧乙烯山梨糖醇酐单油酸酯	2
氮化铝粉	0.1
硼酸	2
吗啉	1
硅酸钠	2
硅烷偶联剂 KH-560	1
过硫酸钾	1
桃胶	3
水	20

表2 切削液

原 料	配比（质量份）
煤油	22
二乙二醇	11
甘油	6
三乙醇胺	1.5
硫酸钴	1.5
乌洛托品	1.5
OP-10	1.5
氯化石蜡	2.5
草酸	3
四氟化锆	2.5
月桂酸钠	1.5
助剂	7
水	200

（1）助剂的制备　将过硫酸钾溶于水后，再加入其他剩余物料，搅拌 10～15min，加热至 70～80℃，搅拌反应 1～2h，即得。

（2）切削液的制备　将水、OP-10、月桂酸钠混合，加热至 40～50℃，在 3000～4000r/min 搅拌下，加入煤油、二乙二醇、甘油、硫酸钴、氯化石蜡、助剂，继续加热到 70～80℃，搅拌 10～15min；加入其他剩余成分，继续搅拌 15～25min，即得。

原料配伍　本品各组分质量份配比范围为：煤油 20～24、二乙二醇 10～12、甘油 5～8、三乙醇胺 1～2、硫酸钴 1～2、乌洛托品 1～2、OP-10 1～2、氯化石蜡 2～3、草酸 2～4、四氟化锆 2～3、月桂酸钠 1～2、助剂 6～8、水 200。

所述助剂由以下质量份组成：聚氧乙烯山梨糖醇酐单油酸酯 2～3、氮化铝粉 0.1～0.2、硼酸 2～3、吗啉 1～2、硅酸钠 1～2、硅烷偶联剂 KH-560 1～2、过硫酸钾 1～2、桃胶 3～4、水 20～24。

产品应用　本品主要应用于金属切削加工。

产品特性　本切削液具有优异的润滑性、极压抗磨性、清洗分散性，提高了切割成品率；而且该切削液对硅片腐蚀性小，能在硅片表面形成保护膜，提高了硅片的品质；同时切削液无毒，不易燃，抗菌防腐性好，化学性能稳定，使用时间长，适用于单晶硅等半导体材料的多线切割，具有携载能力强、高悬浮等特点。

导热防锈性能优良的水基切削液

原料配比

表 1　助剂

原　　料	配比（质量份）
分散剂 NNO	1
聚甘油脂肪酸	0.6
松焦油	3
2-氨基-2-甲基-1-丙醇	2
高耐磨炭黑	3
硅油	4

原　料	配比（质量份）
植酸	3
乙酰丙酮	2
山梨糖醇	1
硫脲	2
二异丙醇胺	0.5
消泡剂	0.4
水	45

表2　导热防锈性能优良的水基切削液

原　料	配比（质量份）
聚乙二醇	2
吗啉	3
硬脂酸铝	1
松节油	4
磺化蓖麻油	3
聚氧乙烯聚氧丙烯甘油醚	2
偏硼酸钠	1
乳化硅油	0.7
顺丁烯二酸	3
纳米铝溶胶	4
鱼油	5
助剂	6
水	170

制备方法

（1）助剂的制备

① 将分散剂 NNO、聚甘油脂肪酸、山梨糖醇加到水中，加热至 50～60℃，搅拌均匀后加入消泡剂备用；

② 将松焦油、硅油、植酸、高耐磨炭黑、乙酰丙酮混合加热至 40～50℃，搅拌均匀后将步骤①中的产物缓慢加入，以 300～400r/min 的转速搅拌，加料结束后加热至 70～80℃，并在 1800～2000r/min 下

高速搅拌 10～15min，再加入其余剩余物质继续搅拌 5～10min 即可。

（2）导热防锈性能优良的水基切削液的制备

① 将松节油、磺化蓖麻油、聚氧乙烯聚氧丙烯甘油醚和鱼油混合，加热至 50～60℃，搅拌反应 20～40min 后得到混合物 A；

② 将水煮沸后迅速冷却至 70～80℃，再加入聚乙二醇和纳米铝溶胶搅拌均匀，搅拌均匀后加入助剂以 800～900r/min 下搅拌反应 40～60min，得到混合物 B；

③ 将混合物 B 边搅拌边缓慢地加入混合物 A 中，将温度控制在 40～55℃，搅拌均匀后加入其余剩余成分，在 1400～1600r/min 下高速搅拌 20～30min 后过滤即可。

【原料配伍】 本品各组分质量份配比范围为：聚乙二醇 1～2、吗啉 2～3、硬脂酸铝 1～2、松节油 3～4、磺化蓖麻油 2～3、聚氧乙烯聚氧丙烯甘油醚 2～3、偏硼酸钠 1～2、乳化硅油 0.6～1、顺丁烯二酸 3～4、纳米铝溶胶 2～4、鱼油 3～5、助剂 4～6、水 150～180。

所述助剂包括：分散剂 NNO 1～2、聚甘油脂肪酸 0.4～0.6、松焦油 3～4、2-氨基-2-甲基-1-丙醇 1～2、高耐磨炭黑 2～4、硅油 4～6、植酸 2～3、乙酰丙酮 2～3、山梨糖醇 1～2、硫脲 2～3、二异丙醇胺 0.4～0.7、消泡剂 0.2～0.4、水 40～50。

【质量指标】

检 验 项 目	检 验 结 果
5%乳化液安定性试验（15～30℃，24h）	不析油、不析皂
防锈性试验（35℃±2℃，钢铁单片 24h）	≥48h，无锈斑
防锈性试验（35℃±2℃，钢铁叠片 8h）	≥12h，无锈斑
腐蚀试验（55℃±2℃，铸铁 24h）	≥48h
腐蚀试验（55℃±2℃，紫铜 8h）	≥12h
对机床涂料适应性	不起泡、不开裂、不发黏

【产品应用】 本品主要应用于金属切削加工。

【产品特性】 本品导热性好，能够降低工件表面的材料损失或变形率，延长刀具的使用寿命，防锈效果显著，清洗性能好，对环境友好，且有效防止工件生锈。

低泡除垢型水基切削液

表1 助剂

原　　料	配比（质量份）
松香	4
氰尿酸锌	1
硅丙乳液	3
异噻唑啉酮	1
葡萄糖酸钙	2
纤维素羟乙基醚	2
二甘醇	6
蓖麻酰胺	3
聚乙二醇	2
丙烯醇	5
脂肪醇聚氧乙烯聚氧丙烯醚	1
消泡剂	0.3
水	45

表2 切削液

原　　料	配比（质量份）
磷酸二氢锌	4
乌洛托品	3
氧化亚铜	0.6
聚氧乙烯烷基胺	5
氯化石蜡	7
硬脂酸	11
巴西棕榈蜡	4
烷基聚氧乙烯醚硫酸钠	2
苯并三氮唑	1
泡花碱	0.8
助剂	6
水	180

【制备方法】

（1）助剂的制备

① 将纤维素羟乙基醚、聚乙二醇、硅丙乳液、脂肪醇聚氧乙烯聚氧丙烯醚加到水中，加热至40～50℃，搅拌均匀后加入消泡剂备用；

② 将松香、二甘醇、丙烯醇、蓖麻酰胺混合加热至50～60℃，搅拌均匀后将步骤①中的产物缓慢加入，以300～400r/min的转速搅拌，加料结束后加热至70～80℃，并在1800～2000r/min下高速搅拌10～15min，再加入其余剩余物质继续搅拌5～10min即可。

（2）切削液的制备

① 将氯化石蜡、硬脂酸、巴西棕榈蜡和烷基聚氧乙烯醚硫酸钠混合，加热至50～60℃，搅拌反应20～40min后得到混合物A；

② 将水煮沸后迅速冷却至50～70℃，再加入泡花碱和聚氧乙烯烷基胺搅拌均匀，搅拌均匀后加入助剂以800～900r/min下搅拌反应40～60min，得到混合物B；

③ 将混合物B边搅拌边缓慢地加入混合物A中，将温度控制在40～55℃，搅拌均匀后加入其余剩余成分，在1400～1600r/min下高速搅拌20～30min后过滤即可。

【原料配伍】 本品各组分质量份配比范围为：磷酸二氢锌3～5、乌洛托品2～3、氧化亚铜0.4～0.7、聚氧乙烯烷基胺4～6、氯化石蜡6～8、硬脂酸8～12、巴西棕榈蜡3～5、烷基聚氧乙烯醚硫酸钠2～3、苯并三氮唑1～2、泡花碱0.6～0.8、助剂5～7、水150～180。

所述助剂是由下列质量份的原料制成：松香3～5、氰尿酸锌1～2、硅丙乳液2～3.5、异噻唑啉酮1～2、葡萄糖酸钙1～2、纤维素羟乙基醚1～2、二甘醇5～7、蓖麻酰胺2～3、聚乙二醇2～4、丙烯醇4～6、脂肪醇聚氧乙烯聚氧丙烯醚1～2、消泡剂0.2～0.4、水40～50。

【质量指标】

检验项目	检验结果
5%的乳化液安定性试验（15～30℃，24h）	不析油、不析皂
防锈性试验（35℃±2℃，钢铁单片24h）	≥48h，无锈斑
防锈性试验（35℃±2℃，钢铁叠片8h）	≥12h，无锈斑
腐蚀试验（55℃±2℃，铸铁24h）	≥48h
腐蚀试验（55℃±2℃，紫铜8h）	≥12h
对机床涂料适应性	不起泡、不开裂、不发黏

本品主要应用于金属切削加工。

本品添加的助剂，增强了切削液的分散、润滑、成膜性能；添加的泡花碱能够减少水基切削液泡沫大的问题，并且能够乳化，悬浮污垢，清除切削液里的污垢；它还具有良好的冷却、清洗、防锈等特点；本品具有很好的润滑、降温、低温、除垢、防锈和清洗效果。

低泡抗硬水金属切削液

原料配比

原　料	配比（质量份）			
	1#	2#	3#	4#
基础油	57	50	60	52
阴离子表面活性剂	4	5	3	4.5
非离子表面活性剂	20	12	16	14.5
防锈剂	6	4	3	5
偶合剂	3	2	5	4
极压剂	3	5	2	4
消泡剂	0.2	0.3	0.1	0.25
杀菌剂	0.3	0.2	0.5	0.45
水	6.5	21.5	10.4	15.3

制备方法 在基础油的体系中，加入阴离子表面活性剂、非离子表面活性剂、防锈剂、偶合剂、极压剂、消泡剂、杀菌剂、水，混合搅拌均匀，即得到低泡抗硬水金属切削液。

原料配伍 本品各组分质量份配比范围为：基础油50～60、阴离子表面活性剂3～5、非离子表面活性剂12～20、防锈剂3～6、偶合剂2～5、极压剂2～5、消泡剂0.1～0.3、杀菌剂0.2～0.5、水6～22。

所述基础油为石蜡基或环烷基矿物油。

所述阴离子表面活性剂为有机酸与有机胺形成的胺盐；所述有机酸为蓖麻油酸或二聚酸，所述有机胺为单乙醇胺、异丙醇胺或二甘醇胺。

所述非离子表面活性剂为油醇聚氧乙烯醚、脂肪酸乙氧基醚的一种或两种混合物。

所述防锈剂为癸二酸或月桂二酸分别与三乙醇胺、异丙醇胺或二甘醇胺形成的胺盐。

所述偶合剂为异构十三醇、异构十八醇、丙二醇丁醚、三丙二醇甲醚或丙二醇苯醚。

所述极压剂为烷基磷酸酯。

所述消泡剂为改性硅氧烷。

所述杀菌剂为苯并异噻唑啉酮、吡啶硫铜钠或碘代丙炔基丁基氨基甲酸酯。

质量指标

检 验 项 目	检 验 结 果	检 验 方 法
浓缩液外观	黄色透明液体	目测
浓缩液储存稳定性	无分层，无相变，高低温均稳定	GB/T 6144—2010
5%稀释液 pH 值	9.2	DIN 51369
5%稀释液安定性（15～35℃）/mL	均匀透明，不析油，不析皂	GB/T 6144—2010
5%稀释液防锈性	A 级	GB/T 6144—2010
5%稀释液有色金属腐蚀性	A 级	
5%稀释液消泡性能/（mL/10min）	0	GB/T 6144—2010

产品应用 本品主要应用于金属切削加工。

产品特性 本品由于采用了特殊的非离子表面活性剂与低泡阴离子表面活性剂复配，从而大大提高了切削液的抗硬水性能，并具有较低的泡沫倾向，能够达到优异的消泡效果；同时，由于采用了磷系极压剂以及防锈剂、偶合剂、消泡剂、杀菌剂，使得该金属切削液在极压润滑、有色金属防腐、黑色金属防腐、抗菌等方面也都具有优异的性能。

低皮肤过敏合成型金属切削液

原料配比

原　　料	配比（质量份）			
	1#	2#	3#	4#
三乙醇胺	10	1	10	8
单乙醇胺	5	10	1	10

原 料	配比（质量份）			
	1#	2#	3#	4#
癸二酸	5	10	2	10
月桂二酸	4	8	10	10
辛酸	10	4	7	10
碱性保持剂	5	8	3	8
缓蚀剂	1	0.1	0.8	1
环氧乙烷和环氧丙烷非离子表面活性剂	10	5	6	10
杀菌剂	1	0.5	0.6	1
水	49	53.4	59.6	32

制备方法 常温常压下，先将纯水、三乙醇胺、单乙醇胺、癸二酸、月桂二酸加入到反应釜中，持续搅拌 30min，再加入辛酸、碱性保持剂、缓蚀剂、环氧乙烷和环氧丙烷非离子表面活性剂、杀菌剂，继续搅拌 30min，即得到低皮肤过敏合成型金属切削液。

原料配伍 本品各组分质量份配比范围为：三乙醇胺 1~10、单乙醇胺 1~10、癸二酸 2~10、月桂二酸 4~10、辛酸 4~10、碱性保持剂 3~8、缓蚀剂 0.1~1、环氧乙烷和环氧丙烷非离子表面活性剂 5~10、杀菌剂 0.5~1、水加至 100。

质量指标

检 验 项 目			检 验 结 果	检 验 标 准
浓缩液	外观、液态		符合要求	无分层，无沉淀，呈均匀液态
	贮存安定性		符合要求	无分层相变及胶状等
5%稀释液	pH 值		9.2	8~10
	消泡性/（mL/10min）		0	≤2
	表面张力/（dyn[①]/cm）		32	≤40
	腐蚀试验 55℃±2℃全浸（一级灰口铸铁）		24h	24h
	防锈性试验 35℃±2℃ RH≥95%	单片	24h	24h
		叠片	8h	8h
	最大无卡咬负荷（P_B）值/N		550	≥400

① 1dyn=10^{-5}N。

产品应用 本品主要应用于金属切削加工。

产品特性

（1）优良的抗皮肤过敏性和低气雾性　不含氯化、硫化极压添加剂，降低对操作工人的皮肤刺激。同时降低气雾生成，气味也较淡。

（2）优良的清洗性能　切削液中甲乙醇胺、三乙醇胺及月桂二酸的配伍，使切削液显示出优良的清洗性能，能把机床上的铁屑、油污清洗得很干净。

（3）良好的润滑性能　由于甘油辛酸酯与非离子表面活性剂的相互作用，使切削液在刀具和金属之间形成了极压，体现出良好的抗磨性能，故能得到极好的加工精度和表面光洁度。

（4）工作液优异的稳定性　由于添加了癸二酸与月桂二酸，使得各种原料相互协同作用，并在较宽的 pH 值范围内发挥其特性，使得工作液具有优良的稳定性，在任何加工条件下都不会出现分层。

（5）使用、管理方便　由于不含矿物油、亚硝酸盐、重金属等类物质，故在使用、存放过程中不易产生衰败，在使用中对人身无害。

低温防锈复合切削液

原料配比

原　　料	配比（质量份）		
	1#	2#	3#
石油磺酸钠	75	70	80
硼酸	52	55	50
环己六醇六磷酸酯	23.5	18	25
硼砂	7.5	9	5
庚酸	3	2	5
三乙胺	0.8	1.2	0.6
水	100	100	100

制备方法 将各组分混合均匀即可。

原料配伍 本品各组分质量份配比范围为：石油磺酸钠 70～80、硼酸

50～55、环己六醇六磷酸酯 18～25、硼砂 5～9、庚酸 2～5、三乙胺 0.6～1.2、水 100。

产品应用 本品主要应用于金属切削加工。

产品特性 本品低温防锈复合切削液，即能拥有油性切削油的润滑与防锈功能，又可以达到水性切削液的冷却效果。

低温加工切削液

原料配比

原　　料	配比（质量份）		
	1#	2#	3#
二甘醇丁醚	9	15	12
烷基磺酸钡	8	13	11
地沟油	6	11	8.5
二异丙醇	1.1	2.3	1.7
硼砂	5	13	8
月桂醇硫酸钠	4	9	6.5
抗氧剂	2.4	3.8	3
硅油	20	34	27
季铵盐	7	11.5	9
水	35	35	35

制备方法 将各组分混合均匀即可。

原料配伍 本品各组分质量份配比范围为：二甘醇丁醚 9～15、烷基磺酸钡 8～13、地沟油 6～11、二异丙醇 1.1～2.3、硼砂 5～13、月桂醇硫酸钠 4～9、抗氧剂 2.4～3.8、硅油 20～34、季铵盐 7～11.5、水 35。

产品应用 本品主要应用于金属切削加工。

产品特性 本品具有优良的润滑性、防锈性、冷却性和清洗性，同时能够使刀具与工件不产生高热，减少了工件的热变形，提高了工件的精度和刀具的耐用度。

低温切削液（1）

原　料	配比（质量份）		
	1#	2#	3#
硼砂	5.5	3.5	8.5
季戊四醇脂肪酸合成酯	7	3.5	9
丙烯酸钡	2	1.5	4.5
妥尔油酰胺	5	3.5	7.5
己基苯三唑	2.5	1.5	3.5

制备方法　将各组分混合均匀即可。

原料配伍　本品各组分质量份配比范围为：硼砂 3.5～8.5、季戊四醇脂肪酸合成酯 3.5～9、丙烯酸钡 1.5～4.5、妥尔油酰胺 3.5～7.5、己基苯三唑 1.5～3.5。

产品应用　本品主要应用于金属切削加工。

产品特性　本品具有优异的润滑极压性能，10%的水溶液的极压性检测显示 P_B 值可达到 70kg，完全满足合成切削液的润滑性要求；具有优异的缓蚀和防锈性能，可适合铸铁、合金钢、不锈钢、铝合金等多种材质的加工，对黑色金属的工序间防锈达 7～15d；本品生物稳定性好，使用周期长，不易发臭；具有良好的冷却性和清洗性能，加工后的工件很清洁；不含易致癌的亚硝酸钠，环保性好，使用安全。

低温切削液（2）

原料配比

原　料	配比（质量份）		
	1#	2#	3#
异噻唑啉酮	2	1	2.5
二甘醇丁醚	4.5	3	7

原　料	配比（质量份）		
	1#	2#	3#
烷基磺酸钡	3.5	2	7
蓖麻油	27	20	30
地沟油	18	15	25
三元羧酸钡	1.7	1.5	3.5
二异丙醇	4.5	2.5	7

制备方法　将各组分混合均匀即可。

原料配伍　本品各组分质量份配比范围为：异噻唑啉酮 1～2.5、二甘醇丁醚 3～7、烷基磺酸钡 2～7、蓖麻油 20～30、地沟油 15～25、三元羧酸钡 1.5～3.5、二异丙醇 2.5～7。

产品应用　本品主要应用于金属切削加工。

产品特性　本品具有优异的润滑、清洗和防锈性能，在水基切削液中添加极压润滑剂和防锈剂，可进一步改善水基切削液的润滑和防锈性能，使之具有优良的润滑性、防锈性、冷却性和清洗性，对提高工件表面光洁度和减少刀具磨损效果显著。

低温润滑切削液（1）

原料配比

原　料	配比（质量份）		
	1#	2#	3#
2-氨基-2-甲基-1-丙醇	4.5	2.5	6.5
硫化油脂	6.5	3.5	8.5
煤油	35	25	55
去离子水	12	10	15
甘油	8	5	10
苯并异噻唑啉酮	1.8	1.5	2.2
苯乙烯马来酸酐	2.2	0.8	2.5

[制备方法] 将各组分混合均匀即可。

[原料配伍] 本品各组分质量份配比范围为：2-氨基-2-甲基-1-丙醇 2.5～
6.5、硫化油脂 3.5～8.5、煤油 25～55、去离子水 10～15、甘油 5～10、
苯并异噻唑啉酮 1.5～2.2、苯乙烯马来酸酐 0.8～2.5。

[产品应用] 本品主要应用于金属切削加工。

[产品特性] 本品具有优异的润滑极压性能，10%的水溶液的极压性
检测显示 P_B 值可达到 70kg，完全满足合成切削液的润滑性要求；
具有优异的缓蚀和防锈性能，可适合铸铁、合金钢、不锈钢、铝合
金等多种材质的加工，对黑色金属的工序间防锈达 7～15d；本品生
物稳定性好，使用周期长，不易发臭；具有良好的冷却性和清洗性
能，加工后的工件很清洁；不含易致癌的亚硝酸钠，环保性好，使
用安全。

低温润滑切削液（2）

[原料配比]

原　料	配比（质量份）	
	1#	2#
聚乙二醇单硬脂酸酯	6	11
椰子油	6	9
丙烯酸钡	3	9
螯合剂	4	8
三碱式硫酸铅	1	5
聚甲基丙烯酸酯	5	9
硫酸丁辛醇锌盐	3	8
极压剂	2	5
苯甲酸钠	1	3
高碳酸钾皂	1	3

[制备方法] 将各组分混合均匀即可。

[原料配伍] 本品各组分质量份配比范围为：聚乙二醇单硬脂酸酯 6～
11、椰子油 6～9、丙烯酸钡 3～9、螯合剂 4～8、三碱式硫酸铅 1～5、

聚甲基丙烯酸酯 5～9、硫酸丁辛醇锌盐 3～8、极压剂 2～5、苯甲酸钠 1～3、高碳酸钾皂 1～3。

[产品应用] 本品主要应用于金属切削加工。

[产品特性] 本品具有优异的缓蚀和防锈性能，不污染环境，绿色环保，形成隔离氧气的保护膜，保护工件。

低温润滑切削液（3）

[原料配比]

原　　料	配比（质量份）		
	1#	2#	3#
氨基三乙醇	3.8	2.5	5.6
偶氮二异丁腈	4.2	1.4	6.5
磺酸钠	3.3	2.5	4.5
三元羧酸铅	2.8	1.5	4.2
二异丙醇胺	5.4	3.5	6.7
植物油和矿物油混合物	72	50	80

[制备方法] 将各组分混合均匀即可。

[原料配伍] 本品各组分质量份配比范围为：氨基三乙醇 2.5～5.6、偶氮二异丁腈 1.4～6.5、磺酸钠 2.5～4.5、三元羧酸铅 1.5～4.2、二异丙醇胺 3.5～6.7、植物油和矿物油混合物 50～80。

[产品应用] 本品主要应用于金属切削加工。

[产品特性] 本品具有优异的润滑抗磨性能、清洗冷却性和防锈抗腐蚀性，可以避免切削瘤的产生，有效地保护了刀具，提高了加工质量；极大地带走加工过程中产生的热量，降低加工面的温度，有效地避免工件因高温产生的卷边和变形，及镁屑的高温易燃烧等弊端；极大地提高了工件的加工精度，优异的防锈抗腐蚀能力，适宜于长周期、长工序的加工工艺，有效地避免工件的腐蚀和生锈，省去下段防锈腐蚀工序，为企业节省生产成本，简化加工工艺，缩短加工周期，提高生产效率；同时也是铝合金、镁合金及有色金属的理想金属加工液。

地沟油基金属切削液

原　　料	配比（质量份）				
	1#	2#	3#	4#	5#
硼酸	0.5	1.2	0.8	1	1.5
苯甲酸钠	0.1	0.3	0.5	0.2	0.4
钼酸钠	0.2	0.5	0.8	0.3	1
油酸	8	5	9	7	10
三乙醇胺	5	3	6	4	7
石油磺酸钠	6	3	8	5	7
烷基酚聚氧乙烯醚	5	3	4	3.5	4.5
氯化石蜡	10	15	8	12	9
环烷酸铅	7	5	8	6	5
地沟油	加至 100	加至 100	加至 100	加至 100	加至 100

制备方法　先将硼酸、苯甲酸钠、钼酸钠、油酸、三乙醇胺、石油磺酸钠和地沟油加入反应釜中，加热至 65℃，保温反应 1h 后降至室温，再加入烷基酚聚氧乙烯醚、氯化石蜡和环烷酸铅搅拌均匀得到。

原料配伍　本品各组分质量份配比范围为：硼酸 0.5～1.5、苯甲酸钠 0.1～0.5、钼酸钠 0.2～1、油酸 5～10、三乙醇胺 3～7、石油磺酸钠 3～8、烷基酚聚氧乙烯醚 3～5、氯化石蜡 8～15、环烷酸铅 5～8、地沟油加至 100。

所述的地沟油为基础油。

所述的石油磺酸钠为清洗剂。

所述的油酸、钼酸钠为润湿剂。

所述的三乙醇胺为防锈剂和缓蚀剂。

所述的烷基酚聚氧乙烯醚为乳化剂。

所述的氯化石蜡、环烷酸铅和硼酸为极压剂。

所述的苯甲酸钠为杀菌防腐剂。

产品应用　本品主要应用于金属切削加工。

产品特性

（1）本品为地沟油的综合利用，属于废物的综合利用，符合可持续的发展观。

（2）本品用水稀释后为均匀乳液状态，保存时间长久，且不受水质硬度的影响。

（3）本品化学稳定性好，不宜变质，切削速率快，完全可替代传统的切削液，并具有优良的清洗、润滑、防锈、冷却和抗极压性能。

（4）本品环境友好型产品，无异味，对操作人员健康无危害。

（5）本品改变传统切削液以柴油、煤油等矿物油为基础油，使用地沟油为基础油可降低生产成本费用50%以上。

地沟油微乳型切削液

原料配比

表1　助剂

原　　料	配比（质量份）
氧化胺	1
吗啉	2
纳米氮化铝	0.1
硅酸钠	1
硼砂	2
2-氨基-2-甲基-1-丙醇	2
聚氧乙烯山梨糖醇酐单油酸酯	3
桃胶	2
过硫酸铵	1
水	20

表2　地沟油微乳型切削液

原　　料	配比（质量份）
二乙醇胺	2.5
聚乙烯醇	7
碳酸氢钠	1.5
月桂醇聚氧乙烯醚硫酸钠	1.5
氢氧化钠	1.5
地沟油	22

原 料	配比（质量份）
二甘醇二丁醚	4.5
钛酸丁酯	13
助剂	7
水	200

制备方法

（1）助剂的制备 将过硫酸铵溶于水后，再加入其他剩余物料，搅拌 10～15min，加热至 70～80℃，搅拌反应 1～2h，即得。

（2）切削液的制备 将水、碳酸氢钠、月桂醇聚氧乙烯醚硫酸钠、氢氧化钠混合，加热至 40～50℃，在 3000～4000r/min 搅拌下，加入聚乙烯醇、地沟油、二甘醇二丁醚、钛酸丁酯、助剂，继续加热到 70～80℃，搅拌 10～15min，加入其他剩余成分，继续搅拌 15～25min，即得。

原料配伍 本品各组分质量份配比范围为：二乙醇胺2～3、聚乙烯醇6～8、碳酸氢钠1～2、月桂醇聚氧乙烯醚硫酸钠1～2、氢氧化钠1～2、地沟油20～23、二甘醇二丁醚4～5、钛酸丁酯12～14、助剂6～8、水200。

所述助剂包括：氧化胺1～2、吗啉2～3、纳米氮化铝0.1～0.2、硅酸钠1～2、硼砂2～3、2-氨基-2-甲基-1-丙醇1～2、聚氧乙烯山梨糖醇酐单油酸酯2～3、桃胶2～3、过硫酸铵1～2、水20～24。

质量指标

检 验 项 目	检 验 标 准	检 验 结 果
最大无卡咬负荷（P_B）值/N	≥400	≥470
防锈性（35℃±2℃），一级灰铸铁	单片，24h，合格	>24h 无锈
	叠片，8h，合格	>8h 无锈
腐蚀试验（35℃±2℃），全浸	铸铁，24h，合格	>24h
	紫铜，8h，合格	>8h
对机床涂料适应性	不起泡、不开裂、不发黏	

产品应用 本品主要应用于金属切削加工。

产品特性 本品使用钛酸丁酯，黏度稳定，不沉淀，通过使用地沟油，不仅润滑性好，而且对环保有益，本品是水基切削液还具有冷却速率快，而且清洗性能好。

电子铝加工专用无硅水性切削液

原　料	配比（质量份）
环烷基矿物油	52
2-氨基乙氧基乙醇	8
硼酸	2
聚醚酯	11
二乙胺嵌段聚醚	5
聚乙二醇油酸酯	7
山梨醇酐油酸酯	3
油酸	4
水	8

制备方法　将各组分混合均匀即可。

原料配伍　本品各组分质量份配比范围为：基础油 50～70、防锈剂 10～20、合成润滑剂 10～15、表面活性剂 5～10、水 6～10。

所述基础油是环烷基矿物油或石蜡基矿物油。

所述防锈剂是脂肪酸、烷基磺酸盐、胺、酰胺硼酸单乙醇胺、磺酸氨盐、硼酸、硼酸酯、油酸中的一种或两种以上组成的混合物。

所述合成润滑剂是指合成酯如聚酯、二元酸双酯或多元醇酯中的一种或几种。

所述表面活性剂是二乙胺嵌段聚醚、格尔特二十醇聚乙二醇-100 丁二酸二酯、格尔特二十醇聚乙二醇-1500 丁二酸二酯中的一种或几种。

产品应用　本品主要应用于金属切削加工。

产品特性

（1）配方组分采用小含硅的铝缓蚀剂和消泡剂（替代市售产品普遍使用的含硅铝缓蚀剂和消泡剂）。经实验室铝腐蚀实验和消泡性实验证明：ACDl2 铝在 50℃环境下、5%浓度稀释液中置放 4h 后仍不变色；5%浓度稀释液高速搅拌 5min（10000r/min）后，1min 内泡沫高度为 0。

其铝缓蚀性能和消泡性能完全可与含硅切削液相媲美。

（2）配方组分采用不易被细菌分解、具有特殊分子结构的添加剂（如大分子支链胺结构的 2-氨基乙氧基乙醇，在高 pH 值下保证体系的酸碱稳定性，替代市售产品普遍使用的杀菌剂），提高产品的抗腐败性能，将稀释液的循环使用寿命延长至 2 年以上（较市售含硅产品延长 1 倍）。

（3）配方组分不使用亚硝酸钠、重金属等危及环境安全和人体健康的有毒有害物质（选用生物可降解性能优良、对人和环境友好的可替代物质），产品的生物半致死量 LD$_{50}$≥5000mg/kg，半致死浓度 LC$_{50}$≥5000mg/m^3，呼吸道黏膜刺激≤1 级。

端铣加工切削液

原料配比

原　料	配比（质量份）				
	1#	2#	3#	4#	5#
水	25	45	32	36	40
硫化异丁烯	1.5	2.5	1.8	1.8	1.5～2.2
硼化油酰胺	2.2	3.2	2.5	2.7	2.8
硫化棉籽油	3.5	6	4.6	4.6	5.4
油酸丁酯	2.5	3.7	2.9	2.9	3.4
烷基水杨酸钙	0.8	1.4	0.9	1.1	1.2
聚丙烯酸酯	1.6	3.6	2.6	2.6	3.1
磺化蓖麻油	2.5	4.5	3.2	3.3	4.2
丙烯酸树脂	1.1	2.1	1.3	1.3	1.8
磺化油	2.2～3.6	2.2～3.6	2.6	2.6	2.9

制备方法　将各组分混合均匀即可。

原料配伍　本品各组分质量份配比范围为：水 25～45、硫化异丁烯 1.5～2.5、硼化油酰胺 2.2～3.2、硫化棉籽油 3.5～6、油酸丁酯 2.5～3.7、烷基水杨酸钙 0.8～1.4、聚丙烯酸酯 1.6～3.6、磺化蓖麻油 2.5～4.5、水溶性高分子乳液 1.1～2.1、乳化剂 2.2～3.6。

所述水溶性高分子乳液为丙烯酸树脂或环氧树脂。作为优选，水溶性高分子乳液为丙烯酸树脂。

所述乳化剂为磺化油或山梨糖醇酐单油酸酯。作为优选，乳化剂为磺化油。

产品应用 本品主要应用于金属切削加工。

产品特性 本品是应用于端铣加工技术中的切削液，端铣加工需要切削液具备优良的极压润滑性能和防锈性能。水基切削液相比于油基切削液在润滑性能上，处于劣势，因此，端铣加工中所有的切削液一般采用复合油或极压切削油。但，受到加工温度的影响，切削油的使用受到限制，也给端铣加工技术造成不便。本品是一种水基切削液，在切削液中加入水性高分子乳液、油性剂和含硫的植物油，形成一种乳化液，能够达到较好的润滑性能；通过其他各个物质的协同作用，使得切削液具备稳定的极压性能、防锈性能和清洗性能，利于在精细和端铣加工中使用。

本品具备优良的润滑性能、极压抗磨性能、防锈性能和清洗性能，完全满足端铣加工的技术要求，同时切削液性能稳定，不易变质，对周围环境的负面影响较低，非常适合在端铣加工中使用。

对环境友好的水性金属切削液

原料配比

表1　助剂

原　　料	配比（质量份）
纳米氮化铝	3
石墨	2
十二烷基苯磺酸钠	1
硼砂	2
十二碳醇酯	2
抗坏血酸	1
微晶蜡	2
硬脂酸钠	3.5
水	50

表 2　切削液

原　　料	配比（质量份）
月桂酰二乙醇胺	4
异构十三醇聚氧乙烯醚	3.5
正丁醇	3
月桂酸聚氧乙烯酯	1
椰子油	4
硼砂	2
乙基香草醛	1
1,2-二乙氧基硅酯基乙烷	2
助剂	5
去离子水	200

制备方法

（1）助剂的制备　将纳米氮化铝、石墨、微晶蜡、硬脂酸钠加入一半量的水中，研磨 1～2h，然后缓慢加入其余剩余成分，缓慢加热至 70～80℃，在 300～500r/min 条件下搅拌反应 30～50min，冷却至室温即得。

（2）切削液的制备

① 将月桂酰二乙醇胺、椰子油、月桂酸聚氧乙烯酯混合均匀，加入适量的去离子水，加热至 30～35℃，搅拌反应 30～40min，得到混合 A 料；

② 将除助剂之外的其余剩余成分加入到反应釜中，搅拌混合均匀，缓慢加热至 55～65℃，保温 1～1.5h，得到混合 B 料；

③ 将保温的混合 B 料边搅拌边缓慢加入到混合 A 料中，充分搅拌后加入助剂，800～900r/min 下搅拌反应 40～60min，冷却至室温即得。

原料配伍　本品各组分质量份配比范围为：月桂酰二乙醇胺 4～5、异构十三醇聚氧乙烯醚 3.5～4.5、正丁醇 3～4、月桂酸聚氧乙烯酯 1～2、椰子油 4～6、硼砂 2～4、乙基香草醛 1～2、1,2-二乙氧基硅酯基乙烷 2～3、助剂 5～7、去离子水 200。

所述助剂由以下质量份组成：纳米氮化铝 3～4、石墨 2～3、十二烷基苯磺酸钠 1～2、硼砂 2～4、十二碳醇酯 2～3、抗坏血酸 1～2、微晶蜡 2～3、硬脂酸钠 3.5～4、水 50～54。

质量指标

检 验 项 目	检验标准（GB/T 6114—2010）	检 验 结 果
防锈性（35℃±2℃）一级灰铸铁	单片，24h，合格	>48h 无锈
	叠片，8h，合格	>12h 无锈
腐蚀试验（55℃±2℃）全浸	铸铁，24h，合格	>48h
	紫铜，8h，合格	>12h
对机床涂料适应性	不起泡、不开裂、不发黏	

产品应用　本品主要应用于钢、铸铁、不锈钢、铜铝及其合金等金属的切削加工。

产品特性　本品配方科学合理，添加助剂，具有良好的抗磨、分散、润滑性，配合表面活性剂，而且能够存成膜性，能在金属表面上形成保护膜，使机床、工件、刀具免受周围介质的腐蚀，采用环保配方，不含对人体有害的亚硝酸钠、氯化石蜡等物质，适用于钢、铸铁、不锈钢、铜铝及其合金等金属的切削加工，使用周期长，不易变质。

对机床无腐蚀的环保微乳型切削液（1）

原料配比

原　　料	配比（质量份）		
	1#	2#	3#
矿物油	18	20	19
蓖麻油酸	14	10	12
二乙醇胺	15	21	18
脂肪酸聚氧乙烯酯	5	3	4
硼酸	6	8	7
吗啉	12	9～12	10.5
硫化猪油	2	4	3
异丙醇	5	3	4
甲基苯三唑	1	1.4	1.2
异噻唑啉酮	1.6	1.2	1.4

70

原　料	配比（质量份）		
	1#	2#	3#
乳化硅油	0.6	1	0.8
四乙氧基硅烷	1.6	1.2	1.4
γ-氨丙基三乙氧基硅烷	1.6	2	1.8
水	35	25	30

制备方法

（1）将蓖麻油酸、二乙醇胺加入到 50～60℃的矿物油中，搅拌 10～20min，然后加入脂肪酸聚氧乙烯酯和硫化猪油，再搅拌 20～30min；

（2）在 35～45℃水中依次加入硼酸，吗啉，异丙醇，甲基苯三唑，异噻唑啉酮，四乙氧基硅烷和 γ-氨丙基三乙氧基硅烷，搅拌 20～30min；

（3）将步骤（1）和（2）获得的混合物混合，在 30～40℃下边搅拌边加入乳化硅油，加完后搅拌 60～90min 即可。

原料配伍　本品各组分质量份配比范围为：矿物油 18～20、蓖麻油酸 10～14、二乙醇胺 15～21、脂肪酸聚氧乙烯酯 3～5、硼酸 6～8、吗啉 9～12、硫化猪油 2～4、异丙醇 3～5、甲基苯三唑 1～1.4、异噻唑啉酮 1.2～1.6、乳化硅油 0.6～1、四乙氧基硅烷 1.2～1.6、γ-氨丙基三乙氧基硅烷 1.6～2、水 25～35。

产品应用　本品主要应用于车、钻、铣、镗、磨等工况、多种金属材质的加工。

产品特性

（1）本品采用大比例阴离子表面活性与小比例非离子表面活性剂的组合，即大幅降低了非离子表面活性剂的比率；采用硼酸和吗啉作为防锈组分，在大量实验的基础上确定了二者的比例，从而使得切削液的防锈能力得到提高，除了对工件自身防锈效果优异外，对机床漆面无腐蚀，具有突出的抗腐败能力和突出的耐硬水能力，可长时间循环使用；不含亚硝酸盐、酚类等有毒有害物质，对环境和健康有利。

（2）除了对机床无腐蚀外，本品通过调整各种添加剂的含量，使得各组分达到协同作用，使得制备的切削液集合了乳化液与全合成切削液的优点，具有优异的润滑性、冷却性、清洗性、防腐蚀性以及较长的使用寿命等，通用性很强，可用于车、钻、铣、镗、磨等工况、多种金属材质的加工。且废液易于处理，可通过破乳后按一般工业废水处理。

对机床无腐蚀的环保微乳型切削液（2）

原　　料	配比（质量份）				
	1#	2#	3#	4#	5#
矿物油	18	20	18.5	19.5	19
蓖麻油酸	14	10	13	11	12
二乙醇胺	15	21	17	19	18
脂肪酸聚氧乙烯酯	5	3	4.5	3.5	4
硼酸	6	8	6.5	7.5	7
吗啉	12	9～12	11	10	10.5
硫化猪油	2	4	2.5	3.5	3
异丙醇	5	3	4.5	3.5	4
甲基苯三唑	1	1.4	1.1	1.3	1.2
异噻唑啉酮	1.6	1.2	1.5	1.3	1.4
乳化硅油	0.6	1	0.7	0.9	0.8
四乙氧基硅烷	1.6	1.2	1.5	1.3	1.4
γ-氨丙基三乙氧基硅烷	1.6	2	1.7	1.9	1.8
水	35	25	32	28	30

制备方法　将各组分混合均匀即可。

原料配伍　本品各组分质量份配比范围为：矿物油 18～20、蓖麻油酸 10～14、二乙醇胺 15～21、脂肪酸聚氧乙烯酯 3～5、硼酸 6～8、吗啉 9～12、硫化猪油 2～4、异丙醇 3～5、甲基苯三唑 1～1.4、异噻唑啉酮 1.2～1.6、乳化硅油 0.6～1、四乙氧基硅烷 1.2～1.6、γ-氨丙基三乙氧基硅烷 1.6～2、水 25～35。

产品应用　本品主要应用于金属切削加工。

产品特性

（1）本品采用大比例阴离子表面活性与小比例非离子表面活性剂

的组合，即大幅降低了非离子表面活性剂的比率；采用硼酸和吗啉作为防锈组分，在大量实验的基础上确定了二者的比例，从而使得切削液的防锈能力得到提高，除了对工件自身防锈效果优异外，对机床漆面无腐蚀，具有突出的抗腐败能力和突出的耐硬水能力，可长时间循环使用；不含亚硝酸盐、酚类等有毒有害物质，对环境和健康有利。

（2）除了对机床无腐蚀外，本品通过调整各种添加剂的含量，使得各组分达到协同作用，使得制备的切削液集合了乳化液与全合成切削液的优点，具有优异的润滑性、冷却性、清洗性、防腐蚀性以及较长的使用寿命等，通用性很强，可用于车、钻、铣、镗、磨等工况、多种金属材质的加工。且废液易于处理，可通过破乳后按一般工业废水处理。

多功能极压抗磨切削液

[原料配比]

表1　助剂

原　　料	配比（质量份）
聚氧乙烯山梨糖醇酐单油酸酯	2
氮化铝粉	0.1
醇酯十二	2
茶多酚	1
2-正辛基-4-异噻唑啉-3-酮	1
钼酸钠	2
羟乙基纤维素	5
桃胶	3
新戊二醇	3
过硫酸铵	1
水	20

表2　切削液

原　　料	配比（质量份）
二乙醇胺	1.5
硼酸酯	3.5

原　　料	配比（质量份）
硼砂	2.5
癸二酸	4.5
石油磺酸钠	1.5
二硫化钼	2.5
尼泊金甲酯	2.5
偏硼酸钠	1.5
脂肪醇聚氧乙烯醚	0.9
乙酸镧	0.08
菜籽油	13
助剂	7
水	200

制备方法

（1）助剂的制备　将过硫酸铵溶于水后，再加入其他剩余物料，搅拌 10～15min，加热至 70～80℃，搅拌反应 1～2h，即得。

（2）切削液的制备　将水、脂肪醇聚氧乙烯醚混合，加热至 40～50℃；在 3000～4000r/min 搅拌下，加入硼酸酯、癸二酸、尼泊金甲酯、偏硼酸钠、菜籽油、助剂，继续加热到 70～80℃，搅拌 10～15min；加入其他剩余成分，继续搅拌 15～25min，即得。

原料配伍　本品各组分质量配比范围为：二乙醇胺 1～2、硼酸酯 3～4、硼砂 2～3、癸二酸 4～5、石油磺酸钠 1～2、二硫化钼 2～3、尼泊金甲酯 2～3、偏硼酸钠 1～2、脂肪醇聚氧乙烯醚 0.8～1.2、乙酸镧 0.05～0.1、菜籽油 12～14、助剂 6～8、水 200。

所述助剂由以下质量份组成：聚氧乙烯山梨糖醇酐单油酸酯 2～3、氮化铝粉 0.1～0.2、醇酯十二 1～2、茶多酚 1～2、2-正辛基-4-异噻唑啉-3-酮 1～2、钼酸钠 2～3、羟乙基纤维素 5～8、桃胶 2～3、新戊二醇 3～4、过硫酸铵 1～2、水 20～24。

质量指标

检 验 项 目	检验标准（GB/T 6114—2010）	检 验 结 果
最大无卡咬负荷（P_B）值/N	≥400	≥750

检验项目	检验标准（GB/T 6114—2010）	检验结果
防锈性（35℃±2℃） 一级灰铸铁	单片，24h，合格	>48h 无锈
	叠片，8h，合格	>16h 无锈
腐蚀试验（55℃±2℃） 全浸	铸铁，24h，合格	>46h
	紫铜，8h，合格	>14h
对机床涂料适应性	不起泡、不发黏	

产品应用 本品主要应用于金属切削加工。

产品特性 本切削液通过使用硼酸酯、二硫化钼、乙酸镧、菜籽油，具有良好的极压性、耐磨性、润滑性，切削液和机床使用寿命延长，而且对黑色金属及铜等有色金属均有良好的防锈性能，使用范围广，是多功能的切削液，同时该切削液对细菌、霉菌有较强抑制性。

多功能切削液（1）

原料配比

原　料	配比（质量份）		
	1#	2#	3#
二乙醇胺硼酸酯	2	4	6
二乙醇胺硼酸油酸复合酯	8	10	12
二乙醇胺硼酸多聚羧酸复合酯	6	8	10
二乙醇胺硼酸马来酐复合酯	4	6	8
硼砂	2	2	4
癸二酸	3	3	5
石油磺酸钠	0.8	1	1
改性硅油	0.05	0.1	0.1
蒸馏水	加至 100	加至 100	加至 100

制备方法

（1）原料的合成

① 二乙醇胺硼酸酯的合成　将二乙醇胺和硼酸按（2.5～1.5）：1

的摩尔比在 150～160℃酯化反应 2～4h；

　　② 二乙醇胺硼酸油酸复合酯的合成　将二乙醇胺、油酸、硼酸按（4～7）∶1∶1 的摩尔比在 150～160℃酯化反应 2～4h；

　　③ 二乙醇胺硼酸多聚羧酸复合酯的合成　将二乙醇胺、多聚羧酸、硼酸按（4～7）∶1∶1 的摩尔比在 150～155℃酯化反应 2～4h；

　　④ 二乙醇胺硼酸马来酐复合酯的合成　将二乙醇胺、马来酸酐、硼酸按（4～7）∶1∶1 的摩尔比在 150～155℃酯化反应 2～4h。

　　（2）切削液的制备　将上述四种反应产物与硼砂、癸二酸、石油磺酸钠、改性硅油以及蒸馏水按照配比量调配、混合均匀得到多功能切削液。

〖原料配伍〗　本品各组分质量份配比范围为：二乙醇胺硼酸酯 2～6、二乙醇胺硼酸油酸复合酯 8～12、二乙醇胺硼酸多聚羧酸复合酯 6～10、二乙醇胺硼酸马来酐复合酯 4～8、硼砂 2～4、癸二酸 3～5、石油磺酸钠 0.8～1、改性硅油 0.05～0.1、蒸馏水加至 100。

〖质量指标〗

检 验 项 目			检 验 结 果	检验方法
外观	母液		黄棕色半透明液体	目测
	4%～6%稀释液		浅色半透明液体	目测
5%稀释液	pH 值		8.5～9.3	广泛试纸
	烧结负荷（P_D）值/N		1800	GB 3142
	防锈试验，铸铁（35℃±2℃）	单片 24h	A 级	GB/T 6144
		叠片 8h	A 级	
	腐蚀试验（55℃±2℃）	铸铁	合格	GB/T 6144
		紫铜	合格	

〖产品应用〗　本品主要应用于金属切削加工。

〖产品特性〗　本品由多种优质水溶性多功能添加剂、金属屑沉降剂、表面活性剂调制而成，不含亚硝酸钠及硫、氯、磷、酚等物质，对黑色金属及铜等有色金属均有良好的防锈性能，是铸铁、不锈钢、高碳钢、铜等材料的高效切削液，同时本品对细菌、霉菌有较强抗御能力。因其以高温酯化合成物质作为基本成分，不易腐败变质，在不加防霉剂的情况下能有较长的使用寿命，是一种性能优良的多功能切削液。

多功能切削液（2）

表1 膜助剂

原　　料	配比（质量份）
蓖麻油酸	4
2-氨基-2-甲基-1-丙醇	3
硅烷偶联剂 KH-550	2
山梨糖醇单油酸酯	2
丙烯腈	2
羟甲基脲	2
叔丁基过氧化氢	0.3
吗啉	1

表2 多功能切削液

原　　料	配比（质量份）
脂肪酸二乙醇胺硼酸酯	4
癸二酸	3
石油磺酸钠	2
乙酰柠檬酸三乙酯	5
柠檬酸三丁酯	4
烯基丁二酸	1
尿素	1
丙烯腈	2
二烷基二硫代磷酸锌	3
膜助剂	5
水	240

制备方法

（1）膜助剂的制备　将蓖麻油酸、2-氨基-2-甲基-1-丙醇、丙烯腈、

77

山梨糖醇单油酸酯混合，加入叔丁基过氧化氢，搅拌反应 2～3h，加热至 130～140℃，再加入硅炕偶联剂 KH-550、羟甲基脲、吗啉，继续搅拌反应 1～2h 即得。

（2）多功能切削液的制备　将烯基丁二酸、尿素、丙烯腈、二烷基二硫代磷酸锌、水混合，加热至 85～90℃，搅拌 1～2h，然后，加入其他剩余成分，继续搅拌 45～60min，即得。

原料配伍　本品各组分质量份配比范围为：脂肪酸二乙醇胺硼酸酯 3～4、癸二酸 2～3、石油磺酸钠 1～2、乙酰柠檬酸三乙酯 4～5、柠檬酸三丁酯 3～4、烯基丁二酸 1～2、尿素 1～2、丙烯腈 1～2、二烷基二硫代磷酸锌 2～3、膜助剂 5～6、水 240。

所述的膜助剂由以下质量份的原料制得：蓖麻油酸 3～4、2-氨基-2-甲基-1-丙醇 2～3、硅烷偶联剂 KH-550 1～2、山梨糖醇单油酸酯 1～2、丙烯腈 1～2、羟甲基脲 2～3、叔丁基过氧化氢 0.2～0.3、吗啉 1～2。

产品应用　本品主要应用于铸铁、不锈钢、高碳钢、铜等材料的切削加工。

产品特性　本品对黑色金属及铜等有色金属均有良好的防锈性能，是一种性能优良的多功能切削液。

多功能切削液（3）

原料配比

表1　助剂

原　料	配比（质量份）
碳化硅	2
纳米二氧化锆	2.5
当归油	1
尿素	1
十二碳醇酯	2
聚乙烯蜡	2
分散剂 NNO	2

原　料	配比（质量份）
丙烯酸树脂乳液	2.5
石油磺酸钠	2
水	50

表2　性能好的多功能切削液

原　料	配比（质量份）
碳酸钾	1
磷酸二氢钠	2
乙烯基三甲氧基硅烷	1
二硼化钛	4
碳酸钙	2
月桂醇硫酸钠	3
三乙醇胺硼酸酯	2
二乙醇胺硼酸马来酐复合酯	2
助剂	5
去离子水	200

【制备方法】

（1）助剂的制备　首先将碳化硅、纳米二氧化锆、分散剂NNO、石油磺酸钠加入一半量的水中，研磨1~2h，然后缓慢加入其余剩余成分，缓慢加热至70~80℃，在300~500r/min条件下搅拌反应30~50min，冷却至室温即得。

（2）切削液的制备

① 将二硼化钛、碳酸钙、月桂醇硫酸钠混合均匀，加入适量的去离子水，加热至30~35℃，研磨30~40min，得到混合A料；

② 将除助剂之外的其余剩余成分加入到反应釜中，搅拌混合均匀，缓慢加热至55~65℃，保温1~1.5h，得到混合B料；

③ 将保温的混合B料边搅拌边缓慢加入到混合A料中，充分搅拌后加入助剂，800~900r/min下搅拌反应40~60min，冷却至室温即得。

【原料配伍】　本品各组分质量份配比范围为：碳酸钾1~2、磷酸二氢钠

2～3、乙烯基三甲氧基硅烷 1～2、二硼化钛 4～6、碳酸钙 2～3、月桂醇硫酸钠 3～5、三乙醇胺硼酸酯 2～3、二乙醇胺硼酸马来酐复合酯 2～4、助剂 5～7、去离子水 200。

所述助剂包括以下组分:碳化硅 2～3、纳米二氧化锆 2.5～3.5、当归油 1～2、尿素 1～2、十二碳醇酯 2～3、聚乙烯蜡 2～4、分散剂 NNO 2～3、丙烯酸树脂乳液 2.5～3.5、石油磺酸钠 2～3、水 50～54。

质量指标

检 验 项 目	检 验 标 准	检 验 结 果
防锈性（35℃±2℃），一级灰铸铁	单片，24h，合格	>54h 无锈
	叠片，8h，合格	>12h 无锈
腐蚀试验（35℃±2℃），全浸	铸铁，24h，合格	>48h
	紫铜，8h，合格	>12h
对机床涂料适应性	不起泡、不开裂、不发黏	

产品应用 本品主要应用于金属切削加工。

产品特性 本品对黑色金属及铜等有色金属均有良好的防锈性能，是铸铁、不锈钢、高碳钢、铜等材料的高性能切削液。添加助剂，进一步增强了抗磨、分散、润滑、成膜性；添加表面活性剂，具有良好的渗透性、清洗性；而且本品配方合理，工艺简单。

多功能切削液（4）

原料配比

原　　料	配比（质量份）		
	1#	2#	3#
烯基丁二酸	3	6	4
丙烯腈	2.5	5	3.5
二烷基二硫代磷酸锌	4	6.5	4.8
膜助剂	1.5	4	2.6
合金缓蚀剂	6.5	10.8	8.5

原　料	配比（质量份）		
	1#	2#	3#
丁酸乙酯	1.2	2.6	2
碳酸钠	2.7	5.2	3.8
水	5	10	7.5

制备方法 将各组分混合均匀即可。

原料配伍 本品各组分质量份配比范围为：烯基丁二酸 3～6、丙烯腈 2.5～5、二烷基二硫代磷酸锌 4～6.5、膜助剂 1.5～4、合金缓蚀剂 6.5～ 10.8、丁酸乙酯 1.2～2.6、碳酸钠 2.7～5.2、水 5～10。

产品应用 本品主要应用于金属切削加工。

产品特性 本品具有良好的防锈性能，且冷却速率快，清洗性能好。

多功能切削液（5）

原料配比

原　料	配比（质量份）			
	1#	2#	3#	4#
矿物油	30	33	36	40
三乙醇胺	5	7	9	12
月桂醇聚氧乙烯醚	3	5	7	8
防锈剂	10	12	14	15
润滑剂	1	3	4	5
杀菌剂	1	2	2	3
缓蚀剂	0.5	0.7	0.8	1
pH 调节剂	1	2	2	3
水	加至 100	加至 100	加至 100	加至 100

制备方法 取水置于容器中，按配方称取矿物油、三乙醇胺、月桂醇聚氧乙烯醚，搅拌至溶解；依次加入防锈剂、润滑剂、杀菌剂、缓蚀剂，然后将溶液搅拌 10min，再用 pH 调节剂调节溶液的 pH 值。

原料配伍 本品各组分质量份配比范围为：矿物油 30～40、三乙醇胺 5～12、月桂醇聚氧乙烯醚 3～8、防锈剂 10～15、润滑剂 1～5、杀菌剂 1~3、缓蚀剂 0.5~1、pH 调节剂 1~3、水加至 100。

所述防锈剂为硼酸或石油磺酸钠。

所述润滑剂为硫化脂肪酸酯或多元醇酯。

所述杀菌剂是苯并异噻唑啉酮。

所述缓蚀剂是苯并三氮唑或甲基苯并三氮唑。

所述 pH 调节剂是碳酸钠或氢氧化钠。

【产品应用】 本品主要应用于金属切削加工。

【产品特性】 本品具有很好的润滑性、耐腐蚀性、防锈性，稳定性较好，对提高工件表面光洁度和减少刀具磨损效果显著。硫化脂肪酸酯或多元醇酯有很好的润滑性，散热降温性能极好；硼酸或石油磺酸钠，有良好的防锈性能；加入一定量三乙醇胺、月桂醇聚氧乙烯醚，使切削液具有更强的防锈、防腐作用。

多功能切削液（6）

【原料配比】

原　　料	配比（质量份）	
	1#	2#
二乙醇胺	5	7
润滑剂	12	18
烷基磺酸钠	4	8
有机硼酸酯	3	6
有机硅消泡剂	1.5	2.4
表面活性剂	7	14
抗氧剂	3	7
纳米抗磨剂	3	5
硼胺	2	4
油酸钠	5	10
苯并三氮唑	1.2	2.4
环己六醇六磷酸酯	18	23
季铵盐	3	6

【制备方法】 将各组分混合均匀即可。

本品各组分质量份配比范围为：二乙醇胺 5～7、润滑剂 12～18、烷基磺酸钠 4～8、有机硼酸酯 3～6、有机硅消泡剂 1.5～2.4、表面活性剂 7～14、抗氧剂 3～7、纳米抗磨剂 3～5、硼胺 2～4、油酸钠 5～10、苯并三氮唑 1.2～2.4、环己六醇六磷酸酯 18～23、季铵盐 3～6。

产品应用 本品主要应用于金属切削加工。

产品特性 本品具有良好的润滑效果和冷却性，对环境起保护作用，而且有耐高温性。

多功能水基切削液（1）

原料配比

表1 助剂

原　　料	配比（质量份）
分散剂 NNO	1
聚甘油脂肪酸	0.6
松焦油	3
2-氨基-2-甲基-1-丙醇	2
高耐磨炭黑	3
硅油	4
植酸	3
乙酰丙酮	2
山梨糖醇	1
硫脲	2
二异丙醇胺	0.5
消泡剂	0.4
水	45

表2 多功能水基切削液

原　　料	配比（质量份）
环烷酸铅	5
抗氧化剂 1010	1

原　料	配比（质量份）
纳米铜粉	4
失水山梨醇单油酸酯	1
二甘醇二丁醚	5
聚醚	1
橄榄油	6
脂肪醇聚氧乙烯醚硫酸酯	5
碘丙炔正丁胺甲酸酯	1
聚乙烯醇	5
助剂	5
水	170

制备方法

（1）助剂的制备

① 将分散剂 NNO、聚甘油脂肪酸、山梨糖醇加到水中，加热至 50~60℃，搅拌均匀后加入消泡剂备用；

② 将松焦油、硅油、植酸、高耐磨炭黑、乙酰丙酮混合加热至 40~50℃，搅拌均匀后将步骤①中的产物缓慢加入，以 300~400r/min 的转速搅拌，加料结束后加热至 70~80℃，并在 1800~2000r/min 下高速搅拌 10~15min，再加入其余剩余物质继续搅拌 5~10min 即可。

（2）多功能水基切削液的制备

① 将失水山梨醇单油酸酯、橄榄油、脂肪醇聚氧乙烯醚硫酸酯混合，加热至 45~55℃，搅拌反应 20~40min 后得到混合物 A；

② 将水煮沸后迅速冷却至 70~80℃，再加入二甘醇二丁醚和聚醚搅拌均匀，搅拌均匀后加入助剂以 800~900r/min 下搅拌反应 40~60min，得到混合物 B；

③ 将混合物 B 边搅拌边缓慢地加入混合物 A 中，将温度控制在 40~55℃，搅拌均匀后加入其余剩余成分，在 1400~1600r/min 下高速搅拌 20~30min 后过滤即可。

原料配伍 本品各组分质量份配比范围为：环烷酸铅 4~6、抗氧化剂 1010 1~2、纳米铜粉 3~5、失水山梨醇单油酸酯 1~2、二甘醇二丁醚 4～5、聚醚 1～2、橄榄油 5～7、脂肪醇聚氧乙烯醚硫酸酯 4～6、碘丙炔正丁胺甲酸酯 1～2、聚乙烯醇 4～5、助剂 4～6、水 150～180。

所述助剂包括：分散剂 NNO 1～2、聚甘油脂肪酸 0.4～0.6、松焦油 3～4、2-氨基-2-甲基-1-丙醇 1～2、高耐磨炭黑 2～4、硅油 4～6、植酸 2～3、乙酰丙酮 2～3、山梨糖醇 1～2、硫脲 2～3、二异丙醇胺 0.4～0.7、消泡剂 0.2～0.4、水 40～50。

质量指标

检 验 项 目	检 验 结 果
5%乳化液安定性试验（15～30℃，24h）	不析油、不析皂
防锈性试验（35℃±2℃，钢铁单片 24h）	≥48h，无锈斑
防锈性试验（35℃±2℃，钢铁叠片 8h）	≥12h，无锈斑
腐蚀试验（55℃±2℃，铸铁 24h）	≥48h
腐蚀试验（55℃±2℃，紫铜 8h）	≥12h
对机床涂料适应性	不起泡、不开裂、不发黏

产品应用 本品主要应用于金属切削加工。

产品特性 本品原料来源广泛，价格低廉，配比合理，性能优异，具有良好的冷却、润滑和清洗性能，且对环境无污染，适合多种金属加工，使用范围广，实用性强。

多功能水基切削液（2）

原料配比

表 1　助剂

原　　料	配比（质量份）
壬基酚聚氧乙烯醚	2
尿素	1
纳米氮化铝	0.1
硅酸钠	2
硼酸	2

85

原　料	配比（质量份）
钼酸铵	1
新戊二醇	3
桃胶	2
过硫酸铵	2
水	20

表 2　多功能水基切削液

原　料	配比（质量份）
脂肪酸二乙醇胺硼酸酯	3.5
癸二酸	2.5
石油磺酸钠	1.5
乙酰柠檬酸三乙酯	7
丙烯酸异壬基酯	1.5
丙烯酸异丁酯	3.5
丙二醇	6
乙酸	2.5
尿素	1.5
机械油	22
氨丙基三乙氧基硅烷	1.5
助剂	7
水	200

制备方法

（1）助剂的制备　将过硫酸铵溶于水后，再加入其他剩余物料，搅拌 10～15min，加热至 70～80℃，搅拌反应 1～2h，即得。

（2）切削液的制备　将水、石油磺酸钠、丙二醇、尿素混合，加热至 40～50℃，在 3000～4000r/min 搅拌下，加入脂肪酸二乙醇胺硼酸酯、癸二酸、乙酰柠檬酸三乙酯、丙烯酸异壬基酯、丙烯酸异丁酯、机械油、氨丙基三乙氧基硅烷、助剂，继续加热到 70～80℃，搅拌 10～15min，加入其他剩余成分，继续搅拌 15～25min，即得。

本品各组分质量份配比范围为：脂肪酸二乙醇胺硼酸酯 3~4、癸二酸 2~3、石油磺酸钠 1~2、乙酰柠檬酸三乙酯 5~8、丙烯酸异壬基酯 1~2、丙烯酸异丁酯 3~4、丙二醇 5~8、乙酸 2~3、尿素 1~2、机械油 20~23、氨丙基三乙氧基硅烷 1~2、助剂 6~8、水 200。

所述助剂包括以下组分：壬基酚聚氧乙烯醚 2~3、尿素 1~2、纳米氮化铝 0.1~0.2、硅酸钠 2~3、硼酸 1~2、钼酸铵 1~2、新戊二醇 3~4、桃胶 2~3、过硫酸铵 1~2、水 20~24。

质量指标

检验项目	检验标准	检验结果
最大无卡咬负荷（P_B）值/N	≥400	≥700
防锈性（35℃±2℃），一级灰铸铁	单片，24h，合格	>50h 无锈
	叠片，8h，合格	>14h 无锈
腐蚀试验（35℃±2℃），全浸	铸铁，24h，合格	>48h
	紫铜，8h，合格	>12h
对机床涂料适应性	不起泡、不发黏	

产品应用 本品主要应用于金属切削加工。

产品特性 本切削液具有良好的润滑性和清洗性，而且对黑色金属及铜等有色金属均有良好的防锈性能，是铸铁、不锈钢、高碳钢、铜等材料的高效切削液，使用范围广，而且该切削液不易沉降，长期保持清澈透明，延长了切削液和刀具的使用寿命。

多功能透明水溶性切削液

原料配比

原 料	配比（质量份）		
	1#	2#	3#
乙二醇	55	50	60
二甘醇	17.5	15	20
偏硅酸钠	1.4	1.2	1.6
磷酸钠	1.5	1	2

原　料	配比（质量份）		
	1#	2#	3#
苯甲酸钠	1	0.6	1.5
亚硝酸钠	1	0.2	2
甘油	3	1	5
大豆油	2	1	3
石油磺酸钠	3.5	2	5
甲基丙烯酸甲酯	1.5	0.3	3
硼酸	0.9	0.5	1.5
三乙醇胺	4	2	6
防锈剂	0.05	0.03	0.07
水	55	50	60

制备方法　将乙二醇、二甘醇、偏硅酸钠、磷酸钠、苯甲酸钠、亚硝酸钠、甘油、大豆油、石油磺酸钠、甲基丙烯酸甲酯、硼酸、三乙醇胺、防锈剂、水依次加入搅拌机，搅拌均匀，所述搅拌转速为1300r/min，搅拌温度为72℃，搅拌时间25min，即得到本多功能透明水溶性切削液。

原料配伍　本品各组分质量份配比范围为：乙二醇 50～60、二甘醇 15～20、偏硅酸钠 1.2～1.6、磷酸钠 0.8～2.2、苯甲酸钠 0.5～1.5、亚硝酸钠 0.1～2、甘油 1～5、大豆油 1～3、石油磺酸钠 2～5、甲基丙烯酸甲酯 0.2～3、硼酸 0.3～1.5、三乙醇胺 2～6、防锈剂 0.03～0.07、水 50～60。

质量指标

检　验　项　目		检　验　结　果		
		1#	2#	3#
防锈性（35℃±2℃），一级灰铸铁	单片，24h，合格	>52h，无锈	>52h，无锈	>52h，无锈
	叠片，8h，合格	>12h，无锈	>12h，无锈	>12h，无锈
腐蚀试验（5℃±2℃）	铸铁，24h，合格	>54h	>54h	>54h
	紫铜，8h，合格	>10h	>10h	>10h
对机床涂料适应性		不起泡、不开裂、不发黏		

产品应用　本品主要应用于金属切削加工。

产品特性　本品具有优异的冷却、清洗性能，润滑效果和耐磨性好；本品具有优良的稳定性。在存储和使用时，不分层及析出沉淀物，不易腐败；本品加入防锈剂，具有优良的化学、热安定性和防锈性。

多功效合成切削液（1）

原料配比

原　　料	配比（质量份）		
	1#	2#	3#
苯并三氮唑	1.3	3.5	2.4
癸二酸	4	8	6
低泡表活剂	2	6	4
2-氨乙基十七烯基咪唑啉	5	9	7
聚乙烯醇	6	10	8
膜助剂	4	9	6
异辛酸	3	8	5
四氯乙烯	1	3	2
水	15	15	15

制备方法　将各组分混合均匀即可。

原料配伍　本品各组分质量份配比范围为：苯并三氮唑 1.3～3.5、癸二酸 4～8、低泡表活剂 2～6、2-氨乙基十七烯基咪唑啉 5～9、聚乙烯醇 6～10、膜助剂 4～9、异辛酸 3～8、四氯乙烯 1～3、水 15。

产品应用　本品主要应用于金属切削加工。

产品特性　本品可有效提高合成加工液的润滑极压性能，满足一些苛刻难加工的材质和工艺。

多功效合成切削液（2）

原料配比

表1　含磷硼酸酯水基润湿剂

原　　料		配比（质量份）		
		1#	2#	3#
原料 A	TX-9	70	—	—
	TX-4	—	80	—
	AEO-4	—	—	85

原　料	配比（质量份）		
	1#	2#	3#
硼酸	2.5	4	3.5
丙三醇	6.5	5	2
五氧化二磷	4	7	6.5
纯水	17	4	3

表2　多功效全合成切削液

原　料	配比（质量份）		
	1#	2#	3#
自来水	71.3	64.5	61.2
单乙醇胺	13.5	15	16.5
苯并三氮唑	0.1	0.2	0.2
硼酸	3.5	4.5	5
硼磷酸酯水基润滑剂	4	6.5	8
癸二酸	1.5	2	1.5
新癸酸	4.5	5.5	6
低泡表活剂	1.2	1	0.6
非离子消泡剂	0.4	0.8	1

【制备方法】

（1）将硼酸、原料A、丙三醇投入到反应釜中，在抽真空和不断搅拌的条件下进行反应，反应温度为 80～120℃，反应时间 60～120min；

（2）关闭抽真空，反应釜内温度冷却至50℃以下，再向反应釜中缓慢加入五氧化二磷，不断搅拌，控制反应温度在90℃以下，加料完毕后搅拌 50～70min；

（3）控制温度在90℃以下，向反应釜中加纯水，搅拌 60～90min；

（4）将反应釜温度降到室温，出料；

（5）然后将自来水、单乙醇胺、苯并三氮唑、硼酸、含磷硼酸酯水基润滑剂、癸二酸、新癸酸、低泡表活剂（陶氏 DF-16）、非离子消泡剂（陶氏 X-35）在 20℃下混合、搅拌均匀即可得到本多功效全合成切削液。

【原料配伍】本品各组分质量份配比范围为：单乙醇胺 13～17、苯并三

氮唑 0.1～0.2、硼酸 3～5、含磷硼酸酯水基润滑剂 4～8、癸二酸 1～
2.5、新癸酸 4～7、低泡表活剂 0.5～1.5、非离子消泡剂 0.4～1、水加
至 100。

质量指标

检验项目		检验指标	检验结果	检验方法
外观		无分层，无沉淀，呈均匀液体	透明黄色液体	目测
稀释液观外（10%水溶液）		透明或半透明	透明溶液	5.2
pH 值（10%水溶液）		8～10	9.4	5.3
腐蚀试验（55℃±2℃）	一级灰口铸铁，A 级	≥24h	合格	5.6
	紫铜，B 级	≥4h	合格	
	LY12 铝，B 级	≥4h	合格	
防锈试验（35℃±2℃）	单片	≥24h	合格	5.7
	叠片	≥24h	合格	
最大无卡咬负荷（P_B）值/N		≥540	650	GB 3142

产品应用　本品主要应用于铸铁、合金钢、不锈钢、铝合金等多种材
质的加工。

产品特性　本品有益的技术效果在于：本品是以特有的含磷硼酸酯水
基润滑剂为主润滑极压剂，与水、缓蚀防锈剂、表面活性剂、消泡剂
及杀菌剂等复配的一款多功效全合成切削液。本润滑极压性能的保证
是基于配方中的含磷硼酸酯水基润滑剂，含磷硼酸酯的抗磨机理是在
摩擦表面生成一层既含有机物又含有无机物的无定形结构膜，具体来
讲归结于以下两个方面。

（1）硼酸酯在摩擦表面分解形成氧化硼薄膜；

（2）含磷硼酸酯中的磷在摩擦中与器件表面的铁形成磷酸铁薄
膜。这两种薄膜的形成都有助于抗磨减摩作用，其中磷的添加有助于
形成磷酸铁，而金属 BH 离子可以起到稳定磷酸盐薄膜的作用。四球
长磨实验表明，含磷硼酸酯润滑剂与 ZDDP 类润滑剂具有优秀的抗磨
协同作用。

本品和国内外同类产品相比较，具有以下优点：

（1）本品具有优异的润滑极压性能，完全满足合成切削液
（L-MAH）的润滑性要求；

（2）本品具有优异的缓蚀和防锈性能，可适合铸铁、合金钢、不

锈钢、铝合金等多种材质的加工，对黑色金属的工序间防锈达 7～15d；

（3）本品生物稳定性好，使用周期长，不易发臭；

（4）本品具有良好的冷却性和清洗性能，加工后的工件很清洁；

（5）本品不含易致癌的亚硝酸钠，环保性好，使用安全。

多效型半合成切削液

原料配比

表1　含磷硼酸酯水基润湿剂

原　　料		配比（质量份）		
		1#	2#	3#
原料A	TX-9	70	—	—
	TX-4	—	80	—
	AEO-4	—	—	85
硼酸		2.5	4	3.5
丙三醇		6.5	5	2
五氧化二磷		4	7	6.5
纯水		17	4	3

表2　多效型半合成切削液

原　　料	配比（质量份）		
	1#	2#	3#
自来水	57.6	49.9	44.6
单乙醇胺	10	10.8	13
苯并三氮唑	0.1	0.1	0.2
硼酸	10	13	12
含磷硼酸酯水基润滑剂	4	5	6
妥尔油脂肪酸	4.5	5.5	6.5
环烷油 K22	8	10	12
石油磺酸钠	3.2	2	3.5
油酸聚氧乙烯酯 EO9	1	1.5	0.5

原　　料		配比（质量份）		
		1#	2#	3#
BK		1.5	2	1.5
有机硅消泡剂	AFG-3168	0.1	0.2	—
	KS603	—	—	0.2

制备方法

（1）将硼酸、原料A、丙三醇投入到反应釜中，在抽真空和不断搅拌的条件下进行反应，反应温度为80～120℃，反应时间60～120min；

（2）关闭抽真空，反应釜内温度冷却至50℃以下，再向反应釜中缓慢加入五氧化二磷，不断搅拌，控制反应温度在90℃以下，加料完毕后搅拌50～70min；

（3）控制温度在90℃以下，向反应釜中加纯水，搅拌60～90min；

（4）将反应釜温度降到室温，出料；

（5）然后将单乙醇胺、苯并三氮唑、硼酸、含磷硼酸酯水基润滑剂、妥尔油脂肪酸、环烷油K22、石油磺酸钠、油酸聚氧乙烯酯（EO9）、BK、有机硅消泡剂、自来水在20℃下混合、搅拌均匀即可得到本多效型半合成切削液。

原料配伍　本品各组分质量份配比范围为：单乙醇胺10～14、苯并三氮唑0.1～0.2、硼酸10～13、含磷硼酸酯水基润滑剂4～6、妥尔油脂肪酸4～7、环烷油K22 8～12、石油磺酸钠2～4、油酸聚氧乙烯酯0.5～1.5、1,3,5-三(2-羟乙基)-六氢三嗪（BK）1.5～2、有机硅消泡剂0.1～0.2、水加至100。

质量指标

检　验　项　目	检　验　指　标	检　验　结　果	检　验　方　法
外观	均匀透明液体	透明琥珀色液体	GB/T 6144 5.2
稀释液观外（10%水溶液）	透明到不透明溶液	透明溶液	GB/T 6144 5.4
pH值（10%水溶液）	8～10	9.1	GB/T 6144 5.5

检 验 项 目		检 验 指 标	检 验 结 果	检 验 方 法
腐蚀试验 （55℃±2℃）	一级灰口 铸铁	≥24h	>24h	GB/T 6144 5.8
	紫铜	≥8h	>8h	
	LY12 铝	≥8h	>8h	
防锈试验（35℃±2℃， RH≥95%）	单片	≥24h	>24h	GB/T 6144 5.8
	叠片	≥24h	>24h	
极压（EP）性，P_D 值/N		≥1100	1300	GB 3142
减摩性 μ 值		≤0.13	0.1	GB 3142

产品应用 本品主要应用于铸铁、合金钢、不锈钢、铝合金等多种材质的加工。

产品特性 本品是以特有的含磷硼酸酯水基润滑剂为主要的极压润滑剂，取代常用润滑剂配方中的氯化石蜡类极压剂，与水、矿油、乳化剂、缓蚀剂、偶合剂、消泡剂及杀菌剂等复配起来，在满足产品高润滑极压性能的同时，还可有效减少基础油和各类表活剂的用量。

本品润滑极压性能的保证是基于配方中的含磷硼酸酯水基润滑剂。含磷硼酸酯的抗磨机理是在摩擦表面生成一层既含有机物又含有无机物的无定形结构膜，具体来讲归结于以下两个方面：

（1）硼酸酯在摩擦表面分解形成氧化硼薄膜。

（2）含磷硼酸酯中的磷在摩擦中与器件表面的铁形成磷酸铁薄膜。这两种薄膜的形成都有助于抗磨减摩作用，其中磷的添加有助于形成磷酸铁，而金属阳离子可以起到稳定磷酸盐薄膜的作用。四球长磨实验表明，含磷硼酸酯润滑剂与 ZDDP 类润滑剂具有优秀的抗磨协同作用。

本品具有以下优点：

（1）本品具有优异的润滑极压性能。10%的水溶液的极压性检测结果为：P_D 值>1100N，P_B 值>700N，减摩性 μ 值<0.13。

（2）本品具有优异的缓蚀和防锈性能，可适合铸铁、合金钢、不锈钢、铝合金等多种材质的加工。对黑色金属的工序间防锈达 7～15d。

多效型半合成微乳化切削液

表1　含磷硼酸酯水基润湿剂

原　　料		配比（质量份）		
		1#	2#	3#
原料A	TX-9	70	—	—
	TX-4	—	80	—
	AEO-4	—	—	85
硼酸		2.5	4	3.5
丙三醇		6.5	5	2
五氧化二磷		4	7	6.5
纯水		17	4	3

表2　多效型半合成微乳化切削液

原　　料		配比（质量份）		
		1#	2#	3#
自来水		35.4	33.2	26.5
单乙醇胺		9.5	10.5	12
苯并三氮唑		0.1	0.1	0.2
硼酸		8	9	9.5
5号白油		18	15	14
基础油150SN		14	15	18
妥尔油脂肪酸		4.5	5	6
癸二酸		0.9	1	1.2
磷硼酸酯水基润滑剂		4	6	7.5
丙二醇苯醚		1.2	0.8	1
脂肪醇醚	RT42	2.8	2.2	—
	RT64	—	—	1.4
BK		1.5	2	2.5

原　　料		配比（质量份）		
		1#	2#	3#
有机硅消泡剂	AFG-3168	0.1	0.2	—
	KS603	—	—	0.2

制备方法

（1）将硼酸、原料 A、丙三醇投入到反应釜中，在抽真空和不断搅拌的条件下进行反应，反应温度为 80～120℃，反应时间 60～120min；

（2）关闭抽真空，反应釜内温度冷却至 50℃以下，再向反应釜中缓慢加入五氧化二磷，不断搅拌，控制反应温度在 90℃以下，加料完毕后搅拌 50～70min；

（3）控制温度在 90℃以下，向反应釜中加纯水，搅拌 60～90min；

（4）将反应釜温度降到室温，出料；

（5）然后将自来水、单乙醇胺、苯并三氮唑、硼酸、5 号白油、基础油 150SN、妥尔油脂肪酸、癸二酸、磷硼酸酯水基润滑剂、丙二醇苯醚、脂肪醇醚、BK、有机硅消泡剂在 20℃下混合、搅拌均匀即可得到本多效型半合成微乳化切削液。

原料配伍　本品各组分质量份配比范围为：单乙醇胺 9～12、苯并三氮唑 0.1～0.2、硼酸 8～10、5 号白油 14～18、基础油 150SN 14～18、妥尔油脂肪酸 4～6、癸二酸 0.8～1.2、含磷硼酸酯水基润滑剂 4～8、丙二醇苯醚 0.8～1.5、脂肪醇醚 1～3、1,3,5-三（2-羟乙基)-六氢三嗪（BK）1.5～2.5、有机硅消泡剂 0.1～0.2、水加至 100。

质量指标

检 验 项 目		检 验 指 标	检 验 结 果	检 验 方 法
外观		均匀透明液体	透明琥珀色液体	GB/T 6144 5.2
稀释液观外（10%水溶液)		透明到不透明溶液	透明溶液	GB/T 6144 5.4
pH 值（10%水溶液)		8～10	9.2	GB/T 6144 5.5
腐蚀试验（55℃±2℃)	一级灰口铸铁	≥24h	>24h	GB/T 6144 5.8
	紫铜	≥8h	>8h	
	LY12 铝	≥8h	>8h	

检 验 项 目		检 验 指 标	检 验 结 果	检 验 方 法
防锈试验（35℃±2℃，RH≥95%）	单片	≥24h	>24h	GB/T 6144 5.8
	叠片	≥24h	>24h	
极压（EP）性，P_D 值/N		≥1100	1400	GB 3142
减摩性 μ 值		≤0.13	0.1	GB 3142

产品应用 本品主要应用于铸铁、合金钢、不锈钢、铝合金等多种材质的加工。

产品特性 本品是以特有的含磷硼酸酯水基润滑剂为主要的极压润滑剂，取代常用润滑剂配方中的氯化石蜡类极压剂，与水、矿油、乳化剂、缓蚀剂、偶合剂、消泡剂及杀菌剂等复配起来，在满足产品高润滑极压性能的同时，还可有效减少基础油和各类表活剂的用量。

本品润滑极压性能的保证是基于配方中的含磷硼酸酯水基润滑剂。含磷硼酸酯的抗磨机理是在摩擦表面生成一层既含有机物又含有无机物的无定形结构膜，具体来讲归结于两个方面：（1）硼酸酯在摩擦表面分解形成氧化硼薄膜。（2）含磷硼酸酯中的磷在摩擦中与器件表面的铁形成磷酸铁薄膜。这两种薄膜的形成都有助于抗磨减摩作用，其中磷的添加有助于形成磷酸铁，而金属阳离子可以起到稳定磷酸盐薄膜的作用。四球长磨实验表明，含磷硼酸酯润滑剂与 ZDDP 类润滑剂具有优秀的抗磨协同作用。

本品具有以下优点：

（1）本品具有优异的润滑极压性能。10%的水溶液的极压性检测结果为：P_D 值>1100N，P_B 值>700N，减摩性 μ 值<0.13。

（2）本品具有优异的缓蚀和防锈性能，可适合铸铁、合金钢、不锈钢、铝合金等多种材质的加工。对黑色金属的工序间防锈达 7~15d。

（3）本品为半透明到不透明微乳液到不透明，生物稳定性好，使用周期长，不易发臭。

（4）本品具有良好的清洗性能，加工后的工件很清洁。

（5）本品不含不易生物降解的氯化石蜡和易致癌的亚硝酸钠，环保性好，使用安全。

多用途水基切削液

原料配比

原　　料	配比（质量份）		
	1#	2#	3#
土耳其红油	4.8	3.2	6
聚乙二醇	2	2.2	1.8
酒精	1	1	1
山梨醇	0.3	1	0.6
硼酸	1.2	2	3.5
三乙醇胺	3.5	6.1	4
乙二胺四乙酸	0.04	0.05	0.09
抗泡沫添加剂	—	0.04	
苯甲酸钠	—	—	0.2
水	加至 100	加至 100	加至 100

制备方法　将土耳其红油、聚乙二醇、酒精、山梨醇、硼酸、三乙醇胺、乙二胺四乙酸、抗泡沫添加剂、苯甲酸钠倒入容器溶解搅匀，然后，加入水混合均匀即可。

原料配伍　本品各组分质量份配比范围为：土耳其红油 3.2～6.5、聚乙二醇 1.6～2.4、酒精 0.5～1、山梨醇 0.2～1、硼酸 1.2～3.5、三乙醇胺 3.5～6.1、乙二胺四乙酸 0.03～0.11、水加至 100。

产品应用　本品主要应用于机械行业切削加工。

产品特性　本品除无异味，清洗，冷却性能好之外，其突出优点是润滑性、防锈性、防腐性较强，其 P_B 值为 760N，防锈性达 A 级，防腐性达 A 级，防锈期也长达 20d；其次，本品只需在常温下 2h 即可合成，故生产工艺简单，成本低廉。

防腐抗氧的水基多功能切削液

表1 助剂

原　料	配比（质量份）
人造金刚石粉	2
刚玉	1
丙烯腈	1
柴胡油	3
十二碳醇酯	2
松香醇	2
六甲基二硅氧烷	1
十二烷基苯磺酸钠	3.5
水	50

表2 防腐抗氧的水基多功能切削液

原　料	配比（质量份）
木质素磺酸盐	2.5
亚硫酸钠	1
脂肪醇聚氧乙烯醚	3.5
机械油	2
硅树脂	3
环烷酸钠	1
乌洛托品	1.5
200号工业齿轮油	2.5
抗氧剂DSTP	1.5
助剂	5
去离子水	200

制备方法

（1）助剂的制备　首先将人造金刚石粉、刚玉、柴胡油、十二烷基苯磺酸钠加入一半量的水中，研磨 1～2h，然后缓慢加入其余剩余成分，缓慢加热至 70～80℃，在 300～500r/min 条件下搅拌反应 30～50min，冷却至室温即得。

（2）切削液的制备

① 将脂肪醇聚氧乙烯醚、机械油、200 号工业齿轮油混合均匀，加入适量的去离子水，加热至 30～35℃，研磨 30～40min，得到混合 A 料；

② 将除助剂之外的其余剩余成分加入到反应釜中，搅拌混合均匀，缓慢加热至 55～65℃，保温 1～1.5h，得到混合 B 料；

③ 将保温的混合 B 料边搅拌边缓慢加入到混合 A 料中，充分搅拌后加入助剂，800～900r/min 下搅拌反应 50～60min，冷却至室温即得。

原料配伍 本品各组分质量份配比范围为：木质素磺酸盐 2.5～4、亚硫酸钠 1～2、脂肪醇聚氧乙烯醚 3.5～5、机械油 2～3.5、硅树脂 3～4、环烷酸钠 1～2、乌洛托品 1.5～2、200 号工业齿轮油 2.5～4、抗氧剂 DSTP 1～2、助剂 5～7、去离子水 200。

所述助剂包括以下组分：人造金刚石粉 2～3、刚玉 1～2、丙烯腈 1～2、柴胡油 3～4、十二碳醇酯 2～3、松香醇 2～3、六甲基二硅氧烷 1～1.5、十二烷基苯磺酸钠 3.5～4、水 50～54。

质量指标

检验项目	检验标准	检验结果
防锈性（35℃±2℃），一级灰铸铁	单片，24h，合格	>54h 无锈
	叠片，8h，合格	>12h 无锈
腐蚀试验（35℃±2℃），全浸	铸铁，24h，合格	>48h
	紫铜，8h，合格	>12h
对机床涂料适应性	不起泡、不开裂、不发黏	

产品应用 本品主要应用于金属切削加工。

产品特性 本品添加抗氧剂 DSTP 延长了切削液的保存时间，添加木质素磺酸盐等缓蚀剂与表面活性剂配合，在加工件的表面形成一层保护膜，防止外界的腐蚀，添加助剂，增强了抗磨、分散、润滑、成膜性；本品具有良好的冷却性、润滑性、防腐抗氧化、易保存，提高了产品品质，非常适合黑色金属、铝镁合金等金属的加工。

防腐切削液（1）

原料配比

原　料	配比（质量份）	
	1#	2#
壬基酚聚氧乙烯醚	6	11
一异丙醇胺	3	9
乳化硅油	2	7
多羟多胺类有机碱	2	6
防锈剂	1	4
吐温	3	8
醇醚	2	5
四硼酸钠	3	6
蓖麻油酸	4	8
极压剂	1	4
聚乙二醇	3	8

制备方法 将各组分混合均匀即可。

原料配伍 本品各组分质量份配比范围为：壬基酚聚氧乙烯醚6～11、一异丙醇胺3～9、乳化硅油2～7、多羟多胺类有机碱2～6、防锈剂1～4、吐温3～8、醇醚2～5、四硼酸钠3～6、蓖麻油酸4～8、极压剂1～4、聚乙二醇3～8。

产品应用 本品主要应用于金属切削加工。

产品特性 本品具有很好的防腐防锈性能，对工件具有很好的保护作用，成本低，使用寿命长。

防腐切削液（2）

原料配比

原　料	配比（质量份）		
	1#	2#	3#
混合植物油	10	16	13
磷酸三乙酸胺	11	18	15

原　料	配比（质量份）		
	1#	2#	3#
聚苯胺水性防腐剂	8	15	11.5
四氯乙烯	1.4	2.9	2.1
丙烯酸钡	6.5	11.5	8.5
润滑剂	1.4	2.7	1.9
矿物油	3	5	4
水	28	28	28

制备方法 将各组分混合均匀即可。

原料配伍 本品各组分质量份配比范围为：混合植物油 10～16、磷酸三乙酸胺 11～18、聚苯胺水性防腐剂 8～15、四氯乙烯 1.4～2.9、丙烯酸钡 6.5～11.5、润滑剂 1.4～2.7、矿物油 3～5、水 28。

产品应用 本品主要应用于金属切削加工。

产品特性 本品具有优异的润滑抗磨性能、清洗冷却性和防锈抗腐蚀性，可以避免切削瘤的产生，有效地保护了刀具。

防腐切削液（3）

原料配比

原　料	配比（质量份）		
	1#	2#	3#
单水氢氧化锂	5	2	6
硫化脂肪酸钠	4	3	7
矿物油	32	25	35
高碳酸钾皂	14	10	15
有机羟酸盐	12	8	14
硫磷双辛伯烷基锌盐	7	3	9

制备方法 将各组分混合均匀即可。

原料配伍 本品各组分质量份配比范围为：单水氢氧化锂 2～6、硫化脂肪酸钠 3～7、矿物油 25～35、高碳酸钾皂 10～15、有机羟酸盐 8～

14、硫磷双辛伯烷基锌盐 3～9。

产品应用 本品主要应用于金属切削加工。

产品特性 本品能渗入到切屑、刀具和工件的接触面间，黏附在金属表面上形成润滑膜，减小摩擦系数、减轻黏结现象、抑制积屑瘤，并改善已加工表面的粗糙度；从它所能达到最靠近热源的刀具、切屑和工件表面上带走大量的切削热，从而降低切削温度，提高刀具耐用度，并减小工件与刀具的热膨胀，提高加工精度；冲走切削中产生的细屑、砂轮脱落下来的微粒等，起到清洗作用，防止加工表面、机床导轨面受损；有利于精加工、深孔加工、自动线加工中的排屑；能在金属表面上形成保护膜，使机床、工件、刀具免受周围介质的腐蚀。

防腐切削液（4）

原料配比

原　　料	配比（质量份）		
	1#	2#	3#
硅油	30	45	38
庚酸	3.6	8.4	6.5
草酸钙	1.1	2.3	1.8
消泡剂	1.2	2.5	1.7
季戊四醇胺	8	13	11
钼酸钠	0.3	0.7	0.5
草酸	7	11	9
二乙醇胺硼酸马来酐复合酯	10	20	15
水	20	30	25

制备方法 将各组分混合均匀即可。

原料配伍 本品各组分质量份配比范围为：硅油 30～45、庚酸 3.6～8.4、草酸钙 1.1～2.3、消泡剂 1.2～2.5、季戊四醇胺 8～13、钼酸钠 0.3～0.7、草酸 7～11、二乙醇胺硼酸马来酐复合酯 10～20、水 20～30。

产品应用 本品主要应用于金属切削加工。

本品防腐性能好,同时满足其他润滑性、冷却性方面的要求。

防腐散热水基切削液

原料配比

表1　助剂

原　　料	配比（质量份）
分散剂 NNO	1
聚甘油脂肪酸	0.6
松焦油	3
2-氨基-2-甲基-1-丙醇	2
高耐磨炭黑	3
硅油	4
植酸	3
乙酰丙酮	2
山梨糖醇	1
硫脲	2
二异丙醇胺	0.5
消泡剂	0.4
水	45

表2　防腐散热水基切削液

原　　料	配比（质量份）
四硼酸钠	4
椒油	3
煤油	5
对羟苯甲酸异丙酯	1
松香钠皂	5
匙叶桉油烯醇	4
聚异丁烯	3
聚硅氧烷	0.8

原　料	配比（质量份）
环氧大豆油	4
纳米石墨	4
助剂	5
水	170

制备方法

（1）助剂的制备

① 将分散剂 NNO、聚甘油脂肪酸、山梨糖醇加到水中，加热至 50～60℃，搅拌均匀后加入消泡剂备用；

② 将松焦油、硅油、植酸、高耐磨炭黑、乙酰丙酮混合加热至 40～50℃，搅拌均匀后将步骤①中的产物缓慢加入，以 300～400r/min 的转速搅拌，加料结束后加热至 70～80℃，并在 1800～2000r/min 下高速搅拌 10～15min，再加入其余剩余物质继续搅拌 5～10min 即可。

（2）防腐散热水基切削液的制备

① 将椒油、煤油、松香钠皂和聚异丁烯混合，加热至 50～60℃，搅拌反应 20～40min 后得到混合物 A；

② 将水煮沸后迅速冷却至 70～80℃，再加入匙叶桉油烯醇和环氧大豆油搅拌均匀，搅拌均匀后加入助剂以 800～900r/min 下搅拌反应 40～60min，得到混合物 B；

③ 将混合物 B 边搅拌边缓慢地加入混合物 A 中，将温度控制在 40～55℃，搅拌均匀后加入其余剩余成分，在 1400～1600r/min 下高速搅拌 20～30min 后过滤即可。

原料配伍　本品各组分质量份配比范围为：四硼酸钠 2～4、椒油 2～4、煤油 4～6、对羟苯甲酸异丙酯 1～2、松香钠皂 3～6、匙叶桉油烯醇 3～5、聚异丁烯 3～4、聚硅氧烷 0.5～1、环氧大豆油 2～5、纳米石墨 3～5、助剂 4～6、水 150～180。

所述助剂包括：分散剂 NNO 1～2、聚甘油脂肪酸 0.4～0.6、松焦油 3～4、2-氨基-2-甲基-1-丙醇 1～2、高耐磨炭黑 2～4、硅油 4～6、植酸 2～3、乙酰丙酮 2～3、山梨糖醇 1～2、硫脲 2～3、二异丙醇胺 0.4～0.7、消泡剂 0.2～0.4、水 40～50。

检 验 项 目	检 验 结 果
5%乳化液安定性试验（15～30℃，24h）	不析油、不析皂
防锈性试验（35℃±2℃，钢铁单片24h）	≥48h，无锈斑
防锈性试验（35℃±2℃，钢铁叠片8h）	≥12h，无锈斑
腐蚀试验（55℃±2℃，铸铁24h）	≥48h
腐蚀试验（55℃±2℃，紫铜8h）	≥12h
对机床涂料适应性	不起泡、不开裂、不发黏

产品应用 本品主要应用于金属切削加工。

产品特性 本品具有优良的生物降解性和散热冷却性能，长期使用无异味产生，循环使用周期长，不刺激皮肤，对工件、机床、刀具等不发生腐蚀，防腐效果优良，清洗效果强，使用寿命长。

防霉微乳化切削液

原料配比

表1　助剂

原　料	配比（质量份）
聚氧乙烯山梨糖醇酐单油酸酯	2
氮化铝粉	0.1
醇酯十二	2
苯多酚	1
2-正辛基-4-异噻唑啉-3-酮	1
钼酸钠	2
羟乙基纤维素	5
桃胶	3
新戊二醇	3
过硫酸铵	1
水	20

表 2　切削液

原　　料	配比（质量份）
石油磺酸钠	1.5
失水山梨醇单油酸酯	4.5
脂肪醇聚氧乙烯醚	2.5
椰子油二乙醇酰胺	1.5
丁基卡必醇	21
三乙醇胺	1.5
苯扎溴胺	1.5
棕榈油酸	1.5
二甲基硅油	2.5
富马酸二甲酯	12
助剂	7
水	200

制备方法

（1）助剂的制备　将过硫酸铵溶于水后，再加入其他剩余物料，搅拌 10～15min，加热至 70～80℃，搅拌反应 1～2h，即得。

（2）防霉微乳化切削液的制备　将水、石油磺酸钠、失水山梨醇单油酸酯、脂肪醇聚氧乙烯醚、椰子油二乙醇酰胺、苯扎溴胺混合，加热至 40～50℃；在 3000～4000r/min 搅拌下，加入丁基卡必醇、棕榈油酸、二甲基硅油、富马酸二甲酯、助剂，继续加热到 70～80℃，搅拌 10～15min；加入其他剩余成分，继续搅拌 15～25min，即得。

原料配伍　本品各组分质量份配比范围为：石油磺酸钠 1～2、失水山梨醇单油酸酯 4～5、脂肪醇聚氧乙烯醚 2～3、椰子油二乙醇酰胺 1～2、丁基卡必醇 20～23、三乙醇胺 1～2、苯扎溴胺 1～2、棕榈油酸 1～2、二甲基硅油 2～3、富马酸二甲酯 11～13、助剂 6～8、水 200。

所述的助剂由下列质量份的原料制成：聚氧乙烯山梨糖醇酐单油酸酯 2～3、氮化铝粉 0.1～0.2、醇酯十二 1～2、茶多酚 1～2、2-正辛基-4-异噻唑啉-3-酮 1～2、钼酸钠 2～3、羟乙基纤维素 5～8、桃胶 2～3、新戊二醇 3～4、过硫酸铵 1～2、水 20～24。

检验项目	检验标准（GB/T 6114—2010）	检验结果
最大无卡咬负荷（P_B）/N	≥400	≥400
防锈性（35℃±2℃）一级灰铸铁	单片，24h，合格	>24h 无锈
	叠片，8h，合格	>8h 无锈
腐蚀试验（55℃±2℃）全浸	铸铁，24h，合格	>24h
	紫铜，8h，合格	>8h
对机床涂料适应性	不起泡、不发黏	

产品应用　本品主要应用于金属加工。

产品特性　本品通过使用多种表面活性剂，水溶性好，不凝聚、不结块、不产生沉淀，不起泡；通过使用富马酸二甲酯，防霉变，且润滑性较好；本切削液清洗性好，防锈性能较好，是一种环保的多用途的切削液。

防锈低温切削液

原料配比

原　　料	配比（质量份）		
	1#	2#	3#
硬脂酸锌	5.5	3.5	10
二甲基甲酰胺	3.5	2.5	4.5
苯基异氰酸酯	2.5	1.5	5.5
矿物油	4	2	5
四聚蓖麻酯	4.8	3.2	5.2
聚 α-烯烃	2.7	1.5	3.8

制备方法　将各组分混合均匀即可。

原料配伍　本品各组分质量份配比范围为：硬脂酸锌 3.5～10、二甲基甲酰胺 2.5～4.5、苯基异氰酸酯 1.5～5.5、矿物油 2～5、四聚蓖麻酯 3.2～5.2、聚 α-烯烃 1.5～3.8。

产品应用　本品主要应用于金属切削加工。

产品特性 本品具有优异的润滑、清洗和防锈性能，在水基切削液中添加极压润滑剂和防锈剂，可进一步改善水基切削液的润滑和防锈性能，使之具有优良的润滑性、防锈性、冷却性和清洗性，对提高工件表面光洁度和减少刀具磨损效果显著。

防锈防腐润滑性冷却性好的切削液

原料配比

表1　助剂

原　　料	配比（质量份）
碳化硅	2
纳米二氧化锆	2.5
当归油	1
尿素	1
十二碳醇酯	2
聚乙烯蜡	2
分散剂 NNO	2
丙烯酸树脂乳液	2.5
石油磺酸钠	2
水	50

表2　防锈防腐润滑性冷却性好的切削液

原　　料	配比（质量份）
十二烯基丁二酸	2
巯基苯并噻唑	1
苯并三氮唑	2
氧化镁	4
油酸甲酯	1.5
磺基丁二酸钠二辛酯	4
大豆油	4
油酰氯	1
助剂	5
去离子水	200

制备方法

（1）助剂的制备　首先将碳化硅、纳米二氧化锆、分散剂NNO、石油磺酸钠加入一半量的水中，研磨 1～2h，然后缓慢加入其余剩余成分，缓慢加热至 70～80℃，在 300～500r/min 条件下搅拌反应 30～50min，冷却至室温即得。

（2）切削液的制备

① 将油酸甲酯、磺基丁二酸钠二辛酯、大豆油混合均匀，加入适量的去离子水，加热至 30～35℃，研磨 30～40min，得到混合 A 料；

② 将除助剂之外的其余剩余成分加入到反应釜中，搅拌混合均匀，缓慢加热至 55～65℃，保温 1～1.5h，得到混合 B 料；

③ 将保温的混合 B 料边搅拌边缓慢加入到混合 A 料中，充分搅拌后加入助剂，800～900r/min 下搅拌反应 40～60min，冷却至室温即得。

原料配伍　本品各组分质量份配比范围为：十二烯基丁二酸 2～3、巯基苯并噻唑 1～2、苯并三氮唑 2～3、氧化镁 4～6、油酸甲酯 1.5～3、磺基丁二酸钠二辛酯 4～5、大豆油 4～6、油酰氯 1～1.5、助剂 5～7、去离子水 200。

所述助剂包括以下组分：碳化硅 2～3、纳米二氧化锆 2.5～3.5、当归油 1～2、尿素 1～2、十二碳醇酯 2～3、聚乙烯蜡 2～4、分散剂 NNO 2～3、丙烯酸树脂乳液 2.5～3.5、石油磺酸钠 2～3、水 50～54。

质量指标

检 验 项 目	检 验 标 准	检 验 结 果
防锈性（35℃±2℃），一级灰铸铁	单片，24h，合格	＞54h 无锈
	叠片，8h，合格	＞12h 无锈
腐蚀试验（35℃±2℃），全浸	铸铁，24h，合格	＞48h
	紫铜，8h，合格	＞12h
对机床涂料适应性	不起泡、不开裂、不发黏	

产品应用　本品主要应用于金属切削加工。

产品特性　本品添加的十二烯基丁二酸、巯基苯并噻唑等具有防锈、防腐的作用；添加助剂，增强了抗磨、分散、润滑、成膜性；本品具有优异的润滑抗磨性能、清洗冷却性和防锈抗腐蚀性，有效地保护了刀具，提高了加工质量；采用水性配方，冷却效果好，极大地带走加工过程中产生的热量，成本低，工艺简单易行。

防锈防腐蚀金属切削液

原料配比

表1 助剂

原　料	配比（质量份）
壬基酚聚氧乙烯醚	2
尿素	1
纳米氮化铝	0.1
硅酸钠	2
硼酸	2
钼酸铵	1
新戊二醇	3
桃胶	2
过硫酸铵	2
水	20

表2 防锈防腐蚀金属切削液

原　料	配比（质量份）
煤油	32
石油磺酸钠	2.5
脂肪醇聚氧乙烯醚	1.5
三乙醇胺	1.5
苯并三氮唑	1.5
苯酚	2.5
甲基硅油	11
三氯乙烯	2.5
环己烷	5
钼酸钠	1.5
二乙胺	1.5
羟乙基纤维素	7
助剂	7
水	200

制备方法

（1）助剂的制备　将过硫酸铵溶于水后，再加入其他剩余物料，

111

搅拌 10～15min，加热至 70～80℃，搅拌反应 1～2h，即得。

（2）切削液的制备　将水、石油磺酸钠、羟乙基纤维素、脂肪醇聚氧乙烯醚混合，加热至 40～50℃，在 3000～4000r/min 搅拌下，加入煤油、甲基硅油、三氯乙烯、环己烷、助剂，继续加热到 70～80℃，搅拌 10～15min，加入其他剩余成分，继续搅拌 15～25min，即得。

〔原料配伍〕　本品各组分质量份配比范围为：煤油 30～34、石油磺酸钠 2～3、脂肪醇聚氧乙烯醚 1～2、三乙醇胺 1～2、苯并三氮唑 1～2、苯酚 2～3、甲基硅油 10～12、三氯乙烯 2～3、环己烷 4～6、钼酸钠 1～2、二乙胺 1～2、羟乙基纤维素 5～8、助剂 6～8、水 200。

所述助剂包括以下组分：壬基酚聚氧乙烯醚 2～3、尿素 1～2、纳米氮化铝 0.1～0.2、硅酸钠 2～3、硼酸 1～2、钼酸铵 1～2、新戊二醇 3～4、桃胶 2～3、过硫酸铵 1～2、水 20～24。

〔质量指标〕

检验项目	检验标准	检验结果
最大无卡咬负荷（P_B）值/N	≥400	≥540
防锈性（35℃±2℃），一级灰铸铁	单片，24h，合格	>72h 无锈
	叠片，8h，合格	>24h 无锈
腐蚀试验（35℃±2℃），全浸	铸铁，24h，合格	>56h
	紫铜，8h，合格	>16h
对机床涂料适应性		不起泡、不开裂、不发黏

〔产品应用〕　本品主要应用于金属切削加工。

〔产品特性〕　本品通过使用煤油、环己烷等溶剂，在表面活性剂的作用下形成稳定的分散体系，不易沉降、凝聚，具有良好的润滑性和清洗性，通过使用钼酸钠、三氯乙烯等多种防锈防腐蚀剂，具有优异的防锈防腐蚀性能，能使钢铁防锈在 2 个月以上。

防锈防霉效果优良的金属切削液

〔原料配比〕

表 1　助剂

原　料	配比（质量份）
松香	4

原　　料	配比（质量份）
氰尿酸锌	1
硅丙乳液	3
异噻唑啉酮	1
葡萄糖酸钙	2
纤维素羟乙基醚	2
二甘醇	6
蓖麻酰胺	3
聚乙二醇	2
丙烯醇	5
脂肪醇聚氧乙烯聚氧丙烯醚	1
消泡剂	0.3
水	45

表2　防锈防霉效果优良的金属切削液

原　　料	配比（质量份）
肌醇六磷酸酯	7
2-巯基苯并噻唑	2
双十四碳醇酯	1
EDTA 二钠	2
甘油	6
苯甲酸单乙醇胺	2
硅烷偶联剂 KH-550	1
碳酸钠	1
椰子油	5
十六烷基苯磺酸钠	2
氢氧化钠	1
聚醚多元醇	4
助剂	6
水	180

制备方法

（1）助剂的制备

① 将纤维素羟乙基醚、聚乙二醇、硅丙乳液、脂肪醇聚氧乙

烯聚氧丙烯醚加到水中，加热至 40～50℃，搅拌均匀后加入消泡剂备用；

② 将松香、二甘醇、丙烯醇、蓖麻酰胺混合加热至 50～60℃，搅拌均匀后将步骤①中的产物缓慢加入，以 300～400r/min 的转速搅拌，加料结束后加热至 70～80℃，并在 1800～2000r/min 的高速搅拌 10～15min，再加入其余剩余物质继续搅拌 5～10min 即中。

（2）防锈防霉效果优良的金属切削液的制备

① 将甘油、苯甲酸单乙醇胺、椰子油和双十四碳醇酯混合，加热至 55～60℃，搅拌反应 20～40min 后得到混合物 A；

② 将水煮沸后迅速冷却至 50～70℃，再加入硅烷偶联剂 KH-550 和聚醚多元醇搅拌均匀，搅拌均匀后加入助剂以 800～900r/min 下搅拌反应 40～60min，得到混合物 B；

③ 将混合物 B 边搅拌边缓慢地加入混合物 A 中，将温度控制在 40～55℃，搅拌均匀后加入其余剩余成分，在 1400～1600r/min 下高速搅拌 20～30min 后过滤即可。

原料配伍 本品各组分质量配比范围为：肌醇六磷酸酯 6～8、2-巯基苯并噻唑 1～2、双十四碳醇酯 1～2、EDTA 二钠 2～3、甘油 5～7、苯甲酸单乙醇胺 2～3、硅烷偶联剂 KH-550 1～2、碳酸钠 1～2、椰子油 4～6、十六烷基苯磺酸钠 2～3、氢氧化钠 1～2、聚醚多元醇 3～5、助剂 5～7、水 150～180。

所述助剂包括：松香 3～5、氰尿酸锌 1～2、硅丙乳液 2～3.5、异噻唑啉酮 1～2、葡萄糖酸钙 1～2、纤维素羟乙基醚 1～2、二甘醇 5～7、蓖麻酰胺 2～3、聚乙二醇 2～4、丙烯醇 4～6、脂肪醇聚氧乙烯聚氧丙烯醚 1～2、消泡剂 0.2～0.4、水 40～50。

质量指标

检 验 项 目	检 验 结 果
5%乳化液安定性试验（15～30℃，24h）	不析油、不析皂
防锈性试验（35℃±2℃，钢铁单片 24h）	≥48h，无锈斑
防锈性试验（35℃±2℃，钢铁叠片 8h）	≥12h，无锈斑
腐蚀试验（55℃±2℃，铸铁 24h）	≥48h
腐蚀试验（55℃±2℃，紫铜 8h）	≥12h
对机床涂料适应性	不起泡、不开裂、不发黏

本品主要应用于金属切削加工。

本品添加的助剂，增强了切削液的分散、润滑、成膜性能，添加的肌醇六磷酸酯具有优良的防锈能力，在金属表面形成致密的单分子膜，有效抵抗金属腐蚀生锈，维持时间长，效果显著，无毒环保，添加的2-巯基苯并噻唑具有良好的杀菌防腐蚀的能力,阻止了微生物、细菌等的入侵，不容易变质，存放时间长。

防锈环保切削液

原料配比

原　　料	配比（质量份）		
	1#	2#	3#
氯化十二烷基二甲基苄基铵	7	2	9
地沟油	65	50	80
邻苯二甲酸二丁酯	4	2.5	5.5
低分子含氮二聚体表面活性剂	12	5	15
庚酸烯丙酯	5	3	7
蓖麻油酸	4	2	7
炔二醇	6	2	7

制备方法 将各组分混合均匀即可。

原料配伍 本品各组分质量份配比范围为：氯化十二烷基二甲基苄基铵 2～9、地沟油 50～80、邻苯二甲酸二丁酯 2.5～5.5、低分子含氮二聚体表面活性剂 5～15、庚酸烯丙酯 3～7、蓖麻油酸 2～7、炔二醇 2～7。

产品应用 本品主要应用于金属切削加工。

产品特性 本品不含亚硝酸盐和磷的化合物，有利于环境保护和人体健康，具有优异的防锈、冷却、润滑和清洗性能；具有优异的杀菌性能，不含易变质物质，不发臭，使用寿命长，不污染环境，对皮肤无刺激。

防锈加工切削液（1）

原　料	配比（质量份）		
	1#	2#	3#
硫化烯烃棉籽油	3.8	2.2	4.5
碳十二不饱和二元酸	2.5	1.5	4.5
无水乙醇	3.5	2.5	6.5
环烷酸锌	45	35	55
壬基酚聚氧乙烯醚	6	2.5	7.5
甲基硅油	3.3	2.5	4.5

制备方法 将各组分混合均匀即可。

原料配伍 本品各组分质量份配比范围为：硫化烯烃棉籽油 2.2～4.5、碳十二不饱和二元酸 1.5～4.5、无水乙醇 2.5～6.5、环烷酸锌 35～55、壬基酚聚氧乙烯醚 2.5～7.5、甲基硅油 2.5～4.5。

产品应用 本品主要应用于金属切削加工。

产品特性 本品具有优异的润滑、清洗和防锈性能，在水基切削液中添加极压润滑剂和防锈剂，可进一步改善水基切削液的润滑和防锈性能，使之具有优良的润滑性、防锈性、冷却性和清洗性，对提高工件表面光洁度和减少刀具磨损效果显著。

防锈加工切削液（2）

原料配比

原　料	配比（质量份）		
	1#	2#	3#
脂肪醇聚氧乙烯醚	3	2	4
四甲基氯化铵	5	2	6
甲基异丁基酮	7	4	9
甲基丙烯酸	6	2	9

原　料	配比（质量份）		
	1#	2#	3#
多元酸和多元醇的聚和酯	15	10	18
矿物油	42	20	50

制备方法 将各组分混合均匀即可。

原料配伍 本品各组分质量份配比范围为：脂肪醇聚氧乙烯醚 2～4、四甲基氯化铵 2～6、甲基异丁基酮 4～9、甲基丙烯酸 2～9、多元酸和多元醇的聚和酯 10～18、矿物油 20～50。

产品应用 本品主要应用于金属加工。

产品特性 本品具有优异的润滑、清洗和防锈性能，在水基切削液中添加极压润滑剂和防锈剂，可进一步改善水基切削液的润滑和防锈性能，使之具有优良的润滑性、防锈性、冷却性和清洗性，对提高工件表面光洁度和减少刀具磨损效果显著。

防锈金属切削液（1）

原料配比

原　料	配比（质量份）					
	1#	2#	3#	4#	5#	6#
聚苯胺水性防腐剂	20	30	15	20	30	15
聚乙二醇	10	15	20	10	15	20
非离子型聚丙烯酰胺	5	1	10	5	1	10
三乙醇胺	10	20	25	10	20	25
水	30	15	40	30	15	40
硼砂	—	—	—	1	5	10

制备方法 将各组分混合均匀即可。

原料配伍 本品各组分质量份配比范围为：聚苯胺水性防腐剂 15～30、聚乙二醇 10～20、非离子型聚丙烯酰胺 1～10、三乙醇胺 10～25、水 15～40、硼砂 1～10。

检 验 项 目		检 验 结 果		
		1#	2#	3#
pH 值（5%）		8～10	8～10	8～10
防锈性（35℃±2℃）一级灰铸铁	单片，24h，合格	>56h 无锈	>60h 无锈	>65h 无锈
	叠片，8h，合格	>15h 无锈	>18h 无锈	>20h 无锈
腐蚀试验（55℃±2℃）全浸	铸铁，24h，合格	>56h	>60h	>65h
	紫铜，8h，合格	>15h	>18h	>20h

产品应用 本品主要应用于金属切削加工。

产品特性 本品中将聚苯胺作为防腐添加剂，与切削液相溶，提高金属切削液的防锈蚀功能，并有效地防止了有机防腐剂酸化而带来的腐蚀问题，提高了产品质量。同时，由于该防锈切削液残留在金属表面，使金属加工阶段完成后的周转存放期、防腐期延长至 30d，省去了二次涂抹防腐油脂的工艺，降低了生产成本，解决了锈蚀难题；本品中所述切削液中不含氯，对环境友好；本品具有优良的润滑性、清洗件、冷却性及防锈性，金属加工过程中使用本切削液可显著提高产品的质量，提高加工效率。

防锈金属切削液（2）

原料配比

原　　料	配比（质量份）		
	1#	2#	3#
对叔丁基苯甲酸	4	8	6
油酸	3	6	5
碳酸氢钠	4.5	7	5.5
烷基酚聚氧乙烯醚磷酸酯	7	11	9
磷酸	2.5	4	3.2
防锈剂	4	7.5	6
聚丙烯酰胺	2.3	4.5	3.5
烷基丁二酸酯磺酸钠	3	6.5	4.5
水	25	25	25

制备方法 将各组分混合均匀即可。

原料配伍 本品各组分质量份配比范围为：对叔丁基苯甲酸 4~8、油酸 3~6、碳酸氢钠 4.5~7、烷基酚聚氧乙烯醚磷酸酯 7~11、磷酸 2.5~4、防锈剂 4~7.5、聚丙烯酰胺 2.3~4.5、烷基丁二酸酯磺酸钠 3~6.5、水 25。

产品应用 本品主要应用于金属切削加工。

产品特性 本切削液具有优异的防锈、冷却性能，不污染环境。

防锈金属切削液（3）

原料配比

原　　料	配比（质量份）	
	1#	2#
聚乙醇 600	15~18	12~14
太古油	6~9	8~13
十一碳二元酸酯	22~25	9~12
十二碳二元酸酯	12~16	18~22
6501 净洗剂	6~8	6~8
三乙醇胺	2~3	7~9
一乙醇胺	3~4	5~8
杀菌剂	0.8~1.2	0.3~1
有机硅消泡剂	0.5~1	0.5~1
去离子水	32.7~14.8	34.2~12

制备方法

（1）直链十一碳元酸酯的制备

① 直链十一碳二元酸 26%~30%、二乙醇胺 52%~60%、去离子水 22%~10%；

② 向反应釜中加入上述按质量分数计的二乙醇胺，开动反应釜的搅拌，以每分钟 3~5℃的升温速率缓慢均匀升温到 90℃左右，再将称量好的按质量分数计的直链十一碳二元酸缓慢均匀地加入批应釜中，在此过程中保持搅拌，并在 90℃温度下保温反应 2h，得到黏稠的

十一碳二元酸酯，待温度冷却到 60℃ 左右，向反应体系中加入规定量的去离子水；

③ 十二碳二元酸 18%～32%、三乙醇胺 42%～48%、去离子水 40%～20%；

④ 向反应釜中加入按质量分数计的三乙醇胺，开动反应釜的搅拌，以每分钟 3～5℃ 的升温速率缓慢均匀升温到 90℃ 左右，再将称量好的十二碳二元酸缓慢均匀地加入批应釜中，在缓慢搅拌的情况下，将温度升温到 115℃ 温度下保温反应 3h，得到黏稠的十二碳二元酸酯，待温度冷却到 60℃ 左右，向反应体系中加入规定量的去离子水。

（2）直链十八碳二元酸酯的制备

① 直链十八碳二元酸 30%～55%、二乙醇胺 15%～38% 和去离子水 17%～35%；

② 向反应釜中加入按质量分数计的二乙醇胺，开动反应釜的搅拌，以每分钟 3～5℃ 的升温速率缓慢均匀升温到 90℃ 左右，再将称量好的十八碳二元酸缓慢均匀地加入批应釜中，在缓慢搅拌的情况下，将温度升温到 125℃ 温度下保温反应 2h，得到黏稠的十八碳二元酸酯，待温度冷却到 60℃ 左右，向反应体系中加入规定量的去离子水。

（3）切削液制备　将各组分溶于水混合均匀即可。

【原料配伍】　本品各组分质量份配比范围为：聚乙醇 600 12～18、太古油 6～13、十一碳二元酸酯 9～25、十二碳二元酸酯 12～22、6501 净洗剂 6～8、三乙醇胺 2～9、一乙醇胺 3～8、杀菌剂 0.3～1.2、有机硅消泡剂 0.5～1、去离子水加至 100。

有机硅消泡剂、杀菌剂均采用化工领域用市售材料，向反应体系中加入规定量的去离子水及将温度升温到再进行保温反应，待温度冷却，向反应体系中加入规定量的去离子水，以保证反应物在正常温度下不凝固，有利于以后成品的合成。

产品使用直链长（多）碳多元酸（二元酸）与二乙醇胺及三乙醇胺进行高温合成生成具有润滑性能和防锈性能的多元酸酯。由于二种或以上的直长链多元酸酯的复合添加，使最终生产出的成品比只使用一种直长链多元酸酯的性能更加优越。产品中不添加刺激人体及环境的有害物质，不含有机磷、硫、氯等物质，全部使用了生物降解性能优越的有机物。

检 验 项 目		检 验 标 准	检 验 结 果
浓缩物外观（15～35℃）		均匀透明液体	淡黄色均匀透明液体
浓缩物贮存稳定		无分层，无沉淀，无相变等	无分层，无沉淀，无相变等
水中溶解性		任意比例溶解	与水任意比例互溶
溶液 pH 值（5%水溶液）		8～10	8.9
消泡性/（mL/10min）		≤2	1.5
表面张力/（mN/m）		≤40	25
腐蚀性试验 （35℃±2℃）	灰口铸铁（24h）	A 或 B	A
	紫铜（8h）	A 或 B	A
腐蚀性试验 （35℃±2℃）	LY12 铝（8h）	A 或 B	A
防锈性	单片	≥4h	96h
	叠片	≥8h	16h
最大无卡咬负荷（P_B）值/N		≥540	754
对机床的适应性		允许轻微变化	无任何变化
亚硝酸盐		按实际检测值出具报告	0

产品应用　本品主要应用于冷却或润滑刀具等加工件的切削。

产品特性　该切削液是采用生物降解好、防锈性能优越的多种多元酸酯按一定比例进行混合添加，并复配其他表面活性剂、消泡剂、杀菌剂而成的合成金属切削液，产品各项性能均能满足相关国家标准及多种生产现场的加工要求，不含对环境有害物质，而且防锈时间长、润滑性强、极压性能极强，而且产品在使用过程中无须更换加液，按正常的加工损耗，只需定期补加新液，是一种优良的长效型合成切削加工液。

防锈金属切削液（4）

原料配比

原　　料	配比（质量份）				
	1#	2#	3#	4#	5#
苯甲酸单乙醇胺	58	15	40	28	33
聚苯胺	27	8	13	20	17

原　　料	配比（质量份）				
	1#	2#	3#	4#	5#
磷酸氢二钠	2	19	12	8	10
烷基磺胺乙酸钠	5	30	17	25	19
三乙醇胺	16	3	7	12	9
聚氧化丙烯二醇	1	—	—	—	—
聚四氢呋喃二醇	—	8	—	—	5
四氢呋喃-氧化丙烯共聚二醇	—	—	6	3	—
聚氯乙烯胶乳	—	—	15	23	18
稳定剂	—	—	—	—	2
钝化剂	—	—	—	—	7
水溶性极压添加剂	—	—	—	—	5
水	加至1000	加至1000	加至1000	加至1000	加至1000

制备方法　将苯甲酸单乙醇胺、聚苯胺、磷酸氢二钠、烷基磺胺乙酸钠混合搅拌加热到 90～100℃，保温 20～30min，停止加热，在搅拌下依次加入三乙醇胺、聚醚多元醇、聚氯乙烯胶乳，再搅拌 20～30min；然后在搅拌下加入水和水溶性极压添加剂、钝化剂、稳定剂，再搅拌 10～50min 后，得到防锈金属切削液。

原料配伍　本品各组分质量份配比范围为：苯甲酸单乙醇胺 15～58、聚苯胺 8～27、磷酸氢二钠 2～19、烷基磺胺乙酸钠 5～30、三乙醇胺 3～16、聚醚多元醇 1～8。

所述苯甲酸单乙醇胺起防锈作用。切削后，遗留在工件表面的苯甲酸单乙醇胺能在表面形成不溶性络合膜，起防锈作用；同时，苯甲酸单乙醇胺在切削液中有一定的杀菌作用，能抑制霉变，并减少对工人的过敏。

本品将聚苯胺作为防腐添加剂，与切削液相溶，提高金属切削液的防锈蚀功能。这种防锈切削液具有特殊的防腐机理，一般认为聚苯胺具有一定的氧化还原电位，它使钢铁的表面发生氧化，并达到铁的钝化电位，使铁的表面生成一层致密的 Fe_3O_4 氧化层，阻止了铁的进一步氧化，有效防止了有机防腐剂酸化而带来的腐蚀问题，提高了产品质量。

所述磷酸氢二钠起辅助防锈作用，在切削加工中，切削液是流动和循环的，有溶解氧的存在，磷酸氢二钠能在工件表面形成 γ-三氧化二铁和磷酸铁的混合性保护膜，起防锈作用。

所述烷基磺胺乙酸钠主要起润滑作用，可以减小前刀面与切屑、后刀面与已加工表面间的摩擦，形成部分润滑膜，从而减小切削力、摩擦和功率消耗，降低刀具与工件坯料摩擦部位的表面温度和刀具磨损，改善工件材料的切削加工性能。

本品中的三乙醇胺为无色黏稠液体，微有氨的气味，极易吸湿，露置空气中或在光线下变成棕色，能吸收空气中二氧化碳。

所述切削液还包括聚氯乙烯胶乳，优选包括 13～26 质量份的聚氯乙烯胶乳。

聚醚多元醇是端羟基的低聚物，主链上的羟基由醚键连接，是以低分子量多元醇、多元胺或含活泼氢的化合物为起始剂，与氧化烯烃在催化剂作用下开环聚合而成。氧化烯烃主要是氧化丙烯（环氧丙烷）、氧化乙烯（环氧乙烷），其中以环氧丙烷最为重要。多元醇起始剂有丙二醇、乙二醇等二元醇，甘油三羟甲基丙烷等三元醇及季戊、四醇、木糖醇、山梨醇、蔗糖等多元醇；胺类起始剂为二乙胺、二乙烯三胺等。

所述聚醚多元醇选自聚氧化丙烯二醇、聚四氢呋喃二醇或四氢呋喃—氧化丙烯共聚二醇中的一种或至少两种的混合物，例如聚氧化丙烯二醇，四氢呋喃—氧化丙烯共聚二醇，聚氧化丙烯二醇和聚四氢呋喃二醇的混合物，进一步优选聚四氢呋喃二醇。

所述切削液还包括水溶性极压添加剂、钝化剂、稳定剂等常用助剂。极压添加剂分为水溶性和油溶性两种。油溶性的主要是氯化石蜡、硫化烯烃、硫化猪油、磷酸酯、磷酸盐、ZDDP 等，其中硫化物的挤压性能是最好的。氯化石蜡易于水解，目前多使用长链的氯化石蜡，国外目前还生产氯化是蜡的只有 DOVER 公司。水溶性极压添加剂主要成分是与羧酸类与胺反应后的产物，主要用于金属加工液中，目前国内外比较成熟的产品有硫化油酸，硫化棉籽油等。

产品应用　本品主要应用于金属切削加工。

产品特性　本品安全无毒，不发霉，对工人无过敏，防锈性能良好，切削润滑性能优越。

本品表面渗透能力强，冷却性、润滑性和防锈性好，无刺激性气

123

味，使用寿命长，用于铸铁、碳钢等黑色金属的切削、磨削等加工。该切削液具有优良的磨屑沉降性，不粘砂轮；具有优良的防锈、冷却、清洗和润滑性能；不变质发臭；使用寿命长；且不含亚硝酸盐和磷的化合物，对环境和健康无害。

由于该防锈切削液能够在金属表面形成混合性保护膜，起防锈作用，使金属加工阶段完成后的周转存放期、防腐期延长至 35d，省去了二次涂抹防腐油脂的工艺，降低了生产成本，解决了锈蚀难题。

防锈金属切削液（5）

原料配比

原料	配比（质量份）				
	1#	2#	3#	4#	5#
苯甲酸单乙醇胺	6	7	5	8	4
对叔丁基苯甲酸	6	4	8	3	10
非离子型聚丙烯酰胺	0.08	0.1	0.05	0.15	0.01
聚氯乙烯胶乳	50	40	60	35	65
四氮唑	5	6.5	3.5	8	2
水	加至 100	加至 100	加至 100	加至 100	加至 100

制备方法

（1）将苯甲酸单乙醇胺、对叔丁基苯甲酸、非离子型聚丙烯酰胺、聚氯乙烯胶乳共同加入到反应釜内，以 100～300r/min 的搅拌速率均匀搅拌 20～40min；

（2）再加入配方量的四氮唑和水；

（3）用分散机于 500～1500r/min 的速率下分散搅拌 10～40min 即得。

原料配伍　本品各组分质量份配比范围为：苯甲酸单乙醇胺 4～8、对叔丁基苯甲酸 3～10、非离子型聚丙烯酰胺 0.01～0.15、聚氯乙烯胶乳 35～65、四氮唑 2～8、水加至 100。

产品应用　本品主要应用于金属切削加工。

产品特性　本品具有优异的防腐性能与润滑性能，并且在高温下的性能仍保持十分稳定，同时成本低廉，对人体和环境均十分友好。

防锈抗腐蚀切削液

原　　料	配比（质量份）		
	1#	2#	3#
1-羟基-2-乙酰基-4-甲基苯	23	20	25
三碱式硫酸铅	12	10	15
磷酸三乙酸胺	7	3	9
抗静电剂	7	3	9
聚苯胺水性防腐剂	5	2	6
甘油	12	8	16

制备方法　将各组分混合均匀即可。

原料配伍　本品各组分质量份配比范围为：1-羟基-2-乙酰基-4-甲基苯20~25、三碱式硫酸铅10~15、磷酸三乙酸胺3~9、抗静电剂3~9、聚苯胺水性防腐剂2~6、甘油8~16。

产品应用　本品主要应用于金属切削加工。

产品特性　本品通过选用高效的极压抗磨添加剂、清净剂、防锈抗腐蚀添加剂等制备铝镁合金切削液，其具有优异的润滑抗磨性能、清洗冷却性和防锈抗腐蚀性，可以避免切削瘤的产生，有效地保护了刀具，提高了加工质量；极大地带走加工过程中产生的热量，降低加工面的温度，有效地避免工件因高温产生的卷边和变形，及镁屑的高温易燃烧等弊端；极大地提高了工件的加工精度，适宜于长周期、长工序的加工工艺，能在多种金属加工中使用。

防锈抗菌水基切削液

原料配比

表 1　膜助剂

原　　料	配比（质量份）
蓖麻油酸	4
2-氨基-2-甲基-1-丙醇	3
硅烷偶联剂 KH550	2

原　　料	配比（质量份）
山梨糖醇单油酸酯	2
丙烯腈	2
羟甲基脲	2
叔丁基过氧化氢	0.3
吗啉	1

表2　防锈抗菌水基切削液

原　　料	配比（质量份）
蓖麻油酸	2
烯基丁二酸	2
二烷基二硫代磷酸锌	4
二甲基硅油	5
大蒜油	0.2
烷基丁二酸酯磺酸钠	1
乌洛托品	1
钼酸铵	3
膜助剂	6
水	260

制备方法

（1）膜助剂的制备　将蓖麻油酸、2-氨基-2-甲基-1-丙醇、丙烯腈、山梨糖醇单油酸酯混合，加入叔丁基过氧化氢，搅拌反应 2～3h，加热至 130～140℃，再加入硅烷偶联剂 KH550、羟甲基脲、吗啉，继续搅拌反应 1～2h 即得。

（2）防锈抗菌水基切削液的制备　将各物料混合，加热至 65～75℃，搅拌 45～60min，即得。

原料配伍　本品各组分质量份配比范围为：蓖麻油酸 2～3、烯基丁二酸 1～2、二烷基二硫代磷酸锌 3～4、二甲基硅油 4～5、大蒜油 0.2～0.3、烷基丁二酸酯磺酸钠 1～2、乌洛托品 1～2、钼酸铵 2～3、膜助剂 5～6、水 260。

所述的膜助剂由以下质量份的原料制得：蓖麻油酸 3～4、2-氨基-2-甲基-1-丙醇 2～3、硅烷偶联剂 KH550 1～2、山梨糖醇单油酸酯 1～2、丙烯腈 1～2、羟甲基脲 2～3、叔丁基过氧化氢 0.2～0.3、吗啉 1～2。

产品应用　本品主要应用于金属切削加工。

产品特性　本品抗菌性极好，可存放 2 年不变质。润滑性、冷却性、清洗性、防锈性能好，且具有除锈功能，保护刀具，延长刀具的使用寿命，加工工件在 5 天内不会生锈，有利于工件进入下道工序，操作过程中不会对人体及工作环境等造成任何不良的影响。

防锈抗菌水基切削液

原料配比

原　　料	配比（质量份）	
	1#	2#
13#机械油	7	6
烯基丁二酸	0.3	0.3
油酸	8.3	9.3
聚乙二醇（400）	5	3
OP-15	14	12
T80	—	4
硼酸	0.5	0.5
二乙醇胺	1.3	1
三乙醇胺	2.1	2.4
二乙烯三胺	0.1	0.1
硫代磷酸锌	4	3.5
甲基硅油	0.2	—
无规聚丙烯	—	0.1
亚硝酸钠	4	4
苯甲酸钠	0.1	0.1
水	53.1	53.7

制备方法　按顺序将 13#机械油、烯基丁二酸、油酸、聚乙二醇、OP-15、T80 加入容器中，然后将硼酸、二乙醇胺、三乙醇胺、二乙烯三胺单独混合加热到 100℃，搅拌 10min 后再加入，再加入硫代磷酸锌、甲基硅油、无规聚丙烯、亚硝酸钠、苯甲酸钠和水。

【原料配伍】 本品各组分质量份配比范围为：机械油 5～10、烯基丁二酸 0.2～1、油酸 5～15、表面活性剂 8～24、硼酸 0.3～2、混合醇胺 2～7、硫代磷酸酯 3～6、消泡剂 0.1～1、亚硝酸钠 1～4.5、苯甲酸钠 0.01～0.1、水加至 100。

所述表面活性剂为聚乙二醇（400）、OP-15 和 T80 中的一种或几种；

所述消泡剂为甲基硅油或无规聚丙烯。

【质量指标】

检 验 项 目			1#	2#	参 照 标 准
浓缩液储存安定性			无分层	无分层	
	pH 值		8	8	
	消泡性/（mL/10min）		≤1	≤1	
稀释液5%	腐蚀试验55℃±2℃全浸	一级灰口铸铁 24h	A 级	A 级	GB/T 6144
		紫铜 8h	A 级	A 级	
		LY-12 铝 8h	A 级	A 级	
	防锈试验一级灰口铸铁 35℃±2℃, RH95%	单片 48h	A 级	A 级	
		叠片 8h	A 级	A 级	
	最大无卡咬负荷	P_B 值/N	≥760	≥700	GB 3142
	磨斑直径	d/mm	0.41	0.40	
	乳化液安定性 15～35℃, 24h	皂	秒有皂	无	SY 1374
		油	无	无	
	对机床涂料适应性；对聚酯、过氯乙烯、硝基醇酸漆等, 21d		不变色	不变色	JB 1470

【产品应用】 本品主要适用于多种金属（铁、铜、铝）的切削、磨削等加工，同时也适用于极压切削或精密切削加工。

【产品特性】

（1）单片防锈时间超过标准达>192h 不锈，工厂反映夏天加工件放置 10d 不锈，可省去工序间防锈处理。

（2）抗菌性极好，浓缩液可存放 2 年不变质，稀释液在工厂实际使用一年不臭（使用中有消耗要适当补充）。

（3）冷却、极压、润滑、清洗、消泡等综合性能优良，P_B 值≥76kg，可用自来水配制工作液。

（4）由于寿命长，还节省换液工时，用于拉削可使阻力减小 1/3，工耗降低 20%，用于磨曲轴，7～8 丝不烧轴，磨具消耗明显减少。省工、节能、省料、适于高速加工，节省刀具。

（5）配方中不含氯化物和酚类有毒物、废液排放很少，符合环保要求，无特殊气味，不影响操作工人健康。

防锈切削液（1）

原料配比

原　料	配比（质量份）
三乙醇胺	30～40
硼酸	3～5
癸二酸	1～3
水	40～50
乙二胺四乙酸二钠盐	1～3
酚醚磷酸 TXP-10	3～5
太古油	3～8
485 防锈剂	3～5
二甲基硅油	0.3～0.5
荧光素钠黄	1～3

制备方法　将三乙醇胺、硼酸、癸二酸、乙二胺四乙酸二钠盐、防锈剂混合搅拌加热到 90～100℃，保温 20～30min，得透明黏液，停止加热，在搅拌下依次加入酚醚磷酸酯、太古油，加毕再搅拌 20～30min；然后在搅拌下加入水和荧光素钠黄，加毕再搅拌 10min 后，在快速搅拌下加入消泡剂，加毕再搅拌 1h，得黄色透明液体产品。

原料配伍　本品各组分质量份配比范围为：三乙醇胺 30～40、硼酸 3～5、癸二酸 1～3、水 40～50、乙二胺四乙酸二钠盐 1～3、酚醚磷酸 TXP-10 3～5、太古油 3～8、485 防锈剂 3～5、二甲基硅油 0.3～0.5、荧光素钠黄 1～3。

　　所制备的防锈切削液中加入一些非硫、磷、氯型的水溶性极压添加剂、钝化剂等，具有更强的防锈能力，对非铁金属不产生腐蚀，扩大了其使用范围。

质量指标

检 验 项 目		检 验 结 果	检 验 方 法
外观		浅黄色透明液体	目测
pH 值		7.5～9.5	pH 广泛试纸
表面张力/（mN/m）		<38	GB/T 6144
腐蚀试验 一级灰口（55℃±2℃）	铸铁	>48h，合格	SH/T 0080
腐蚀试验 一级灰口（55℃±2℃）	46 钢	>48h，合格	
防锈性（一级灰口铸铁）(35℃±2℃)	单片	>24h，合格	GB/T 6144
	叠片	>8h，合格	
对机床涂料的适用性		无明显不良影响	JB 1470
消泡性 10min<2mL		合格	GB/T 6144

产品应用 本品主要应用于金属切削加工。

　　本品的使用方法：取 5～10 份本品的防锈切削液加 95～90 份自来水，常温调配均匀即得工作液，使用过程中有正常消耗，只需按规定的比例补加新液即可。可根据具体情况适当调整使用比例，勿与其他油液混用。

产品特性 本品表面渗透能力强，冷却性、润滑性和防锈性好，易清洗，无刺激性气味，使用寿命长，用于铸铁、碳钢等黑色金属的切削、磨削等加工。该切削液具有优良的磨屑沉降性，不粘砂轮；具有优良的防锈、冷却、清洗和润滑性能；不变质发臭；使用寿命长；且不含亚硝酸盐和磷的化合物，对环境和健康无害。

防锈切削液（2）

原料配比

原　　料	配比（质量份）		
	1#	2#	3#
磷酸	13	16	14
二甲苯	4	15	7

原　料	配比（质量份）		
	1#	2#	3#
聚乙烯醇缩丁醛树脂	3	8	6
乙醇	5	11	9
三氧化二铬	4	14	12
硫酸钴	2	8	5
石油酸锌	3	5	4
磺化油	2	7	6

制备方法　将各组分混合均匀即可。

原料配伍　本品各组分质量份配比范围为：磷酸 13～16、二甲苯 4～15、聚乙烯醇缩丁醛树脂 3～8、乙醇 5～11、三氧化二铬 4～14、硫酸钴 2～8、石油酸锌 3～5、磺化油 2～7。

产品应用　本品主要应用于铸铁和钢材的切削加工。

产品特性　本品用于铸铁和钢材的切削加工，而且兼有润滑、洗涤和防锈作用，还具有防腐杀菌的效果。

防锈切削液（3）

原料配比

原　料	配比（质量份）		
	1#	2#	3#
四氯乙烯	5.5	3.5	8.5
硫酸丁辛醇锌盐	7	3.5	9
丙烯酸钡	2	1.5	4.5
妥尔油酰胺	5	3.5	7.5
己基苯三唑	2.5	1.5	3.5

制备方法　将各组分混合均匀即可。

原料配伍　本品各组分质量份配比范围为：四氯乙烯 3.5～8.5、硫酸丁辛醇锌盐 3.5～9、丙烯酸钡 1.5～4.5、妥尔油酰胺 3.5～7.5、己基苯三唑 1.5～3.5。

本品主要应用于金属切削加工。可适合铸铁、合金钢、不锈钢、铝合金等多种材质的加工。

产品特性 本品具有优异的润滑极压性能，10%的水溶液的极压性检测显示 P_B 值可达到 700N，完全满足合成切削液的润滑性要求；具有优异的缓蚀和防锈性能，对黑色金属的工序间防锈达 7～15d；本品生物稳定性好，使用周期长，不易发臭；具有良好的冷却性和清洗性能，加工后的工件很清洁；不含易致癌的亚硝酸钠，环保性好，使用安全。

防锈切削液（4）

原料配比

原　　料	配比（质量份）		
	1#	2#	3#
异噻唑啉酮	2	1	2.5
二甘醇丁醚	4.5	3	7
乙酸乙烯酯马来酸酯	3.5	2	7
丙烯酸异冰片酯	27	20	30
地沟油	18	15	25
三元羧酸钡	1.7	1.5	3.5
二异丙醇	4.5	2.5	7

制备方法 将各组分混合均匀即可。

原料配伍 本品各组分质量份配比范围为：异噻唑啉酮 1～2.5、二甘醇丁醚 3～7、乙酸乙烯酯马来酸酯 2～7、丙烯酸异冰片酯 20～30、地沟油 15～25、三元羧酸钡 1.5～3.5、二异丙醇 2.5～7。

产品应用 本品主要应用于金属切削加工。

产品特性 本品具有优异的润滑、清洗和防锈性能，在水基切削液中添加极压润滑剂和防锈剂，可进一步改善水基切削液的润滑和防锈性能，使之具有优良的润滑性、防锈性、冷却性和清洗性，对提高工件表面光洁度和减少刀具磨损效果显著。

防锈切削液（5）

原　料	配比（质量份）		
	1#	2#	3#
聚乙二醇	5	7	9
苯甲酸	2	3	4
硼酸	2	3	4
三乙醇胺	3	4	5
水	100	100	100

制备方法 将各组分混合均匀即可。

原料配伍 本品各组分质量份配比范围为：聚乙二醇 5～10、苯甲酸 2～4、硼酸 2～4、三乙醇胺 3～6、水 100。

产品应用 本品主要应用于金属切削加工。

产品特性 本品是一种对人体无害，无环境友好的防锈切削液。

防锈切削液（6）

原料配比

原　料	配比（质量份）				
	1#	2#	3#	4#	5#
聚苯胺	25	28	20	30	18
苯甲酸	3.5	3	4	2.5	4.5
聚氯乙烯胶乳	15	18	12	20	10
非离子型聚丙烯酰胺	0.1	0.06	0.15	0.02	0.2
烷基磺胺乙酸钠	0.9	1.3	0.5	1.5	0.3
四氮唑	6	4.5	8.5	3	10
水	加至 100	加至 100	加至 100	加至 100	加至 100

制备方法

（1）将配方量的聚苯胺、苯甲酸、聚氯乙烯胶乳、非离子型聚丙烯酰胺、烷基磺胺乙酸钠以及配方水总量的 20%～50%共同加入到反应釜中，于 150～400r/min 的速率下分散搅拌 30～60min；

（2）再加入配方量的四氮唑和其余的水；

（3）用分散机于 1000～2000r/min 的速率下分散搅拌 15～35min 得到防锈切削液。

原料配伍 本品各组分质量份配比范围为：聚苯胺 18～30、苯甲酸 2.5～4.5、聚氯乙烯胶乳 10～20、非离子型聚丙烯酰胺 0.02～0.2、烷基磺胺乙酸钠 0.3～1.5、四氮唑 3～10、水加至 100。

产品应用 本品主要应用于金属切削加工。

产品特性 本品具有优异的防腐性能与润滑性能，并且在高温下的性能仍保持十分稳定，同时成本低廉，对人体和环境均十分友好。

防锈切削液（7）

原料配比

表1 防锈组合物

原　　料	配比（质量份）				
	1#	2#	3#	4#	5#
柠檬酸	0.8	1	0.85	0.9	0.9
硼砂	13	11	12.5	11.5	12
尿素	7	9	7.5	8.5	8
羟甲基脲	9	7	8.5	7.5	8
磷酸三钠	0.5	0.7	0.65	0.55	0.6
钼酸钠	1	0.8	0.85	0.95	0.9
苯甲酸钠	1	1.2	1.05	1.15	1.1
碳酸钠	8	6	7.5	6.5	7
水	加至 100	加至 100	加至 100	加至 100	加至 100

表2 防锈切削液

原　　料	配比（质量份）		
	1#	2#	3#
机械油	4	8	6
油酸	18	16	17
烯基丁二酸	0.2	1	0.6

原　料	配比（质量份）		
	1#	2#	3#
表面活性剂	14	10	12
硼酸	3	4	3.5
混合醇胺	6	8	7
硫代磷酸酯	10	8	9
消泡剂	1.5	2	1.8
防锈组合物	7	5	6
水	45	55	50

【制备方法】

（1）取机械油、油酸加热到80～90℃，加烯基丁二酸、表面活性剂，搅拌30～40min；

（2）升温到90～100℃，边搅拌边加硼酸和混合醇胺，搅拌20～30min；

（3）加硫代磷酸酯，搅拌20～30min，降温到45～55℃，加消泡剂并搅匀；

（4）按防锈组合物的质量配比将柠檬酸、硼砂、尿素、羟甲基脲、磷酸三钠、钼酸钠、苯甲酸钠、碳酸钠依次加入40～50℃水中，然后升温至65～75℃，并搅拌均匀制得防锈组合物；

（5）然后将步骤（3）获得的混合物缓缓地倒入步骤（4）制得的防锈组合物中，边倒边搅拌即制得。

【原料配伍】　本品各组分质量份配比范围为：机械油4～8、油酸16～18、烯基丁二酸0.2～1、表面活性剂10～14、硼酸3～4、混合醇胺6～8、硫代磷酸酯8～10、消泡剂1.5～2、防锈组合物5～7、水45～55。

所述的表面活性剂是分子量为400的聚乙二醇。

所述的混合醇胺是二乙醇胺、三乙醇胺和二乙烯三胺的混合物。

所述的消泡剂是甲基硅油。

【产品应用】　本品主要应用于金属切削加工。

【产品特性】

（1）使用液为无色透明液体，不含亚硝酸盐，有利于环境保护和人体健康；2%～3%稀释液可用于普通加工，4.5%～5.5%稀释液可用于极压加工；使用范围广，且油雾低，无刺激气味。

（2）单片防锈时间远超标准，达大于 220h 不锈。

（3）具有优异的磨削沉降性，优异的冷却、润滑和清洗性能。

（4）不易变质，使用寿命长。

防锈切削液（8）

原料配比

表 1 膜助剂

原　料	配比（质量份）
氮化铝粉	2
2-氨基-2-甲基-1-丙醇	3
硅烷偶联剂 KH-550	2
吗啉	2
乙二醇	5
聚异丁烯	3
脂肪醇聚氧乙烯醚	1
双十四碳醇酯	4

表 2 防锈切削液

原　料	配比（质量份）
机械油	5
油酸	2
羟甲基脲	2
钼酸钠	1
苯并三氮唑	2
脂肪醇聚氧乙烯醚	2
脂肪酸甘油酯	5
钛酸酯偶联剂 TMC-TTS	3
二异丙基萘磺酸钠	2
太古油	4
膜助剂	5
水	200

制备方法

（1）膜助剂的制备　将各物料混合，加热至70～80℃，搅拌反应60～80min，即得。

（2）防锈切削液的制备

① 将太古油、机械油、苯并三氮唑、脂肪醇聚氧乙烯醚、脂肪酸甘油酯、钛酸酯偶联剂 TMC-TTS、油酸混合，加热至120～130℃，搅拌1～2h；

② 将其他剩余物料混合，加热至90～100℃，搅拌40～50min；

③ 将步骤①、②物料混合，加热至90～100℃，搅拌1～2h，即得。

原料配伍　本品各组分质量份配比范围为：机械油4～5、油酸1～2、羟甲基脲1～2、钼酸钠1～2、苯并三氮唑1～2、脂肪醇聚氧乙烯醚2～3、脂肪酸甘油酯4～5、钛酸酯偶联剂 TMC-TTS 2～3、二异丙基萘磺酸钠1～2、太古油3～4、膜助剂5～6、水200。

所述膜助剂包括以下组分：氮化铝粉1～2、2-氨基-2-甲基-1-丙醇2～3、硅烷偶联剂 KH-550 1～2、吗啉1～2、乙二醇4～5、聚异丁烯2～3、脂肪醇聚氧乙烯醚1～2、双十四碳醇酯4～5。

产品应用　本品主要应用于金属切削加工。

产品特性　本品易稀释、耐用，在规定浓度下稀释可存放1年以上，润滑性、冷却性、清洗性、防锈性能好，且具有除锈功能，保护刀具，延长刀具的使用寿命，加工工件在5天内不会生锈，有利于工件进入下道工序，操作过程中不会对人体及工作环境等造成任何不良的影响。

防锈切削液（9）

原料配比

原　　料	配比（质量份）	
	1#	2#
石油磺酸钠	30	55
环己六醇六磷酸酯	3	15
庚酸	5.5	10
非离子型聚丙烯酰胺	10	15

137

原　料	配比（质量份）	
	1#	2#
聚乙二醇	6	8.5
苯并三氮唑	3	7
聚醚	4.5	9
水	70	70

制备方法　将各组分混合均匀即可。

原料配伍　本品各组分质量份配比范围为：石油磺酸钠 30～55、环己六醇六磷酸酯 3～15、庚酸 5.5～10、非离子型聚丙烯酰胺 10～15、聚乙二醇 6～8.5、苯并三氮唑 3～7、聚醚 4.5～9、水 70。

产品应用　本品主要应用于金属切削加工。

产品特性　本品具有良好的润滑性，清洗性，防锈性，且具有良好的冷却效果。

防锈切削液（10）

原料配比

原　料	配比（质量份）		
	1#	2#	3#
对叔丁基苯甲酸	1	2.5	3
苯甲酸	5	2.5	2
硼酸	4	3	2.5
单乙醇胺	2	—	—
二乙醇胺	—	4.5	—
三乙醇胺	—	—	8
聚乙二醇（分子量400～600）	5	6	8
苯并三氮唑	0.1	0.2	0.5
聚丙烯酰胺（非离子型）	0.05	0.1	0.15
水	加至100	加至100	加至100

制备方法　先将聚丙烯酰胺、对叔丁基苯甲酸、苯甲酸、硼酸、乙醇胺类加入反应釜中，加水搅拌 1h，随后加入聚乙二醇、苯并三氮唑和

余量水，充分搅拌，混合均匀即为所需产品。

原料配伍 本品各组分质量份配比范围为：对叔丁基苯甲酸1～3、苯甲酸2～5、硼酸2～4、乙醇胺类2～8、聚乙二醇（分子量400～600）4～8、苯并三氮唑0.1～0.5、非离子型聚丙烯酰胺0.05～0.2、水加至100。

所述乙醇胺类为单乙醇胺、二乙醇胺、三乙醇胺中的一种或其任何混合物。

质量指标

检 验 项 目	检验标准（GB/T 6144）	检 验 结 果
pH 值（5%）	8～10	8～10
防锈性（35℃±2℃） 一级灰铸铁	单片 24h 合格 叠片 8h 合格	>48h 无锈 >10h 无锈
腐蚀试验（55℃±2℃） 全浸	铸铁 24h 合格 紫铜 8h 合格	>48h >10h

产品应用 本品主要应用于金属切削加工。

产品特性

（1）使用液为无色透明液体，不含亚硝酸盐和磷的化合物，有利于环境保护和人体健康。

（2）优良的磨屑沉降性，不粘砂轮。

（3）优异的防锈、冷却、润滑和清洗性能。

（4）不含任何易变质物，不发臭，使用寿命长，不污染环境，对皮肤无刺激。

（5）加工时无泡沫，对机床涂料无影响。

（6）与同类产品相比，性价比高。

防锈切削液（11）

原料配比

原 料	配比（质量份）				
	1#	2#	3#	4#	5#
机械油	70	78	82	85	90
磺化油	15	18	20	22	25
石油磺酸钡	10	13	15	16	18

原　料	配比（质量份）				
	1#	2#	3#	4#	5#
环烷酸锌	10	12	13	15	15
硼酸	5	5	6	8	10
柠檬酸钠	3	4	5	6	8
亚硫酸钠	1	2	3	4	5
十二烷基苯磺酸钠	1	2	3	4	5

【制备方法】 将机械油与磺化油混合加热到 70～90℃，在搅拌的状态下加入石油磺酸钡、环烷酸锌、硼酸、柠檬酸钠、亚硫酸钠和十二烷基苯磺酸钠，继续搅拌至各组分溶解，在搅拌状态下冷却至室温。

【原料配伍】 本品各组分质量份配比范围为：机械油 70～90、磺化油 15～25、石油磺酸钡 10～18、环烷酸锌 10～15、硼酸 5～10、柠檬酸钠 3～8、亚硫酸钠 1～5、十二烷基苯磺酸钠 1～5。

【产品应用】 本品主要应用于金属切削加工。

【产品特性】 对本品提供的防锈切削液进行防锈性能与防腐蚀性能的测试，结果表明对单片一级灰口铸铁在 35℃情况下保持无锈达到了 70h 以上，对叠片一级灰口铸铁 35℃情况下保持无锈达到了 40h 以上，与 GB/T 6144 中的指标单片大于 24h、叠片大于 8h 相比具有非常明显的优势。同时防腐蚀性能测试对铸铁 55℃情况下能保持 70h 以上无腐蚀，紫铜 55℃情况下能保持 40h 以上无腐蚀。

防锈切削液（12）

【原料配比】

表 1　防锈组合物

原　料	配比（质量份）				
	1#	2#	3#	4#	5#
柠檬酸	0.8	1	0.85	0.9	0.9
硼砂	13	11	12.5	11.5	12
尿素	7	9	7.5	8.5	8
羟甲基脲	9	7	8.5	7.5	8
磷酸三钠	0.5	0.7	0.65	0.55	0.6
钼酸钠	1	0.8	0.85	0.95	0.9

原　料	配比（质量份）				
	1#	2#	3#	4#	5#
苯甲酸钠	1	1.2	1.05	1.15	1.1
碳酸钠	8	6	7.5	6.5	7
水	加至 100	加至 100	加至 100	加至 100	加至 100

表2　防锈切削液

原　料	配比（质量份）				
	1#	2#	3#	4#	5#
机械油	4	8	5	7	6
油酸	18	16	17.5	16.5	17
烯基丁二酸	0.2	1	0.4	0.8	0.6
表面活性剂	14	10	13	11	12
硼酸	3	4	3.5	3.5	3.5
混合醇胺	6	8	6.5	7.5	7
硫代磷酸酯	10	8	9.5	8.5	9
消泡剂	1.5	2	1.7	1.9	1.8
防锈组合物	7	5	6.5	5.5	6
水	45	55	48	53	50

【制备方法】　将各组分混合均匀即可。

【原料配伍】　本品各组分质量份配比范围为：机械油 4～8、油酸 16～18、烯基丁二酸 0.2～1、表面活性剂 10～14、硼酸 3～4、混合醇胺 6～8、硫代磷酸酯 8～10、消泡剂 1.5～2、防锈组合物 5～7、水 45～55。

所述防锈组合物包括以下组分：柠檬酸 0.8～1、硼砂 11～13、尿素 7～9、羟甲基脲 7～9、磷酸三钠 0.5～0.7、钼酸钠 0.8～1、苯甲酸钠 1～1.2、碳酸钠 6～8、水加至 100。

所述表面活性剂是分子量是 400 的聚乙二醇。

所述混合醇胺是二乙醇胺、三乙醇胺和二乙烯三胺的混合物。

所述消泡剂是甲基硅油。

【产品应用】　本品主要应用于金属切削加工。

【产品特性】

（1）使用液为无色透明液体，不含亚硝酸盐，有利于环境保护和人体健康；2%～3%稀释液可用于普通加工，4.5%～5.5%稀释液可用于极压加工；使用范围广，且油雾低，无刺激气味。

141

（2）单片防锈时间远超标准，达大于 220h 不锈。

（3）具有优异的磨削沉降性，优异的冷却、润滑和清洗性能。

（4）不易变质，使用寿命长。

防锈切削液（13）

原料配比

原　料	配比（质量份）		
	1#	2#	3#
对叔丁基苯甲酸	2	4	3
苯甲酸	2	3	2.5
有机硼	1	3	2
油酸	1	2	1.5
二乙醇胺	2	3	2.5
三乙醇胺	0.1	0.3	0.2
聚乙二醇	0.5	0.8	0.6
季戊四醇	2	4	3
聚丙烯酰胺	0.8	1.4	1.1

制备方法　将各组分混合均匀即可。

原料配伍　本品各组分质量份配比范围为：对叔丁基苯甲酸 2～4、苯甲酸 2～3、有机硼 1～3、油酸 1～2、二乙醇胺 2～3、三乙醇胺 0.1～0.3、聚乙二醇 0.5～0.8、季戊四醇 2～4、聚丙烯酰胺 0.8～1.4。

产品应用　本品主要应用于金属切削加工。

产品特性　本品具有优异的防锈、冷却、润滑和清洗性能，使用寿命长，不污染环境。

防锈切削液（14）

原料配比

原　料	配比（质量份）		
	1#	2#	3#
石油磺酸钠	4	9	6.5
三乙醇胺	3	8	5

原　料	配比（质量份）		
	1#	2#	3#
三氯乙烯	6	8	7
羟乙基纤维素	1.5	4	2.8
单乙醇胺	4	7	5.5
硼酸盐	6	11	8
磷酸酯	1.5	2.5	2
三羟甲基丙烷	4	6	5
水	30	30	30

制备方法 将各组分混合均匀即可。

原料配伍 本品各组分质量份配比范围为：石油磺酸钠 4～9、三乙醇胺 3～8、三氯乙烯 6～8、羟乙基纤维素 1.5～4、单乙醇胺 4～7、硼酸盐 6～11、磷酸酯 1.5～2.5、三羟甲基丙烷 4～6、水 30。

产品应用 本品主要应用于金属切削加工。

产品特性 本品具有优异的防锈防腐蚀性能，且同时具有润滑冷却性。

防锈水基切削液

原料配比

原　料	配比（质量份）				
	1#	2#	3#	4#	5#
聚苯胺	20	18	23	25	15
硼酸	4	3.5	4.5	3	5
苯甲酸单乙醇胺	4	4.5	3.5	3	5
苯并三氮唑	0.4	0.3	0.6	0.8	0.2
丙三醇	0.8	1	0.6	0.5	1.2
脂肪醇聚氧乙烯醚	5	7.5	2.5	10	1
水	加至 100	加至 100	加至 100	加至 100	加至 100

制备方法

（1）将配方量的聚苯胺、硼酸、苯甲酸单乙醇胺、丙三醇、脂肪醇聚氧乙烯醚以及部分水共同加入到反应釜内；

（2）加热至75℃，于300r/min的速率下搅拌30min；

（3）再加入配方量的苯并三氮唑和其余的水；

（4）用高速分散机于2300r/min的速率下分散搅拌15min得到防锈水基切削液。

[原料配伍]　本品各组分质量份配比范围为：聚苯胺15～25、硼酸3～5、苯甲酸单乙醇胺3～5、苯并三氮唑0.2～0.8、丙三醇0.5～1.2、脂肪醇聚氧乙烯醚1～10、水加至100。

[产品应用]　本品主要应用于金属切削加工。

[产品特性]　本品具有优异的防腐性能与润滑性能，并且在高温下的性能仍保持十分稳定，同时成本低廉，对人体和环境均十分友好。

防锈透明切削液

[原料配比]

原　料	配比（质量份）				
	1#	2#	3#	4#	5#
三乙醇胺	3	5	6	7	8
聚乙二醇2000	1	2	3	4	5
磷酸三钠	0.2	0.4	0.6	0.7	0.8
聚甘油脂肪酸	0.2	0.3	0.4	0.5	0.6
硫代硫酸钠	0.5	0.6	0.7	0.8	1
甘油	2	3	4	5	6
碳酸钠	1	2	3	4	5
水	80	83	84	86	90

[制备方法]　将水加热到60～70℃，加入各组分，搅拌速率为70～80r/min，搅拌时间为30～45min，溶解降至室温即得到防锈透明切削液。

[原料配伍]　本品各组分质量份配比范围为：三乙醇胺3～8、聚乙二醇2000 1～5、磷酸三钠0.2～0.8、聚甘油脂肪酸0.2～0.6、硫代硫酸钠0.5～1、甘油2～6、碳酸钠1～5、水80～90。

质量指标

检验项目	检 验 结 果				
	1#	2#	3#	4#	5#
防锈性 (35℃±2℃) 一级灰铸铁	单片72h，无锈 叠片25h，无锈	单片85h，无锈 叠片30h，无锈	单片90h，无锈 叠片35h，无锈	单片88h，无锈 叠片34h，无锈	单片87h，无锈 叠片28h，无锈
腐蚀试验 (55℃±2℃) 全浸	铸铁78h 紫铜20h	铸铁82h 紫铜22h	铸铁87h 紫铜24h	铸铁86h 紫铜23h	铸铁83h 紫铜21h

产品应用　本品主要应用于金属切削加工。

产品特性　本品防锈性能与防腐蚀性能良好，其中(35±2)℃条件下一级灰铸铁单片能保持72h以上无锈，叠片能保持24h以上无锈，腐蚀试验(55±2)℃条件下铸铁能达到78h以上，紫铜能达到20h以上。

防锈微乳化金属切削液（1）

原料配比

原　料	配比（质量份）			
	1#	2#	3#	4#
基础油	20	25	30	22
非离子表面活性剂	50	36	32.1	39.8
阴离子表面活性剂	5	10	10	8
防锈剂	5.1	9.1	8	8.1
乳化稳定剂	5	4.9	4.3	4.1
极压剂	5	6.5	6.1	6
油性添加剂	0.5	1	0.8	0.7
消泡剂	0.3	0.3	0.2	0.3
杀菌剂	0.7	3.1	2	2.1
水	8.4	4.1	6.5	8.9

制备方法

（1）在基础油中加入极压剂加热至50℃搅拌均匀得溶液A；

（2）将防锈剂、乳化稳定剂、油性添加剂、消泡剂、杀菌剂加入到水中后，加热至50℃搅拌均匀，得到溶液B；

（3）将步骤（1）所得的溶液A和步骤（2）所得的溶液B混合后，在搅拌下控制滴加速率5mL/min依次加入非离子表面活性剂、阴离子表面活性剂，得到溶液 C；将所得的溶液 C 加热至 50℃进行超声搅拌直至澄清透明，即得防锈微乳化金属切削液。

原料配伍　本品各组分质量份配比范围为：基础油 20～30、非离子表面活性剂 32.1～50、阴离子表面活性剂 5～10、防锈剂 5.1～9.1、乳化稳定剂 4.1～5、极压剂 5～6.5、油性添加剂 0.5～1、消泡剂 0.2～0.3、杀菌剂 0.7～3.1、水加至 100。

所述基础油为植物油，所述植物油为菜籽油、蓖麻油、花生油或环氧大豆油。

所述非离子表面活性剂为异构十三醇聚氧乙烯醚。

所述阴离子表面活性剂为石油磺酸钠。

所述防锈剂为硼酸铵盐、硼酸酰胺、硼酸酯中的任意一种与苯并三氮唑组成的组合物。

所述乳化稳定剂为二乙二醇单丁醚。

所述极压剂为聚氧乙烯烷基磷酸酯。

所述油性添加剂为油酸或妥尔油脂肪酸。

所述消泡剂为乳化硅油。

所述杀菌剂为苯三唑、1,3,5-三（2-羟乙基）六氢三嗪或吗啉衍生物。

产品应用　本品主要应用于金属切削加工。

产品特性　本品由于以植物油为基础油，且不含有亚硝酸盐，因此属于绿色环保产品。具有很好的生物降解能力，同时，由于含有乳化稳定剂，其具有更好的乳化稳定性。pH 值稳定好，在防锈、消泡、抑菌等方面有独到的优势，其使用寿命长，能大大提高加工件的加工精度。

防锈微乳化金属切削液（2）

原料配比

表1　助剂

原　　料	配比（质量份）
聚氧乙烯山梨糖醇酐单油酸酯	2
纳米氮化铝	0.1
柠檬酸	1

原　　料	配比（质量份）
三聚磷酸钠	3
过硫酸铵	2
硅烷偶联剂 KH-560	2
钼酸钠	2
桃胶	3
水	20～24

表2　切削液

原　　料	配比（质量份）
大豆油	14
对叔丁基苯甲酸	1.5
聚丙烯酰胺	1.5
钛酸丁酯	3.5
对羟基苯甲酸甲酯	4.5
聚乙二醇 400	5
乌洛托品	1.5
烷基胺聚氧乙烯醚磷酸酯	3.5
月桂酸钠	1.5
间苯二酚	0.5
助剂	7
水	200

【制备方法】

（1）助剂的制备　将过硫酸铵溶于水后，再加入其他剩余物料，搅拌 10～15min，加热至 70～80℃，搅拌反应 1～2h，即得。

（2）切削液的制备　将水、烷基胺聚氧乙烯醚磷酸酯、月桂酸钠混合，加热至 40～50℃，在 3000～4000r/min 搅拌下，加入大豆油、对叔丁基苯甲酸、聚丙烯酰胺、钛酸丁酯、对羟基苯甲酸甲酯、聚乙二醇 400、助剂，继续加热到 70～80℃，搅拌 10～15min，加入其他剩余成分，继续搅拌 15～25min，即得。

【原料配伍】　本品各组分质量份配比范围为：大豆油 12～15、对叔丁基苯甲酸 1~2、聚丙烯酰胺 1~2、钛酸丁酯 3~4、对羟基苯甲酸甲酯 4~5、聚乙二醇 400 4~6、乌洛托品 1~2、烷基胺聚氧乙烯醚磷酸酯 3~4、月桂酸钠 1~2、间苯二酚 0.4~0.6、助剂 6~8、水 200。

所述助剂由以下质量份组成：聚氧乙烯山梨糖醇酐单油酸酯 2~3、纳米氮化铝 0.1~0.2、柠檬酸 1~2、三聚磷酸钠 2~3、过硫酸铵 1~2、硅烷偶联剂 KH-560 1~2、钼酸钠 1~2、桃胶 2~3、水 20~24。

【质量指标】

检验项目	检验标准	检验结果
最大无卡咬负荷（P_B）值/N	≥400	≥570
防锈性（35℃±2℃）一级灰铸铁	单片，24h，合格	>48h 无锈
	叠片，8h，合格	>16h 无锈
腐蚀试验（55℃±2℃）全浸	铸铁，24h，合格	>48
	紫铜，8h，合格	>16
对机床涂料适应性	不起泡、不发黏	

【产品应用】 本品主要应用于金属切削加工。

【产品特性】 本品不仅具有乳化型切削液润滑性良好和合成型切削液清洗性好的优点，还具有不易变质发臭、使用寿命长的特点；而且具有优异的防锈防腐蚀性能，对人体和环境均十分友好，并且在高温下的性能稳定。

防锈效果显著分散性好的水基切削液

【原料配比】

表 1 助剂

原　　料	配比（质量份）
松香	4
氰尿酸锌	1
硅丙乳液	3

原　　料	配比（质量份）
异噻唑啉酮	1
葡萄糖酸钙	2
纤维素羟乙基醚	2
二甘醇	6
蓖麻酰胺	3
聚乙二醇	2
丙烯醇	5
脂肪醇聚氧乙烯聚氧丙烯醚	1
消泡剂	0.3
水	45

表 2　防锈效果显著分散性好的水基切削液

原　　料	配比（质量份）
2-巯基苯并咪唑	1
纳米二氧化硅	6
二甲基硅油	0.7
双乙酸钠	2
白炭黑	3
N-油酰肌氨酸-十八胺盐	3
妥尔油	3
单硬脂酸甘油酯	2
乙二醇一丁醚	4
琥珀酸二异辛酯磺酸钠	1
助剂	6
水	170

制备方法

（1）助剂的制备

① 将纤维素羟乙基醚、聚乙二醇、硅丙乳液、脂肪醇聚氧乙烯聚氧丙烯醚加到水中，加热至 40～50℃，搅拌均匀后加入消泡剂备用；

② 将松香、二甘醇、丙烯醇、蓖麻酰胺混合加热至 50～60℃，

搅拌均匀后将步骤①中的产物缓慢加入，以 300～400r/min 的转速搅拌，加料结束后加热至 70～80℃，并在 1800～2000r/min 的高速搅拌 10～15min，再加入其余剩余物质继续搅拌 5～10min 即可。

（2）防锈效果显著分散性好的水基切削液的制备

① 将妥尔油、单硬脂酸甘油酯、二甲基硅油和 2-巯基苯并咪唑混合，加热至 50～60℃，搅拌反应 20～40min 后得到混合物 A；

② 将水煮沸后迅速冷却至 50～70℃，再加入琥珀酸二异辛酯磺酸钠和乙二醇一丁醚搅拌均匀，搅拌均匀后加入助剂以 800～900r/min 下搅拌反应 40～60min，得到混合物 B；

③ 将混合物 B 边搅拌边缓慢地加入混合物 A 中，将温度控制在 40～55℃，搅拌均匀后加入其余剩余成分，在 1400～1600r/min 下高速搅拌 20～30min 后过滤即可。

[原料配伍] 本品各组分质量份配比范围为：2-巯基苯并咪唑 1～2、纳米二氧化硅 6～8、二甲基硅油 0.5～1、双乙酸钠 2～3、白炭黑 2～3、N-油酰肌氨酸-十八胺盐 2～3、妥尔油 3～4、单硬脂酸甘油酯 2～3、乙二醇一丁醚 3～5、琥珀酸二异辛酯磺酸钠 1～2、助剂 5～7、水 150～180。

所述助剂包括：松香 3～5、氰尿酸锌 1～2、硅丙乳液 2～3.5、异噻唑啉酮 1～2、葡萄糖酸钙 1～2、纤维素羟乙基醚 1～2、二甘醇 5～7、蓖麻酰胺 2～3、聚乙二醇 2～4、丙烯醇 4～6、脂肪醇聚氧乙烯聚氧丙烯醚 1～2、消泡剂 0.2～0.4、水 40～50。

[质量指标]

检 验 项 目	检 验 结 果
5%乳化液安定性试验（15～30℃，24h）	不析油、不析皂
防锈性试验（35℃±2℃，钢铁单片 24h）	≥48h，无锈斑
防锈性试验（35℃±2℃，钢铁叠片 8h）	≥12h，无锈斑
腐蚀试验（55℃±2℃，铸铁 24h）	≥48h
腐蚀试验（55℃±2℃，紫铜 8h）	≥12h
对机床涂料适应性	不起泡、不开裂、不发黏

[产品应用] 本品主要应用于金属切削加工。

[产品特性] 本品添加的助剂增强了切削液的分散、润滑、成膜性能，添加的 N-油酰肌氨酸-十八胺盐缓蚀剂能够增强切削液中防锈能力，

添加的琥珀酸二异辛酯磺酸钠具有提高切削液的渗透性，提高切削液的冷却性能，本品防锈效果显著、分散性好、稳定性高、冷却效果好，提高了加工质量，成本低廉。

防锈效果优异的环保水性切削液

原料配比

表1 助剂

原　　料	配比（质量份）
人造金刚石粉	2
刚玉	1
丙烯腈	1
柴胡油	3
十二碳醇酯	2
松香醇	2
六甲基二硅氧烷	1
十二烷基苯磺酸钠	3.5
水	50

表2 防锈效果优异的环保水性切削液

原　　料	配比（质量份）
1,2-二乙氧基硅酯基乙烷	2
乳酸钠	1
巴西棕榈蜡	3
硫酸钴	1
二甘醇胺	2.5
硼酸钠	2
石油磺酸钠	3
植酸	3
助剂	5
去离子水	200

（1）助剂的制备　首先将人造金刚石粉、刚玉、柴胡油、十二烷基苯磺酸钠加入一半量的水中，研磨 1～2h，然后缓慢加入其余剩余成分，缓慢加热至 70～80℃，在 300～500r/min 条件下搅拌反应 30～50min，冷却至室温即得。

（2）切削液的制备

① 将巴西棕榈蜡、石油磺酸钠、植酸混合均匀，加入适量的去离子水，加热至 30～35℃，研磨 30～40min，得到混合 A 料；

② 将除助剂之外的其余剩余成分加入到反应釜中，搅拌混合均匀，缓慢加热至 55～65℃，保温 1～1.5h，得到混合 B 料；

③ 将保温的混合 B 料边搅拌边缓慢加入到混合 A 料中，充分搅拌后加入助剂，800～900r/min 下搅拌反应 50～60min，冷却至室温即得。

原料配伍　本品各组分质量份配比范围为：1,2-二乙氧基硅酯基乙烷 2～3、乳酸钠 1～2、巴西棕榈蜡 3～5、硫酸钴 1～1.5、二甘醇胺 2.5～4、硼酸钠 2～3、石油磺酸钠 3～5、植酸 3～4、助剂 5～7、去离子水 200。

所述助剂包括以下组分：人造金刚石粉 2～3、刚玉 1～2、丙烯腈 1～2、柴胡油 3～4、十二碳醇酯 2～3、松香醇 2～3、六甲基二硅氧烷 1～1.5、十二烷基苯磺酸钠 3.5～4、水 50～54。

质量指标

检验项目	检验标准	检验结果
防锈性（35℃±2℃），一级灰铸铁	单片，24h，合格	>54h 无锈
	叠片，8h，合格	>12h 无锈
腐蚀试验（35℃±2℃），全浸	铸铁，24h，合格	>48h
	紫铜，8h，合格	>12h
对机床涂料适应性	不起泡、不开裂、不发黏	

产品应用　本品主要应用于金属切削加工。

产品特性　本品配方科学合理，添加 1,2-二乙氧基硅酯基乙烷，具有良好的防锈作用；添加助剂，具有良好的抗磨、分散、润滑、成膜性；本品添加多种表面活性剂具有优异的渗透性、润滑性、清洗和防锈性能；而且水基配方冷却速率快，加工效率高，对环境友好，质量稳定，提高了工作效率，适用于多种金属加工。

非磷非硅的铝合金切削液

原　　料	配比（质量份）		
	1#	2#	3#
棕榈酸异辛酯	25	15	—
三羟甲基丙烷油酸酯	—	—	15
蓖麻油酸酯	—	10	15
斯盘-80	5	6	7
吐温-60	10	9	8
异硬脂酸	3	3	3
硫化植物脂肪酸酯 RC2515	5	5	5
乙二醇丁醚	1	1	1
Corrguard SI	3	3	3
癸二酸	4	4	4
BIT-20	1	1	1
IPBC-20	0.5	0.5	0.5
三乙醇胺	20	20	20
二甘醇胺	10	8	8
消泡剂	0.2	0.3	0.3
水	12.3	14.2	10.2

制备方法

（1）将棕榈酸异辛酯、三羟甲基丙烷油酸酯、蓖麻油酸酯中的一种或几种与硫化植物脂肪酸酯混合搅拌均匀得油性半成品 A 产物；

（2）将异硬脂酸与三乙醇胺混合，恒温 70℃搅拌 1h 得到异硬脂酸三乙醇胺皂润滑半成品 B 产物；

（3）将癸二酸与二甘醇胺和三乙醇胺和水混合，恒温 80℃搅拌得到水性防锈半成品 C 产物；

（4）将 A、B、C 三种半成品混合一起搅拌，随即依次加入乙二醇丁醚、Corrguard SI、吐温-60、斯盘-80 后搅拌至均匀透明；

（5）最后加入消泡剂、杀菌剂搅拌均匀得到产品。

原料配伍 本品各组分质量份配比范围为：植物油的合成酯20～35、乳化剂12～20、润滑剂5～8、极压剂3～8、偶合剂1～3、铝缓蚀剂1～5、防锈剂3～8、杀菌剂1～3、pH稳定剂20～30、消泡剂0.2～1、水10～25。

所述植物油合成酯为棕榈酸异辛酯、三羟甲基丙烷油酸酯、蓖麻油酸酯中的一种或两种，乳化剂是斯盘-80、吐温-60，润滑剂是异硬脂酸三乙醇胺皂的混合物，极压剂是硫化植物脂肪酸酯RC2515，偶合剂是乙二醇丁醚，铝缓蚀剂是非硅非磷的Corrguard SI，防锈剂是癸二酸，消泡剂是非硅型FOAM BLAST 5674，杀菌剂是科莱思的BIT-20与IPBC-20的两种混合物，pH稳定剂是三乙醇胺和二甘醇胺。

质量指标

检验项目	检验结果			检验方法
	1#	2#	3#	
pH值（5%稀释液）	9.21	9.18	9.18	pH计
腐蚀（Al,3h,55℃）	合格	合格	合格	GB/T 6144
铸铁屑	1级	1级	1级	IP 287
最大无卡咬负荷（P_B）值/N	880	880	880	GB 3142
磨斑直径（d）/mm	0.39	0.37	0.38	
烧结负荷（P_D）值/N	4000	4000	4000	
硬水中稳定性，20min	无絮状物	无絮状物	无絮状物	
人工硬水(65℃±2℃,1h)	无析出物	无析出物	无析出物	
生物降解试验	降解率>80%	降解率>80%	降解率>80%	CEC-L33-A93
适用金属材料	铝合金、黑色金属	铝合金、黑色金属	铝合金、黑色金属	

产品应用 本品主要应用于金属切削加工。

产品特性

（1）润滑极压性好，避免了铝与乳化液发生反应，铝氧化变色，造成乳化液分层；

（2）生物氧化稳定性好，不含磷，不易生菌发臭；

（3）采用植物油合成酯为基础料，含量低，可生物降解，对环境友好；

（4）除了可加工铝合金，也可加工其他有色金属和黑色金属。

复合皂化切削液

原料配比

原　　料	配比（质量份）
油酸	2
乳酸甲氧苄啶	0.2
肉豆蔻酸钠皂	3
对硝基苯酚	0.4
蓖麻油聚氧乙烯醚	0.2
氢氧化钾	0.5
羧酸甘油酯	0.3
聚乙二醇二缩水甘油醚	7
生丝	13
聚马来酸酐	16
斯盘-80	0.8
去离子水	200

制备方法

（1）将上述生丝加入到其质量 90～100 倍的 0.4%～0.6%的碳酸钠溶液中，在 98～100℃下保温浸泡 60～80min，过滤，烘干，与乳酸甲氧苄啶混合，磨成细粉，加入斯盘 80、上述去离子水质量的 60%～70%，搅拌均匀，加入聚乙二醇二缩水甘油醚，混合超声 30～35min，得丝素乳液；

（2）取氢氧化钾，加入剩余去离子水质量的 20%～30%，搅拌均匀后加入油酸，升高温度为 70～80℃，加入肉豆蔻酸钠皂、对硝基苯酚，保温反应 30～40min，得复合皂化液；

（3）将丝素乳液与聚马来酸酐混合，65～70℃下保温静置 30～40min，加入上述复合皂化液，100～200r/min 搅拌分散 10～16min，得防锈共混乳液；

（4）将上述防锈共混乳液与剩余各原料混合，700～800r/min 搅拌分散 20～30min，即得所述切削液。

原料配伍 本品各组分质量份配比范围为：油酸 2～3、乳酸甲氧苄啶

0.1~0.2、肉豆蔻酸钠皂 3~5、对硝基苯酚 0.2~0.4、蓖麻油聚氧乙烯醚 0.1~0.2、氢氧化钾 0.3~0.5、羧酸甘油酯 0.2~0.3、聚乙二醇二缩水甘油醚 5~7、生丝 10~13、聚马来酸酐 10~16、斯盘 80 0.8~2、去离子水 170~200。

质量指标

检验项目	检验标准	检验结果
防锈性（35℃±2℃）一级灰铸铁	单片，24h，合格	>54h 无锈
	叠片，8h，合格	>12h 无锈
腐蚀试验（55℃±2℃）全浸	铸铁，24h，合格	>48h
	紫铜，8h，合格	>12h
对机床涂料适应性	不起泡、不开裂、不发黏	

产品应用　本品主要应用于金属切削加工。

产品特性　本品丝素乳液以蚕丝为主料，无毒无污染，润滑性高，用聚乙二醇二缩水甘油醚进行改性，可以提高乳液形成膜的柔性、亲水性、稳定性，最后加入的聚马来酸酐可以附着在膜的表面，不仅加固膜，还隔绝了空气，起到进一步的防锈作用。

　　本品加入的复合皂化液具有优异的极压抗磨性能，可以提供长效的防磨耗和锈蚀保护。

改进的低温切削液

原料配比

原料	配比（质量份）		
	1#	2#	3#
氨基三乙醇	5.5	3.5	10
丙烯酸	3.5	2.5	4.5
环烷酸铅	2.5	1.5	5.5
矿物油	4	2	5
四聚蓖麻酯	4.8	3.2	5.2
聚 α-烯烃	2.7	1.5	3.8

(制备方法) 将各组分混合均匀即可。

(原料配伍) 本品各组分质量份配比范围为：氨基三乙醇 3.5～10、丙烯酸 2.5～4.5、环烷酸铅 1.5～5.5、矿物油 2～5、四聚蓖麻酯 3.2～5.2、聚 α-烯烃 1.5～3.8。

(产品应用) 本品主要应用于金属切削加工。

(产品特性) 本品具有优异的润滑、清洗和防锈性能，在水基切削液中添加极压润滑剂和防锈剂，可进一步改善水基切削液的润滑和防锈性能，使之具有优良的润滑性、防锈性、冷却性和清洗性，对提高工件表面光洁度和减少刀具磨损效果显著。

改进的低温润滑切削液

(原料配比)

原　　料	配比（质量份）		
	1#	2#	3#
2-丙烯酰氨基-2-甲基丙基磺酸	4.5	3	7.5
季戊四醇胺	5	2	6
烷基多硫化物	2.6	1.5	3.3
甘油	12	10	15
去离子水	21	15	22
蓖麻油	22	15	25
钼酸钠	1.4	0.8	2.4

(制备方法) 将各组分混合均匀即可。

(原料配伍) 本品各组分质量份配比范围为：2-丙烯酰氨基-2-甲基丙基磺酸 3～7.5、季戊四醇胺 2～6、烷基多硫化物 1.5～3.3、甘油 10～15、去离子水 15～22、蓖麻油 15～25、钼酸钠 0.8～2.4。

(产品应用) 本品主要应用于金属切削加工。

(产品特性) 本品在润滑性能、极压抗磨性能、防锈性能和切削能力等技术指标均优于现有微乳化液切削液，并且本品中不含钠盐、苯酚、氯化石蜡、矿物油等物质，对人体无伤害，是一种环保绿色产品。

改进的多功能合成切削液

原料配比

原　料	配比（质量份）	
	1#	2#
季戊四醇胺	6	10
二乙醇胺硼酸马来酐复合酯	3	9
柠檬酸	4	8
2-氨基三乙醇	5	7
纳米二氧化钛	3	5
烷基多硫化物	4	8
有机硼	6	9
极压剂	3	7
阴离子表面活性剂	1	3
铝缓蚀剂	1	4
防锈添加剂	5	9

制备方法 将各组分混合均匀即可。

原料配伍 本品各组分质量份配比范围为：季戊四醇胺 6～10、二乙醇胺硼酸马来酐复合酯 3～9、柠檬酸 4～8、2-氨基三乙醇 5～7、纳米二氧化钛 3～5、烷基多硫化物 4～8、有机硼 6～9、极压剂 3～7、阴离子表面活性剂 1～3、铝缓蚀剂 1～4、防锈添加剂 5～9。

产品应用 本品主要应用于金属切削加工。

产品特性 本品具有很好的润滑冷却作用，由于不含矿物油，对环境的影响较小，绿色环保。

改进的多功能切削液

原料配比

原　料	配比（质量份）	
	1#	2#
十二烷基硫酸钠	4	8
月桂醇聚氧乙烯醚	6	9
防腐杀菌剂	3	6

原　料	配比（质量份）	
	1#	2#
氟碳表面活性剂	3	7
水溶性防锈剂	4	8
极压添加剂	2	4
环烷基芳烃	14	25
脂肪酸甘油酯	6	12
十四烷基二甲基苄基氯化铵	3.2	4.5
羟基亚乙基二膦酸	2	3
钼酸钠	1.4	2.1
三乙胺	1	3
乙基香草醛	6	9

【制备方法】 将各组分混合均匀即可。

【原料配伍】 本品各组分质量份配比范围为：十二烷基硫酸钠 4～8、月桂醇聚氧乙烯醚 6～9、防腐杀菌剂 3～6、氟碳表面活性剂 3～7、水溶性防锈剂 4～8、极压添加剂 2～4、环烷基芳烃 14～25、脂肪酸甘油酯 6～12、十四烷基二甲基苄基氯化铵 3.2～4.5、羟基亚乙基二膦酸 2～3、钼酸钠 1.4～2.1、三乙胺 1～3、乙基香草醛 6～9。

【产品应用】 本品主要应用于金属切削加工。

【产品特性】 本品改进了润滑性和清洁性，很强大的抗菌能力，可有效提高工作效率。

改进的防腐蚀切削液

【原料配比】

原　料	配比（质量份）		
	1#	2#	3#
聚异丁烯	5	2	6
硫化脂肪酸钠	4	3	7
矿物油	32	25	35
高碳酸钾皂	14	10	15
有机羟酸盐	12	8	14
聚亚烷基二醇	7	3	9

制备方法 将各组分混合均匀即可。

原料配伍 本品各组分质量份配比范围为：聚异丁烯 2～6、硫化脂肪酸钠 3～7、矿物油 25～35、高碳酸钾皂 10～15、有机羟酸盐 8～14、聚亚烷基二醇 3～9。

产品应用 本品主要应用于金属切削加工。

产品特性 本切削液能渗入到切屑、刀具和工件的接触面间，黏附在金属表面上形成润滑膜，减小摩擦系数、减轻黏结现象、抑制积屑瘤，并改善已加工表面的粗糙度；从它所能达到最靠近热源的刀具、切屑和工件表面上带走大量的切削热，从而降低切削温度，提高刀具耐用度，并减小工件与刀具的热膨胀，提高加工精度；冲走切削中产生的细屑、砂轮脱落下来的微粒等，起到清洗作用，防止加工表面、机床导轨面受损；有利于精加工、深孔加工、自动线加工中的排屑；能在金属表面上形成保护膜，使机床、工件、刀具免受周围介质的腐蚀。

改进的防锈加工切削液

原料配比

原　　料	配比（质量份）		
	1#	2#	3#
硫化烯烃棉籽油	3.8	2.2	4.5
碳十二不饱和二元酸	2.5	1.5	4.5
无水乙醇	3.5	2.5	6.5
环烷酸锌	45	35	55
羧酸锌盐	6	2.5	7.5
磺化蓖麻油皂	3.3	2.5	4.5

制备方法 将各组分混合均匀即可。

原料配伍 本品各组分质量份配比范围为：硫化烯烃棉籽油 2.2～4.5、碳十二不饱和二元酸 1.5～4.5、无水乙醇 2.5～6.5、环烷酸锌 35～55、羧酸锌盐 2.5～7.5、磺化蓖麻油皂 2.5～4.5。

产品应用 本品主要应用于金属切削加工。

产品特性 本品具有优异的润滑、清洗和防锈性能，在水基切削注保添加极压润滑剂和防锈剂，可进一步改善水基切削液的润滑和防锈性能，使之具有优良的润滑性、防锈性、冷却性和清洗性，对降低工件表面粗糙度和减少刀具磨损效果显著。

改进的防锈切削液（1）

原料配比

原 料	配比（质量份）	
	1#	2#
水杨酸盐	6	11
十二烷基酚聚氧乙烯	4	8
石蜡	2	7
有机改性蒙脱石	5	10
二甲基甲醇	5	7
氢氧化钙	3	8
氯化镁	3	6
苯并三氮唑	2	6
焦磷酸钾	2	5
亚麻油	2	8
表面活性剂	2	4

制备方法 将各组分混合均匀即可。

原料配伍 本品各组分质量份配比范围为：水杨酸盐 6～11、十二烷基酚聚氧乙烯 4～8、石蜡 2～7、有机改性蒙脱石 5～10、二甲基甲醇 5～7、氢氧化钙 3～8、氯化镁 3～6、苯并三氮唑 2～6、焦磷酸钾 2～5、亚麻油 2～8、表面活性剂 2～4。

产品应用 本品主要应用于金属切削加工。

产品特性 本品具有冷却润滑性，同时防锈效果优异，能够在金属表面形成一层隔膜，延缓再次生锈。

改进的防锈切削液（2）

原料配比

原　料	配比（质量份）		
	1#	2#	3#
三盐基硫酸铅	18	26	22
琥珀酸单乙氧醇酯磺酸盐	12	28	20
聚甲基丙烯酸酯	19	27	23
硫酸丁辛醇锌盐	10	19	15
妥尔油酰胺	8.3	14.5	12.5
己基苯三唑	7.6	13.4	10.4
防锈剂	5.5	9.6	7.8
水	35	35	35

制备方法　将各组分混合均匀即可。

原料配伍　本品各组分质量份配比范围为：三盐基硫酸铅18～26、琥珀酸单乙氧醇酯磺酸盐12～28、聚甲基丙烯酸酯19～27、硫酸丁辛醇锌盐10～19、妥尔油酰胺8.3～14.5、己基苯三唑7.6～13.4、防锈剂5.5～9.6、水35。

产品应用　本品主要应用于金属切削加工。

产品特性　本品具有优异的缓蚀和防锈性能，可适合铸铁、铝合金等多种材质的加工，对黑色金属的工序间防锈达7～15d。

改进的高渗透性切削液

原料配比

原　料	配比（质量份）		
	1#	2#	3#
单丁二酰亚胺	12	10	15
二烷基二硫代磷酸氧钼	8	5	10
土耳其红油	25	20	30
铝合金缓蚀剂	6	5	8

原　料	配比（质量份）		
	1#	2#	3#
对叔丁基苯甲酸	5	3	8
硫磷丁辛基锌盐	6	3	9

制备方法 将各组分混合均匀即可。

原料配伍 本品各组分质量份配比范围为：单丁二酰亚胺 10～15、二烷基二硫代磷酸氧钼 5～10、土耳其红油 20～30、铝合金缓蚀剂 5～8、对叔丁基苯甲酸 3～8、硫磷丁辛基锌盐 3～9。

产品应用 本品主要应用于金属切削加工。

产品特性 本品具有触变性，在经气动泵输送至加工件和进行搅拌时可由膏状转化为液态，易于输送和使用，并节省用量；具有极佳的渗透性能，易于清洗；具有更好的润滑性能、传热冷却性能、稳定性、流变性能和抗极压性能，最大限度地降低攻丝切削温度及切削力，提高攻丝效率和精度，降低工件粗糙度，改进了表面质量，并能延长攻丝锥使用寿命。

改进的高温加工切削液

原料配比

原　料	配比（质量份）		
	1#	2#	3#
石油磺酸钠	7	2	9
地沟油	65	50	80
氢氧化钠	4	2.5	5.5
低分子含氮二聚体表面活性剂	12	5	15
聚亚烷基二醇	5	3	7
蓖麻油酸	4	2	7
炔二醇	6	2	7

制备方法 将各组分混合均匀即可。

原料配伍 本品各组分质量份配比范围为：石油磺酸钠 2～9、地沟油 50～80、氢氧化钠 2.5～5.5、低分子含氮二聚体表面活性剂 5～15、聚亚烷基二醇 3～7、蓖麻油酸 2～7、炔二醇 2～7。

产品应用 本品主要应用于金属切削加工。

产品特性 本品不含亚硝酸盐和磷的化合物，有利于环境保护和人体健康；具有优异的防锈、冷却、润滑和清洗性能；具有优异的杀菌性能，不含易变质物质，不发臭，使用寿命长，不污染环境，对皮肤无刺激。

改进的高性能微乳化切削液

原料配比

原　料	配比（质量份）	
	1#	2#
六羟基丙基丙二胺	8	14
乳化剂	3	8
二乙二醇	3	5
顺丁烯二酸酐	2	6
苯甲酸钠	3	6
月桂醇硫酸钠	4	9
烷基磺酸钡	6	10
乙基香草醛	6	8
苯并异噻唑啉酮	4	6
三碱式硫酸铅	7	11
苯丙氨酸	2	5
甘油	3	6

制备方法 将各组分混合均匀即可。

原料配伍 本品各组分质量份配比范围为：六羟基丙基丙二胺 8～14、乳化剂 3～8、二乙二醇 3～5、顺丁烯二酸酐 2～6、苯甲酸钠 3～6、月桂醇硫酸钠 4～9、烷基磺酸钡 6～10、乙基香草醛 6～8、苯并异噻唑啉酮 4～6、三碱式硫酸铅 7～11、苯丙氨酸 2～5、甘油 3～6。

产品应用 本品主要应用于金属切削加工。

产品特性 本品极大地带走加工过程中产生的热量，润滑性良好，同时不会对设备造成影响。

改进的钴削加工切削液

原料配比

原 料	配比（质量份）		
	1#	2#	3#
混合矿物油	10	15	13
壬基酚聚氧乙烯醚	8	12	10
亚硝酸钠	1.4	3.5	2.5
间甲氧基苯甲醛	9	13	11
顺丁烯二酸	5	9	7
一异丙醇胺	6	8	7
异丙醇	4	9	6
水	20	20	20

制备方法 将各组分混合均匀即可。

原料配伍 本品各组分质量份配比范围为：混合矿物油 10～15、壬基酚聚氧乙烯醚 8～12、亚硝酸钠 1.4～3.5、间甲氧基苯甲醛 9～13、顺丁烯二酸 5～9、一异丙醇胺 6～8、异丙醇 4～9、水 20。

产品应用 本品主要应用于金属切削加工。

产品特性 本品具有很高的防锈、冷却、润滑和清洗性能，使用寿命长，不污染环境。

改进的管件加工切削液

原料配比

原 料	配比（质量份）		
	1#	2#	3#
烷基苯磺酸钠	7	5	9
甘油	12	10	15
去离子水	6	3	8
次氯酸钠	7	3	9
羧酸钡	5	3	9
六氢吡啶	5	3	8

制备方法 将各组分混合均匀即可。

原料配伍 本品各组分质量份配比范围为：烷基苯磺酸钠 5～9、甘油 10～15、去离子水 3～8、次氯酸钠 3～9、羧酸钡 3～9、六氢吡啶 3～8。

产品应用 本品主要应用于金属切削加工。

产品特性 本品具有触变性，在经气动泵输送至加工件或进行搅拌时可由膏状软化为液态，易于输送和使用，并节省用量；具有很强的渗透性能，易于清洗。

改进的合成型切削液

原料配比

原 料	配比（质量份）	
	1#	2#
聚丙烯酰胺	3	8
乌洛托品	4	6
甘油聚氧乙烯醚	3	7
钙镁离子软化剂	4	9
烷基磷酸	1	3
硫磷丁辛醇锌盐	5	7
苄基酚聚氧乙烯醚	4	9
阴离子表面活性剂	2	4
无机碱	1	4
防腐蚀剂	2	5
植物油	3	8

制备方法 将各组分混合均匀即可。

原料配伍 本品各组分质量份配比范围为：聚丙烯酰胺 3～8、乌洛托品 4～6、甘油聚氧乙烯醚 3～7、钙镁离子软化剂 4～9、烷基磷酸 1～3、硫磷丁辛醇锌盐 5～7、苄基酚聚氧乙烯醚 4～9、阴离子表面活性剂 2～4、无机碱 1～4、防腐蚀剂 2～5、植物油 3～8。

产品应用 本品主要应用于金属切削加工。

产品特性 本品具有良好的清洗性、冷却性，同时防锈性能优异，并且不污染环境，对皮肤无刺激。

改进的环保切削液

原　料	配比（质量份）	
	1#	2#
2-丙烯酰氨基-2-甲基丙基磺酸	8	14
二乙醇胺	2	5
环己六醇六磷酸酯	3	7
甲基丙烯酸	6	9
甲基异丁基酮	2	9
甲基三乙氧基硅烷	1	3
防锈剂	1	5
阴离子表面活性剂	2	4
烷基磷酸酯	4	6
润滑剂	1	4
有机硅消泡剂	2	5

制备方法 将各组分混合均匀即可。

原料配伍 本品各组分质量份配比范围为：2-丙烯酰氨基-2-甲基丙基磺酸 8～14、二乙醇胺 2～5、环己六醇六磷酸酯 3～7、甲基丙烯酸 6～9、甲基异丁基酮 2～9、甲基三乙氧基硅烷 1～3、防锈剂 1～5、阴离子表面活性剂 2～4、烷基磷酸酯 4～6、润滑剂 1～4、有机硅消泡剂 2～5。

产品应用 本品主要应用于金属切削加工。

产品特性 本品具有很好的渗透性，能够快速冷却润滑工件，同时绿色环保。

改进的环保型金属切削液

原料配比

原　料	配比（质量份）		
	1#	2#	3#
钙镁离子软化剂	4	7	6
月桂酸	1.3	4	2.5

続表

原　料	配比（质量份）		
	1#	2#	3#
聚乙烯醚	3	9	6
太古油	6	10	8
丙烯酸乙酯	4	6	5
聚甘油脂肪酸酯	8	12	10
聚乙二醇	1	13	6
缓蚀剂	1.6	2.8	2.1
水	24	24	24

制备方法　将各组分混合均匀即可。

原料配伍　本品各组分质量份配比范围为：钙镁离子软化剂4～7、月桂酸1.3～4、聚乙烯醚3～9、太古油6～10、丙烯酸乙酯4～6、聚甘油脂肪酸酯8～12、聚乙二醇1～13、缓蚀剂1.6～2.8、水24。

产品应用　本品主要应用于金属切削加工。

产品特性　本品具有环保的作用，不会污染环境，且能够满足切削液的其他功能。

改进的机床用切削液

原料配比

原　料	配比（质量份）	
	1#	2#
大豆色拉油	3	9
乙二胺四乙酸二钠盐	2	8
合成酯	1	3
非离子表面活性剂	3	6
异丙醇胺	4	9
苯甲酸钠	3	7
硫代磷酸酯	4	9
聚氧乙烯苯基磷酸酯	4	8
40%石油磺酸钠	5	7
硅酸钠	2	6

将各组分混合均匀即可。

本品各组分质量份配比范围为：大豆色拉油 3～9、乙二胺四乙酸二钠盐 2～8、合成酯 1～3、非离子表面活性剂 3～6、异丙醇胺 4～9、苯甲酸钠 3～7、硫代磷酸酯 4～9、聚氧乙烯苯基磷酸酯 4～8、40%石油磺酸钠 5～7、硅酸钠 2～6。

产品应用 本品主要应用于金属切削加工。

产品特性 本品具有渗透能力强，冷却性，而且抗磨性优良，润滑性显著，对机床无腐蚀。

改进的机械加工切削液（1）

原料配比

原　　料	配比（质量份）	
	1#	2#
环烷基油	3	8
铜合金缓蚀剂	2	5
甲基硅油	2	6
丁二酸	1	5
单乙醇胺	4	8
乙醇	3	6
石油磺酸钠	3	7
脂肪醇聚氧乙烯醚磷酸酯钠	2	4
亚磷酸二正丁酯	5	9
二烷基二硫代磷酸锌	6	10

制备方法 将各组分混合均匀即可。

原料配伍 本品各组分质量份配比范围为：环烷基油 3～8、铜合金缓蚀剂 2～5、甲基硅油 2～6、丁二酸 1～5、单乙醇胺 4～8、乙醇 3～6、石油磺酸钠 3～7、脂肪醇聚氧乙烯醚磷酸酯钠 2～4、亚磷酸二正丁酯 5～9、二烷基二硫代磷酸锌 6～10。

产品应用 本品主要应用于金属切削加工。

产品特性 本品具有很好的冷却、润滑性，同时对设备不会造成影响。

改进的机械加工切削液（2）

原料配比

原　料	配比（质量份）	
	1#	2#
苯甲酸钠	3	8
玉米芯或玉米秸秆提取物	5	9
复合表面活性剂	5	10
四氮唑	2	4
乙二胺四乙酸二钠	4	8
聚甘油脂肪酸酯	2	6
聚乙烯醚	2	7
烷基磺胺乙酸钠	6	9
防锈剂	3	5
丙烯腈	5	7
邻苯二甲酸二丁酯	2	4

制备方法 将各组分混合均匀即可。

原料配伍 本品各组分质量份配比范围为：苯甲酸钠 3～8、玉米芯或玉米秸秆提取物 5～9、复合表面活性剂 5～10、四氮唑 2～4、乙二胺四乙酸二钠 4～8、聚甘油脂肪酸酯 2～6、聚乙烯醚 2～7、烷基磺胺乙酸钠 6～9、防锈剂 3～5、丙烯腈 5～7、邻苯二甲酸二丁酯 2～4。

产品应用 本品主要应用于金属切削加工。

产品特性 本品具有良好的冷却、清洗、润滑效果，同时对设备无影响。

改进的基于植物油的切削液

原料配比

原　料	配比（质量份）	
	1#	2#
脂肪酸聚氧乙烯酯	8	15
聚乙二醇	3	8
二元酸酐	1	4

原　料	配比（质量份）	
	1#	2#
乙二酸四乙酸二钠	4	6
非离子表面活性剂	3	7
极压添加剂	1	3
烷基苯磺酸钠	3	6
二甘醇	2	4
二乙醇胺硼酸马来酐复合酯	2	7
石油磺酸钠	5	8
植物油合成酯	9	15

制备方法　将各组分混合均匀即可。

原料配伍　本品各组分质量份配比范围为：脂肪酸聚氧乙烯酯 8～15、聚乙二醇 3～8、二元酸酐 1～4、乙二酸四乙酸二钠 4～6、非离子表面活性剂 3～7、极压添加剂 1～3、烷基苯磺酸钠 3～6、二甘醇 2～4、二乙醇胺硼酸马来酐复合酯 2～7、石油磺酸钠 5～8、植物油合成酯 9～15。

产品应用　本品主要应用于金属切削加工。

产品特性　本品具有良好的降解性，对环境影响小，同时具有很好的冷却润滑性能。

改进的加工切削液

原料配比

原　料	配比（质量份）		
	1#	2#	3#
脂肪醇聚氧乙烯醚	3	2	4
甘油	5	2	6
2-氨基三乙醇	7	4	9
甲基丙烯酸	6	2	9
多元酸和多元醇和酯	15	10	18
矿物油	42	20	50

制备方法　将各组分混合均匀即可。

原料配伍　本品各组分质量份配比范围为：脂肪醇聚氧乙烯醚2～4、甘油2～6、2-氨基三乙醇4～9、甲基丙烯酸2～9、多元酸和多元醇和酯10～18、矿物油20～50。

产品应用　本品主要应用于金属切削加工。

产品特性　本品具有优异的润滑、清洗和防锈性能，在水基切削液中添加极压润滑剂和防锈剂，可进一步改善水基切削液的润滑和防锈性能，使之具有优良的润滑性、防锈性、冷却性和清洗性，对提高工件表面光洁度和减少刀具磨损效果显著。

改进的降温切削液

原料配比

原　料	配比（质量份）		
	1#	2#	3#
三乙醇酯	7	5	9
聚氯乙烯乳胶	5	3	8
基础油	32	25	35
极压抗磨剂	4	2	6
多羟多胺类有机碱	5	3	8
乙醇	7	3	9

制备方法　将各组分混合均匀即可。

原料配伍　本品各组分质量份配比范围为：三乙醇酯5～9、聚氯乙烯乳胶3～8、基础油25～35、极压抗磨剂2～6、多羟多胺类有机碱3～8、乙醇3～9。

产品应用　本品主要应用于金属切削加工。

产品特性　本品尽可能地改善润滑状态，使产品在高低温状态下具有良好稳定的润滑性，从而保证了产品在苛刻条件下有良好的润滑作用，具有优良的防锈性、冷却性和清洗性，对提高工件表面光洁度和减少刀具磨损效果显著。

改进的节能切削液

原料配比

原　料	配比（质量份）	
	1#	2#
矿物油	3	8
有机硼酸酯	6	10
磷酸三钠	5	9
顺丁烯二酸酐	4	8
硫代硫酸钠	2	5
脂肪醇聚氧乙烯醚	3	8
烷基磺酸钡	3	5
环己六醇六磷酸酯	2	7
苯并异噻唑啉酮	3	6
聚苯胺水性防腐剂	4	6
苯乙烯马来酸酐	1	5

【制备方法】　将各组分混合均匀即可。

【原料配伍】　本品各组分质量份配比范围为：矿物油 3～8、有机硼酸酯 6～10、磷酸三钠 5～9、顺丁烯二酸酐 4～8、硫代硫酸钠 2～5、脂肪醇聚氧乙烯醚 3～8、烷基磺酸钡 3～5、环己六醇六磷酸酯 2～7、苯并异噻唑啉酮 3～6、聚苯胺水性防腐剂 4～6、苯乙烯马来酸酐 1～5。

【产品应用】　本品主要应用于金属切削加工。

【产品特性】　本品使用量少，且具有很好的冷却性，降温效果好。

改进的金属环保切削液

【原料配比】

原　料	配比（质量份）		
	1#	2#	3#
三乙醇胺	15	20	18
甘油	6	11	9
纳米二氧化硅	1.2	2.6	1.9

原　料	配比（质量份）		
	1#	2#	3#
水溶性硼酸酯	10	16	13
缓蚀阻垢剂	0.8	1.4	1.1
消泡剂	0.4	1.3	0.8
乳化硅油	5	11	8
聚醚	1.6	2.9	2.2
水	23	23	23

制备方法　将各组分混合均匀即可。

原料配伍　本品各组分质量份配比范围为：三乙醇胺 15～20、甘油 6～11、纳米二氧化硅 1.2～2.6、水溶性硼酸酯 10～16、缓蚀阻垢剂 0.8～1.4、消泡剂 0.4～1.3、乳化硅油 5～11、聚醚 1.6～2.9、水 23。

产品应用　本品主要应用于金属切削加工。

产品特性　本品安全无毒副作用，无排放，无污染，且防锈、润滑、冷却作用优异。

改进的金属切削液（1）

原料配比

原　料	配比（质量份）		
	1#	2#	3#
聚氧乙烯脱水山梨糖醇单油酸酯	4	2	6
羟基乙二胺	5	3	9
乙二胺四乙酸二钾	5	2	6
植物基础油	32	30	35
苯甲酸钼	3	2	7
三乙醇聚合物	6	4	8
乙醇胺	3	2	4

制备方法　将各组分混合均匀即可。

原料配伍　本品各组分质量份配比范围为：聚氧乙烯脱水山梨糖醇单油酸酯 2～6、羟基乙二胺 3～9、乙二胺四乙酸二钾 2～6、植物基础油 30~35、苯甲酸钼 2~7、三乙醇聚合物 4~8、乙醇胺 2~4。

产品应用 本品主要应用于金属切削加工。可用于车、钻、铣、镗、磨等工况、多种金属材质的加工。

产品特性 本品采用大比例阴离子表面活性与小比例非离子表面活性剂的组合，即大幅降低了非离子表面活性剂的比率，从而使得消泡性能提高；本品通过调整各种添加剂的含量，使得各组分达到协同作用，使得制备的切削液集合了乳化液与全合成切削液的优点，具有优异的润滑性、冷却性、清洗性、防腐蚀性以及较长的使用寿命等，通用性很强，且废液易于处理，可通过破乳后按一般工业废水处理。

改进的金属切削液（2）

原料配比

原　　料	配比（质量份）	
	1#	2#
脂肪醇聚氧乙烯醚	7	11
太古油	4	10
醇胺	3	9
缓蚀阻垢剂	4	8
甲基苯并三氮唑	3	8
乙二酸四乙酸二钠	1	5
烯基丁二酸	2	7
2-氨基-2-甲基-1-丙醇胺	8	14
二乙醇胺	6	8
甲基硅油	2	4
甘油	1	5

制备方法 将各组分混合均匀即可。

原料配伍 本品各组分质量份配比范围为：脂肪醇聚氧乙烯醚 7~11、太古油 4~10、醇胺 3~9、缓蚀阻垢剂 4~8、甲基苯并三氮唑 3~8、乙二酸四乙酸二钠 1~5、烯基丁二酸 2~7、2-氨基-2-甲基-1-丙醇胺 8~14、二乙醇胺 6~8、甲基硅油 2~4、甘油 1~5。

产品应用 本品主要应用于金属切削加工。

本品具有很好的清洗作用，同时安全环保，对设备无腐蚀，对工件表面有保护作用。

改进的金属切削液（3）

原料配比

原　　料	配比（质量份）		
	1#	2#	3#
萘磺酸钠甲醛缩合物	9	11	10
聚乙二醇	2	8	5
聚硅氧烷消泡剂	3.4	9.5	6
硼酸钾	1.3	2.8	2
乳化硅油	4	7	5.5
一异丙醇胺	5	13	8
硼砂	8	10	9
水	15	15	15

制备方法 将各组分混合均匀即可。

原料配伍 本品各组分质量份配比范围为：萘磺酸钠甲醛缩合物 9～11、聚乙二醇 2～8、聚硅氧烷消泡剂 3.4～9.5、硼酸钾 1.3～2.8、乳化硅油 4～7、一异丙醇胺 5～13、硼砂 8～10、水 15。

产品应用 本品主要应用于金属切削加工。

产品特性 本品在高低温状态下，具有良好的润滑性、冷却性，满足切削需要。

改进的抗腐蚀切削液

原料配比

原　　料	配比（质量份）		
	1#	2#	3#
混合植物油	23	20	25
三碱式硫酸铅	12	10	15

原　料	配比（质量份）		
	1#	2#	3#
磷酸三乙酸胺	7	3	9
琥珀酸单乙氧醇酯磺酸盐	7	3	9
聚苯胺水性防腐剂	5	2	6
聚甲基丙烯酸酯	12	8	16

【制备方法】　将各组分混合均匀即可。

【原料配伍】　本品各组分质量份配比范围为：混合植物油 20~25、三碱式硫酸铅 10~15、磷酸三乙酸胺 3~9、琥珀酸单乙氧醇酯磺酸盐 3~9、聚苯胺水性防腐剂 2~6、聚甲基丙烯酸酯 8~16。

【产品应用】　本品主要应用于金属切削加工。

【产品特性】　本品是通过选用高效的极压抗磨添加剂、清净剂、防锈抗腐蚀添加剂等制备的锚镁合金切削液，具有优异的润滑抗磨性能、清洗冷却性和防锈抗腐蚀性，可以避免切削瘤的产生，有效地保护了刀具，提高了加工质量；极大地带走加工过程中产生的热量，降低加工面的温度，有效地避免工件因高温产生的卷边和变形，及镁屑的高温易燃烧等问题；极大地提高了工件的加工精度，适宜于长周期、长工序的加工工艺，能在多种金属加工中使用。

改进的抗极压切削液

【原料配比】

原　料	配比（质量份）		
	1#	2#	3#
甘油	18	15	20
摩擦改进剂	12	15	15
二乙醇胺磷酸酯	4	3	7
顺丁烯二酸酐	5	2	6
三甲基辛烷	4	3	6
三羟甲基丙烷油酸酯	6	4	9

制备方法　将各组分混合均匀即可。

原料配伍　本品各组分质量份配比范围为：甘油 15～20、摩擦改进剂 5～15、二乙醇胺磷酸酯 3～7、顺丁烯二酸酐 2～6、三甲基辛烷 3～6、三羟甲基丙烷油酸酯 4～9。

产品应用　本品主要应用于金属切削加工。

产品特性　本品具有触变性，在经气动泵输送至加工件和进行搅拌时可由膏状转化为液态，易于输送和使用，并节省用量；具有极佳的渗透性能，易于清洗；具有更好的润滑性能、传热冷却性能、稳定性、流变性能和抗极压性能，最大限度地降低攻丝切削温度及切削力，提高攻丝效率和精度，降低工件粗糙度，改进了表面质量，并能延长攻丝锥使用寿命。

改进的绿色防锈切削液

原料配比

原　　料	配比（质量份）	
	1#	2#
精制妥尔油	3	9
消泡剂	1	3
苯甲酸钠	4	8
丁二酸	3	6
山梨糖醇单油酸酯	4	6
石油酸锌	5	7
苯并三氮唑	2	6
烷基酚聚氧乙烯醚	3	8
聚丙烯酰胺	6	10
阴离子表面活性剂	2	4
烷基丁二酸	3	5
亚硝酸钠	2	7

制备方法　将各组分混合均匀即可。

原料配伍　本品各组分质量份配比范围为：精制妥尔油 3～9、消泡剂

1～3、苯甲酸钠 4～8、丁二酸 3～6、山梨糖醇单油酸酯 4～6、石油酸锌 5～7、苯并三氮唑 2～6、烷基酚聚氧乙烯醚 3～8、聚丙烯酰胺 6～10、阴离子表面活性剂 2～4、烷基丁二酸 3～5、亚硝酸钠 2～7。

产品应用 本品主要应用于金属切削加工。

产品特性 本品具有良好的防锈清洗能力，同时对环境污染小，绿色环保。

改进的耐极压切削液

原料配比

原　　料	配比（质量份）	
	1#	2#
二硫化钼	6	10
硼砂	3	9
季戊四醇脂肪酸合成酯	4	8
抗菌剂	2	5
琥珀酸单乙氧醇酯磺酸盐	6	10
妥尔油酰胺	3	7
植物油合成酯	2	7
异戊醇	1	5
碳酸钠	3	8
机械油	1	3

制备方法 将各组分混合均匀即可。

原料配伍 本品各组分质量份配比范围为：二硫化钼 6～10、硼砂 3～9、季戊四醇脂肪酸合成酯 4～8、抗菌剂 2～5、琥珀酸单乙氧醇酯磺酸盐 6～10、妥尔油酰胺 3～7、植物油合成酯 2～7、异戊醇 1～5、碳酸钠 3～8、机械油 1～3。

产品应用 本品主要应用于金属切削加工。

产品特性 本品具有防锈功能，能够在极压条件下正常工作，能够使加工件表面干净、光洁度好。

改进的耐用型安全切削液

原 料	配比（质量份）		
	1#	2#	3#
硫化异丁烯	5	1	7
咪唑烷基脲	4	1	6
顺丁烯二酸	3	2	4
硫磷丁辛醇锌盐	35	25	40
对硝基苯甲酸	7	3	9
一异丙醇胺	2	1	4

【制备方法】 将各组分混合均匀即可。

【原料配伍】 本品各组分质量份配比范围为：硫化异丁烯 1～7、咪唑烷基脲 1～6、顺丁烯二酸 2～4、硫磷丁辛醇锌盐 25～40、对硝基苯甲酸 3～9、一异丙醇胺 1～4。

【产品应用】 本品主要应用于金属切削加工。

【产品特性】 本品不含亚硝酸盐和磷的化合物，有利于环境保护和人体健康，具有很高的防锈、冷却、润滑和清洗性能，而且具有优异的杀菌性能，不含易变质物质，不发臭，抗腐败性能高，使用寿命长，不污染环境，对皮肤无刺激。

改进的切削液（1）

原料配比

原 料	配比（质量份）		
	1#	2#	3#
2-丙烯酰氨基-2-甲基丙基磺酸	1.5	2.5	2
烷基多硫化物	3.5	6	4.5
蓖麻油	6	15	10
二乙醇胺硼酸马来酐复合酯	10	25	17
环己六醇六磷酸酯	1.3	3.6	2.5

原　料	配比（质量份）		
	1#	2#	3#
硅油	10	20	15
柠檬酸	2.3	4	3
水	10	26	18

制备方法　将各组分混合均匀即可。

原料配伍　本品各组分质量份配比范围为：2-丙烯酰氨基-2-甲基丙基磺酸 1.5～2.5、烷基多硫化物 3.5～6、蓖麻油 6～15、二乙醇胺硼酸马来酐复合酯 10～25、环己六醇六磷酸酯 1.3～3.6、硅油 10～20、柠檬酸 2.3～4、水 10～26。

产品应用　本品主要应用于金属切削加工。

产品特性　本品具有良好的极压抗磨性能、防锈性能和切削能力。

改进的切削液（2）

原料配比

原　料	配比（质量份）	
	1#	2#
蓖麻油酸	3	10
季戊四醇	4	8
油酸酰胺	5	9
钼酸钠	3	7
油酸三乙醇胺酯	2	6
表面活性剂	4	9
硬脂酸锌酯	6	10
一异丙醇胺	1	5
二乙醇胺硼酸多聚羧酸复合酯	2	4
二乙醇胺	5	8
消泡剂	1	3

制备方法 将各组分混合均匀即可。

原料配伍 本品各组分质量份配比范围为：蓖麻油酸 3～10、季戊四醇 4～8、油酸酰胺 5～9、钼酸钠 3～7、油酸三乙醇胺酯 2～6、表面活性剂 4～9、硬脂酸锌酯 6～10、一异丙醇胺 1～5、二乙醇胺硼酸多聚羧酸复合酯 2～4、二乙醇胺 5～8、消泡剂 1～3。

产品应用 本品主要应用于金属切削加工。

产品特性 本品化学性质稳定，易降解，同时对设备不会产生腐蚀。

改进的切削液（3）

原料配比

原　　料	配比（质量份）		
	1#	2#	3#
柠檬酸钠	5	2	6
异丙醇	4	3	7
聚硅氧烷消泡剂	3	2	6
三聚磷酸钠	25	20	30
甘油	4	3	6
丙二醇甲醚	3	2	4
聚环氧烷	5	3	7

制备方法 将各组分混合均匀即可。

原料配伍 本品各组分质量份配比范围为：柠檬酸钠 2～6、异丙醇 3～7、聚硅氧烷消泡剂 2～6、三聚磷酸钠 20～30、甘油 3～6、丙二醇甲醚 2～4、聚环氧烷 3～7。

产品应用 本品主要应用于金属切削加工。

产品特性 本品以柠檬酸钠和异丙醇为添加剂，使该切削液有优良的防锈性能；在镁合金切削加工上，本品中的独特配方，不仅使镁合金在 5%的稀释液中、55℃下连续浸泡 30 天以上，不产生变色腐蚀现象，有效抑制镁合金在水中的氢释现象，而且该产品抗硬水高达 $10000×10^{-6}$，且工作液能使用半年以上；同时，具有优异的润滑、冷却等性能；除了可以用在镁合金的加工上，也可以用在铝合金，铸铁，不锈钢等金属的加工上，尤其是对于硬水含量比较高的地区。

改进的切削液（4）

原料配比

原　　料	配比（质量份）		
	1#	2#	3#
二丙甘醇甲醚烷醇酰胺	13	10	15
柠檬酸钠	6	5	9
过氧磷酸盐	22	20	25
苯甲酸钠	7	3	9
油酸	5	3	8
pH 值调节剂	4	2	6
聚醚多元醇	7	3	9

制备方法　将各组分混合均匀即可。

原料配伍　本品各组分质量份配比范围为：二丙甘醇甲醚烷醇酰胺 10～15、柠檬酸钠 5～9、过氧磷酸盐 20～25、苯甲酸钠 3～9、油酸 3～8、pH 值调节剂 2～6、聚醚多元醇 3～9。

产品应用　本品主要应用于金属切削加工。

产品特性　本切削液能渗入到切屑、刀具和工件的接触面间，黏附在金属表面上形成润滑膜，减小摩擦系数、减轻黏结现象、抑制积屑瘤，并改善已加工表面的粗糙度，提高刀具耐用度；从它所能达到最靠近热源的刀具、切屑和工件表面上带走大量的切削热，从而降低切削温度，提高刀具耐用度，并减小工件与刀具的热膨胀，提高加工精度；冲走切削中产生的细屑、砂轮脱落下来的微粒等，起到清洗作用，防止加工表面、机床导轨面受损；有利于精加工、深孔加工、自动线加工中的排屑；能在金属表面上形成保护膜，使机床、工件、刀具免受周围介质的腐蚀。

改进的乳化切削液

原　　料	配比（质量份）		
	1#	2#	3#
二丙甘醇甲醚烷醇酰胺	13	10	15
柠檬酸钠	6	5	9
土耳其红油	22	20	25
烧碱	7	3	9
油酸	5	3	8
pH 值调节剂	4	2	6
聚醚多元醇	7	3	9

制备方法 将各组分混合均匀即可。

原料配伍 本品各组分质量份配比范围为：二丙甘醇甲醚烷醇酰胺 10～15、柠檬酸钠 5～9、土耳其红油 20～25、烧碱 3～9、油酸 3～8、pH 值调节剂 2～6、聚醚多元醇 3～9。

产品应用 本品主要应用于金属切削加工。

产品特性 本品能渗入到切屑、刀具和工件的接触面间，黏附在金属表面上形成润滑膜，减小摩擦系数、减轻黏结现象、抑制积屑瘤，并改善已加工表面的粗糙度，提高刀具耐用度；从它所能达到最靠近热源的刀具、切屑和工件表面上带走大量的切削热，从而降低切削温度，提高刀具耐用度，并减小工件与刀具的热膨胀，提高加工精度；冲走切削中产生的细屑、砂轮脱落下来的微粒等，起到清洗作用，防止加工表面、机床导轨面受损；有利于精加工、深孔加工、自动线加工中的排屑；能在金属表面上形成保护膜，使机床、工件、刀具免受周围介质的腐蚀。

改进的润滑切削液

原　　料	配比（质量份）		
	1#	2#	3#
硫磷伯仲烷基锌盐	4.5	2.5	6.5

原 料	配比（质量份）		
	1#	2#	3#
烯基二丁酸	6.5	3.5	8.5
煤油	35	25	55
去离子水	12	10	15
甘油	8	5	10
苯并异噻唑啉酮	1.8	1.5	2.2
十二烷基苯磺酸钠	2.2	0.8	2.5

（制备方法） 将各组分混合均匀即可。

（原料配伍） 本品各组分质量份配比范围为：硫磷伯仲烷基锌盐 2.5～6.5、烯基二丁酸 3.5～8.5、煤油 25～55、去离子水 10～15、甘油 5～10、苯并异噻唑啉酮 1.5～2.2、十二烷基苯磺酸钠 0.8～2.5。

（产品应用） 本品主要应用于金属切削加工。

（产品特性） 本品具有优异的润滑极压性能，10%的水溶液的极压性检测显示 P_B 值可达到 70kg，完全满足合成切削液的润滑性要求；具有优异的缓蚀和防锈性能，可适合铸铁、合金钢、不锈钢、铝合金等多种材质的加工，对黑色金属的工序间防锈达 7～15d；本品生物稳定性好，使用周期长，不易发臭；具有良好的冷却性和清洗性能，加工后的工件很清洁；不含易致癌的亚硝酸钠，环保性好，使用安全。

改进的微乳切削液

（原料配比）

原 料	配比（质量份）		
	1#	2#	3#
二乙醇胺	8	19	13
硼酸	4	11	7
脂肪醇聚氧乙烯醚	7	16	11
磺化蓖麻油皂	6.5	12.5	9
油酸	11	15	12.5
钼酸钠	1.6	2.8	2

185

原　　料	配比（质量份）		
	1#	2#	3#
丙三醇	4.5	9.5	6.5
羟甲基脲	1.1	2.3	1.8
消泡剂	2.3	4.5	3.2
水	22	22	22

制备方法　将各组分混合均匀即可。

原料配伍　本品各组分质量份配比范围为：二乙醇胺 8～19、硼酸 4～11、脂肪醇聚氧乙烯醚 7～16、磺化蓖麻油皂 6.5～12.5、油酸 11～15、钼酸钠 1.6～2.8、丙三醇 4.5～9.5、羟甲基脲 1.1～2.3、消泡剂 2.3～4.5、水 22。

产品应用　本品主要应用于金属切削加工。

产品特性　本品改善了传统的微乳切削液的不足，延长了切削液的使用寿命。

改进的稳定的切削液

原料配比

原　　料	配比（质量份）	
	1#	2#
二乙醇胺硼酸马来酐复合酯	6	13
烯基丁二酸	4	9
脂肪醇聚氧乙烯醚	3	7
磺化油	2	6
磺化蓖麻油	2	7
抗磨剂	1	5
2-氨乙基十七烯基咪唑啉	2	4
单乙醇胺	1	4
新癸酸	3	6
聚醚	2	5
硼砂	2	7

制备方法 将各组分混合均匀即可。

原料配伍 本品各组分质量份配比范围为：二乙醇胺硼酸马来酐复合酯 6～13、烯基丁二酸 4～9、脂肪醇聚氧乙烯醚 3～7、磺化油 2～6、磺化蓖麻油 2～7、抗磨剂 1～5、2-氨乙基十七烯基咪唑啉 2～4、单乙醇胺 1～4、新癸酸 3～6、聚醚 2～5、硼砂 2～7。

产品应用 本品主要应用于金属切削加工。

产品特性 本品化学性质稳定，不易发生变质，同时具有良好的冷却性，能够及时带走热量。

改进型金属切削液

原料配比

原　　料	配比（质量份）		
	1#	2#	3#
油酸	18	32	25
异戊醇	7	15	11
三乙醇胺	12	18	15
分散剂	0.6	1.4	1.1
缓蚀剂	1.2	2.6	1.9
极压剂	1.3	2.4	1.8
乙二醇	3	4.8	4
水	30	30	30

制备方法 将各组分混合均匀即可。

原料配伍 本品各组分质量份配比范围为：油酸 18～32、异戊醇 7～15、三乙醇胺 12～18、分散剂 0.6～1.4、缓蚀剂 1.2～2.6、极压剂 1.3～2.4、乙二醇 3～4.8、水 30。

产品应用 本品主要应用于金属切削加工。

产品特性 本品能够减少刀具前后表面的摩擦与黏结，降低切削热和切削阻力，提高刀具质量，延长刀具使用时间。

改进型铝合金切削液

原　料	配比（质量份）		
	1#	2#	3#
醇胺	30	40	35
阴离子表面活性剂	16	25	20
氯化石蜡	12	19	15
缓蚀剂	3.5	8.5	5
防锈剂	0.6	1.8	1.2
甘油	2.5	6.2	4.2
烯基丁二酸	2	9	5
硼砂	5	8	6.5
水	20	20	20

【制备方法】　将各组分混合均匀即可。

【原料配伍】　本品各组分质量份配比范围为：醇胺 30～40、阴离子表面活性剂 16～25、氯化石蜡 12～19、缓蚀剂 3.5～8.5、防锈剂 0.6～1.8、甘油 2.5～6.2、烯基丁二酸 2～9、硼砂 5～8、水 20。

【产品应用】　本品主要应用于金属切削加工。

【产品特性】　本品对铝合金有极佳的抗腐蚀效果，兼具优异的润滑性能。

改进型切削液（1）

【原料配比】

原　料	配比（质量份）		
	1#	2#	3#
四甲基氢氧化胺	14	26	20
十二烷基苯酚	1.3	4.4	2.8
聚苯胺水性防腐剂	7	13	10
硫酸丁辛醇锌盐	1.3	2.4	1.9
磷酸三乙醇胺	1.2	2.8	2
妥尔油酰胺	9	16	13
水	55	55	55

制备方法 将各组分混合均匀即可。

原料配伍 本品各组分质量份配比范围为：四甲基氢氧化胺 14～26、十二烷基苯酚 1.3～4.4、聚苯胺水性防腐剂 7～13、硫酸丁辛醇锌盐 1.3～2.4、磷酸三乙醇胺 1.2～2.8、妥尔油酰胺 9～16、水 55。

产品应用 本品主要应用于金属切削加工。

产品特性 本品具有良好的润滑性、浸润性和铁屑沉降性，并且使用寿命长，通过特殊设备处理后可循环使用。

改进型切削液（2）

原料配比

原　　料	配比（质量份）		
	1#	2#	3#
三乙醇胺	15	28	20
硼酸	7	13	10
酚醚磷酸酯	8	15	11
氯化石蜡	2.8	5.9	4.5
醇胺	6.5	13.8	10
大豆色拉油	13	27	19
二异丙醇胺	14	32	25
乙二醇	3	13	8
水	25	25	25

制备方法 将各组分混合均匀即可。

原料配伍 本品各组分质量份配比范围为：三乙醇胺 15～28、硼酸 7～13、酚醚磷酸酯 8～15、氯化石蜡 2.8～5.9、醇胺 6.5～13.8、大豆色拉油 13～27、二异丙醇胺 14～32、乙二醇 3～13、水 25。

产品应用 本品主要应用于金属切削加工。

产品特性 本品具有渗透能力强，冷却性、润滑性和防锈性好，易清洗，无刺激性气味，使用寿命长的优点。

改进型切削液（3）

原料配比

原 料	配比（质量份）		
	1#	2#	3#
脂肪醇聚氧乙烯醚	5	9	7
2-氨基三乙醇	1.5	3.5	2.5
甲基丙烯酸	1.2	3.5	2.4
聚氨基甲酸酯	5	11	8
甲基异丁基酮	1.3	3.4	2.6
烷基多硫化物	3.5	7	5
乙酰乙酸乙酯	6	15	10
去离子水	1.5	4	2.5

制备方法　将各组分混合均匀即可。

原料配伍　本品各组分质量份配比范围为：脂肪醇聚氧乙烯醚 5～9、2-氨基三乙醇 1.5～3.5、甲基丙烯酸 1.2～3.5、聚氨基甲酸酯 5～11、甲基异丁基酮 1.3～3.4、烷基多硫化物 3.5～7、乙酰乙酸乙酯 6～15、去离子水 1.5～4。

产品应用　本品主要应用于金属切削加工。

产品特性　本品具有优良的润滑性、防锈性、冷却性和清洗性，对提高工件表面光洁度和减少刀具磨损效果显著。

改性防锈切削液

原料配比

原 料	配比（质量份）	
	1#	2#
烯基丁二酸	3	8
防锈剂	2	6
苯乙基酚聚氧乙烯醚	1	5
单乙醇胺	6	9
三羟甲基丙烷	4	8

原　料	配比（质量份）	
	1#	2#
三氯乙烯	3	9
磷酸酯	2	9
斯盘	1	5
消泡剂	1	5
吗啉	2	7
异噻唑啉酮	3	8
改性剂	1	4

制备方法　将各组分混合均匀即可。

原料配伍　本品各组分质量份配比范围为：烯基丁二酸3～8、防锈剂2～6、苯乙基酚聚氧乙烯醚1～5、单乙醇胺6～9、三羟甲基丙烷4～8、三氯乙烯3～9、磷酸酯2～9、斯盘1～5、消泡剂1～5、吗啉2～7、异噻唑啉酮3～8、改性剂1～4。

产品应用　本品主要应用于金属切削加工。

产品特性　本品具有优异的防锈性能，能够在工件表面形成一层保护膜，防止工件生锈。

钢砂压铸铝材用切削液

原料配比

表1　助剂

原　料	配比（质量份）
聚氧乙烯山梨糖醇酐单油酸酯	2
纳米氮化铝	0.1
柠檬酸	1
三聚磷酸钠	3
过硫酸铵	2
硅烷偶联剂 KH-560	2
钼酸钠	2
桃胶	3
水	20～24

表 2　钢砂压铸铝材用切削液

原　　料	配比（质量份）
硼酸	4.5
甘油	13
三乙醇胺	1.5
二甲基硅油	5
乙二醇	11
磷酸二氢铝	2.5
柠檬酸	1.5
醇酯十二	0.7
辛基酚聚氧乙烯醚	4.5
助剂	7
水	200

制备方法

（1）助剂的制备　将过硫酸铵溶于水后，再加入其他剩余物料，搅拌 10～15min，加热至 70～80℃，搅拌反应 1～2h，即得。

（2）切削液的制备　将水、乙二醇、辛基酚聚氧乙烯醚混合，加热至 40～50℃，在 3000～4000r/min 搅拌下，加入硼酸、甘油、二甲基硅油、醇酯十二、助剂，继续加热到 70～80℃，搅拌 10～15min，加入其他剩余成分，继续搅拌 15～25min，即得。

原料配伍　本品各组分质量份配比范围为：硼酸 4～5、甘油 12～15、三乙醇胺 1～2、二甲基硅油 4～6、乙二醇 10～12、磷酸二氢铝 2～3、柠檬酸 1～2、醇酯十二 0.5～1、辛基酚聚氧乙烯醚 4～5、助剂 6～8、水 200。

所述助剂包括以下组分：聚氧乙烯山梨糖醇酐单油酸酯 2～3、纳米氮化铝 0.1～0.2、柠檬酸 1～2、三聚磷酸钠 2～3、过硫酸铵 1～2、硅烷偶联剂 KH-560 1～2、钼酸钠 1～2、桃胶 2～3、水 20～24。

质量指标

检 验 项 目	检 验 标 准	检 验 结 果
最大无卡咬负荷（P_B）值/N	≥400	≥600
防锈性（35℃±2℃），一级灰铸铁	单片，24h，合格	>48h 无锈
	叠片，8h，合格	>16h 无锈

检 验 项 目	检 验 标 准	检 验 结 果
腐蚀试验（35℃±2℃），全浸	铸铁，24h，合格	＞48h
	紫铜，8h，合格	＞12h
对机床涂料适应性	不起泡、不发黏	

产品应用 本品主要应用于金属切削加工。

产品特性 本品具有优异的润滑性能、防锈性能及沉降性能，通过使用醇酯十二，提高了成膜性，能在金属表面形成保护膜，特别是对钢砂有很好的保护作用，通过使用磷酸二氢铝，提高了抗磨性，不含甲醛、亚硝酸盐等有害物质，对人体和环境危害小。

钢砂压铸铝材用水性全合成切削液

原料配比

原　　料	配比（质量份）						
	1#	2#	3#	4#	5#	6#	7#
苯三唑衍生物	2	1	3	2	2.5	3	1.5
非离子乳化剂	3	5	2	2	5	5	2
水性极压润滑剂	35	30	40	35	38	40	32
硼酸	4	5	2	2	5	2	3.5
甘油	7	5	10	7	6	5	8
三乙醇胺	8	10	5	5	10	10	10
二羧酸盐基复合物防锈剂	25	10	10	25	18	12	27
正辛酸偶合剂	8	5	10	5	10	5	5.5
抗硬水剂	0.8	1	0.5	0.8	0.6	0.5	0.9
消泡剂	0.1	0.05	0.1	0.05	0.1	0.05	0.06
纯净水	加至100	加至100	加至100	加至100	加至100	加至100	加至100

制备方法

（1）水性极压润滑剂的制备　将质量比为100∶10∶40的三乙醇胺与二聚酸以及四聚蓖麻油酸酯混合后搅拌并加热到50～75℃，反应至透明状态后，加入蒸馏水溶解，得到水性极压润滑剂。

（2）切削液的制备　按质量配比将三乙醇胺和硼酸混合后搅拌并

加热到 105～118℃，保温 1h 以上，再降温至 60℃以下，然后按质量比依次加入蒸馏水、水性极压润滑剂、甘油、二羧酸盐基复合物防锈剂、正辛酸偶合剂、苯三唑衍生物、抗硬水剂和非离子乳化剂，继续搅拌至均匀透明。

【原料配伍】　本品各组分质量份配比范围为：苯三唑衍生物 1～3、非离子乳化剂 2～5、水性极压润滑剂 30～40、硼酸 2～5、甘油 5～10、三乙醇胺 5～10、二羧酸盐基复合物防锈剂 10～30、正辛酸偶合剂 5～10、抗硬水剂 0.5～1、消泡剂 0.05～0.1、纯净水加至 100。

【产品应用】　本品主要应用于机械加工切削。

【使用方法】　将钢砂压铸铝材用水性全合成切削液与水按 1∶(10～30) 稀释后使用。

【产品特性】　使用环保型特殊极压润滑剂替代传统的合成酯，同时使用环保型分散和沉降剂，解决了润滑及铝屑对机台表面的黏附问题；采用独特的用苯三唑衍生物，对有色金属和黑色金属有非常好的保护作用，抑制喷砂铝材的氧化发生，解决了喷钢砂铝材氧化的技术难题；操作现场无火灾隐患、无刺激性气味，工作液对皮肤无毒害、无刺激，加工完成后，工件直接用纯净水清洗，清洗能力好，抗凝絮性能强，不易在机台表面黏附铝屑，净化工作环境，安全无污染。本切削液兑水稀释后使用，用水按 1∶(10～30)稀释使用，稀释液具有优异的润滑性能、防锈性能及沉降性能，特别是对钢砂具有很好的保护作用。5%稀释液的各项指标达到或超过 GB 6144—2010 有关指标。该切削液使用寿命长，不含甲醛、亚硝酸盐等有害物质，减少排放，不会对环境造成污染，同时也节约经济成本。

高度清洗性机械加工切削液

【原料配比】

原　　料	配比（质量份）	
	1#	2#
聚乙二醇	3	7
苯甲酸钠	6	11
润滑油添加剂	9	13

原　料	配比（质量份）	
	1#	2#
环烷酸锌	5	8
乙二酸四乙酸二钠	10	15
聚丙烯酰胺	2	6
矿物油	6	12
极压添加剂	2	5
抗氧剂	2	4
脂肪酸甘油酯	2	7
十二烷基硫酸钠的混合物	8	15
二辛基琥珀酸磺酸钠	2.6	4.3
蓖麻酰胺	5	10

制备方法 将各组分混合均匀即可。

原料配伍 本品各组分质量份配比范围为：聚乙二醇3～7、苯甲酸钠6～11、润滑油添加剂9～13、环烷酸锌5～8、乙二酸四乙酸二钠10～15、聚丙烯酰胺2～6、矿物油6～12、极压添加剂2～5、抗氧剂2～4、脂肪酸甘油酯2～7、十二烷基硫酸钠的混合物8～15、二辛基琥珀酸磺酸钠2.6～4.3、蓖麻酰胺5～10。

产品应用 本品主要应用于金属切削加工。

产品特性 本品清洁性极佳，可有效防止黏结、堵塞砂轮，可减少经济损失。

高分散性乳液型切削液

原料配比

表1　助剂

原　料	配比（质量份）
氧化胺	1
吗啉	2
纳米氮化铝	0.1
硅酸钠	1
硼砂	2

原　料	配比（质量份）
2-氨基-2-甲基-1-丙醇	2
聚氧乙烯山梨糖醇酐单油酸酯	3
桃胶	2
过硫酸铵	1
水	20

表2　高分散性乳液型切削液

原　料	配比（质量份）
丁香油	1.5
烷基磷酸酯二乙醇胺盐	2.5
纳米碳酸钙	1.5
硼酸钾	2.5
石油磺酸钠	1.5
松焦油	5
2,6-二叔丁基对甲酚	1.5
十二烷基苯磺酸钠	1.5
六方氮化硼	2.5
聚四氟乙烯	1.5
助剂	7
水	200

【制备方法】

（1）助剂的制备　将过硫酸铵溶于水后，再加入其他剩余物料，搅拌10~15min，加热至70~80℃，搅拌反应1~2h，即得。

（2）切削液的制备　将水、烷基磷酸酯二乙醇胺盐、石油磺酸钠、纳米碳酸钙、十二烷基苯磺酸钠混合，加热至40~50℃，加入丁香油、松焦油、聚四氟乙烯、六方氮化硼、助剂，在1000~1200r/min搅拌下，继续加热到70~80℃，搅拌10~15min，加入其他剩余成分，继续搅拌15~20min，即得。

【原料配伍】　本品各组分质量份配比范围为：丁香油1~2、烷基磷酸酯二乙醇胺盐2~3、纳米碳酸钙1~2、硼酸钾2~3、石油磺酸钠1~2、松焦油4~6、2,6-二叔丁基对甲酚1~2、十二烷基苯磺酸钠1~2、六方氮化硼2~3、聚四氟乙烯1~2、助剂6~8、水200。

所述助剂包括：氧化胺 1~2、吗啉 2~3、纳米氮化铝 0.1~0.2、硅酸钠 1~2、硼砂 2~3、2-氨基-2-甲基-1-丙醇 1~2、聚氧乙烯山梨糖醇酐单油酸酯 2~3、桃胶 2~3、过硫酸铵 1~2、水 20~24。

（质量指标）

检 验 项 目	检 验 标 准	检 验 结 果
最大无卡咬负荷（P_B）值/N	≥400	≥750
防锈性（35℃±2℃），一级灰铸铁	单片，24h，合格	＞56h 无锈
	叠片，8h，合格	＞20h 无锈
腐蚀试验（35℃±2℃），全浸	铸铁，24h，合格	＞56h
	紫铜，8h，合格	＞16h
对机床涂料适应性	不起泡、不开裂、不发黏	

（产品应用）　本品主要应用于金属切削加工。

（产品特性）　本品通过使用纳米碳酸钙，使得切削液分散性好、稳定性好，长期不浑浊、不沉淀，通过使用 2,6-二叔丁基对甲酚、硼酸钾、六方氮化硼，大大增加了切削液的润滑性、极压性，本品适用于高精度工件加工，大大提高了工件表面光洁度和减少刀具磨损。

高工钢砂轮磨削用切削液

（原料配比）

原　　料	配比（质量份）		
	1#	2#	3#
水	加至 100	加至 100	加至 100
煤油	10	—	15
柴油	—	20	—
动植物油	8	5	10
多酚类抗氧剂	0.2	0.5	1
甘油	—	5	3
聚乙烯醇	2	—	—
防锈剂	3	1	2
N,N-二硫代哌嗪甲酸钠	0.6	—	0.4
黄原酸酯	—	0.2	—

制备方法 将水加入到反应釜中，然后依次向反应釜中加入矿物油、动植物油、抗氧剂、抗磨剂、防锈剂、金属粉末沉淀剂，然后搅拌约10min后冷却至室温后，调节溶液的pH值为8.5左右，得到高工钢砂轮磨削切削液。

原料配伍 本品各组分质量份配比范围为：矿物油10～20、动植物油5～10、抗氧剂0.1～1、抗磨剂2～5、防锈剂1～3、金属粉末沉淀剂0.2～0.6、水加至100。

所述的矿物油为煤油或柴油。

所述抗氧剂为多酚类抗氧剂。

所述抗磨剂为甘油或聚乙烯醇。

所述金属粉末沉淀剂为二硫代氨基甲酸盐或黄原酸酯，且所述的二硫代氨基甲酸盐为 N,N-二硫代哌嗪甲酸钠。

产品应用 本品主要应用于高工钢砂轮磨削用切削加工。

产品特性 本品不仅具有很好的润滑、降温、防锈和清洗效果，而且通过在配方中添加金属粉末沉淀剂，可以对金属粉末进行有效地软化和沉淀，便于金属粉末的控制和收集，大大提高了金属粉末的回收产率。

高含油量环保水性切削液

原料配比

原 料	配比（质量份）			
	1#	2#	3#	4#
改性油脂	50	40	37	45
合成酯	15	10	15	10
乳化剂	15	20	18	16
乳化稳定剂	1.5	2	2	2
pH稳定剂	7	10	10	10
铜缓蚀剂	0.5	1	1	1
铝缓蚀剂	0.5	1	1	1
防腐杀菌剂	3	3	3	2
极压剂	1	2	2	3
防锈剂	1	2	1.5	2
消泡剂	0.5	1	0.5	1
水	5	8	9	7

制备方法

（1）将非食用性植物油或废弃油脂、过氧化氢和离子液体加入反应釜中混合，在一定温度下搅拌反应。反应结束后液体自动分层，分上下层循环使用，可得上层环氧化改性油脂。

（2）将改性油脂、合成酯、硫化脂肪酸酯与 BIT-20 和 IPBC-20 的混合物在常温常压下搅拌混合均匀得混合物组分 A。

（3）将 pH 稳定剂、癸二酸与月桂酸混合物与水在 30～80℃搅拌混合 10min～1h 得混合物组分 B。

（4）将乳化剂、乳化稳定剂、消泡剂在常温常压下搅拌混合得混合物组分 C。

（5）将 A、B、C 三混合物组分加入反应釜中，并加入铜、铝缓蚀剂，在 30～80℃搅拌混合 10～60min 得产品。

原料配伍　本品各组分质量份配比范围为：改性油脂 40～50、合成酯 5～15、乳化剂 15～25、乳化稳定剂 0～2、pH 稳定剂 0～10、铜缓蚀剂 0～2、铝缓蚀剂 0～2、防腐杀菌剂 0～3、极压剂 0～2、防锈剂 0～3、消泡剂 0～1、水 5～15。

所述改性油脂是经过氧化氢改性过的非食用性植物油或废弃油脂。

本品采用磺酸型离子液体（ionic liquid，IL）作催化剂，由非食用性植物油或废弃油脂与过氧化氢合成改性油脂。

所述磺酸型离子液体为磺烷基吡咯烷酮盐、磺烷基吗啡啉盐或磺烷基咪唑盐，阳离子具有以下结构通式：

$$（Ⅰ）\qquad（Ⅱ）\qquad（Ⅲ）$$

其中 $n=3$ 或 4；R 为 H 或 C_1～C_4 的烷基；阴离子为硫酸氢根、对甲苯磺酸根或三氟乙酸根。

所述非食用性植物油为麻疯树油、桐籽油、光皮树油、蓖麻油。

所述废弃油脂为过滤杂质后的潲水油、地沟油或各种油脂下脚料。

所述过氧化氢为工业纯的过氧化氢或分析纯的过氧化氢。

作为优选，所述合成酯为三羟甲基丙烷油酸酯、三羟甲基丙烷菜籽油酯、三羟甲基丙烷橄榄油酯、三羟甲基丙烷棕榈油酯或三羟甲基丙烷大豆油酯中至少一种。

作为优选，所述乳化剂为斯盘 60 和吐温 80 或者斯盘 80 和吐温 60，其质量比为 1∶(1～2)。

作为优选，所述乳化稳定剂为 PEG 2000、甘油、聚甘油或脂肪醇聚氧乙烯醚中至少一种。

作为优选，所述 pH 稳定剂为单异丙醇胺、二异丙醇胺、三异丙醇胺中至少一种。

所述铜缓蚀剂为甲基苯并三氮唑；铝缓蚀剂为陶氏的非硅非磷 Corrguard SI；防腐杀菌剂为科莱恩的 BIT-20 与 IPBC-20 混合物；极压剂为硫化脂肪酸酯；防锈剂为质量比为 2∶1 的癸二酸与月桂酸混合物；消泡剂为非硅型 FOAM BLAST 5674；水为工业用水或去离子水。

【质量指标】

检验项目		检验结果				检验方法
		1#	2#	3#	4#	
pH 值（5%稀释液）		9.28	9.3	9.27	9.31	pH 计
腐蚀（A1,3h,55℃）		合格	合格	合格	合格	GB/T 6144
铸铁屑		1 级	1 级	1 级	1 级	IP 287
最大无卡咬负荷（P_B）值/N		1231	1370	1250	1355	GB 3142
磨斑直径/mm		0.23	0.2	0.25	0.21	
烧结负荷（P_D）值/N		5403	5370	5396	5400	
清洗能力：45#钢片（65℃±2℃，沉浸摆动 3min 清洗）	清油率/%	≥92%	≥92%	≥92%	≥92%	
	残油率/%	≤8%	≤8%	≤8%	≤8%	
硬水中稳定性，20min		无絮状物	无絮状物	无絮状物	无絮状物	
人工硬水 65℃±2℃，1h		无析出物	无析出物	无析出物	无析出物	
生物降解试验		降解率 >90%	降解率 >90%	降解率 >90%	降解率 >90%	CEC-L33-A93
适用金属材料		所有材料（包括铜镁铝合金）	所有材料（包括铜镁铝合金）	所有材料（包括铜镁铝合金）	所有材料（包括铜镁铝合金）	

产品应用 本品主要应用于金属切削加工。

产品特性

（1）所用改性油脂由价廉易得的非食用植物油或废油在环保催化剂离子液体下催化氧化而得，合成工艺环保、后处理简单，大大降低了原料成本。同时改性油脂物化性能稳定、无毒、环保、对人体无害、可降解、可再生，这是矿物油型水性切削液所不能比拟的。

（2）所选用乳化剂和乳化稳定剂为对人体和环境无毒无害的环保化合物，不会导致使用过程中出现过敏等人体不适状况。

（3）所选用的缓蚀剂、防腐杀菌剂和消泡剂为不含磷硅的物质，不易导致基础油的腐败。

（4）所得切削液乳化、润滑、防锈效果显著，而且成本大大降低，比以改性食用油为基础油的水性切削液更具有优势。

高精度模具切削用切削液

原料配比

表1 助剂

原　　料	配比（质量份）
聚氧乙烯山梨糖醇酐单油酸酯	2
纳米氮化铝	0.1
柠檬酸	1
三聚磷酸钠	3
过硫酸铵	2
硅烷偶联剂 KH-560	2
钼酸钠	2
桃胶	3
水	20～24

表2 高精度模具切削用切削液

原　　料	配比（质量份）
煤油	22
斯盘-80	2.5
苯并三氮唑	1.5

原　料	配比（质量份）
豆油	11
三聚氰胺	1.5
硫酸钠	1.5
三羟乙基异氰尿酸酯	1.5
尿素	5
助剂	7
水	200

【制备方法】

（1）助剂的制备　将过硫酸铵溶于水后，再加入其他剩余物料，搅拌 10～15min，加热至 70～80℃，搅拌反应 1～2h，即得。

（2）切削液的制备　将水、斯盘-80、硫酸钠混合，加热至 40～50℃，在 3000～4000r/min 搅拌下，加入煤油、豆油、三聚氰胺、三羟乙基异氰尿酸酯、助剂，继续加热到 70～80℃，搅拌 10～15min，加入其他剩余成分，继续搅拌 15～25min，即得。

【原料配伍】　本品各组分质量份配比范围为：煤油 20～24、斯盘-80 2～3、苯并三氮唑 1～2、豆油 10～12、三聚氰胺 1～2、硫酸钠 1～2、三羟乙基异氰尿酸酯 1～2、尿素 4～6、助剂 6～8、水 200。

所述助剂包括以下组分：聚氧乙烯山梨糖醇酐单油酸酯 2～3、纳米氮化铝 0.1～0.2、柠檬酸 1～2、三聚磷酸钠 2～3、过硫酸铵 1～2、硅烷偶联剂 KH-560 1～2、钼酸钠 1～2、桃胶 2～3、水 20～24。

【质量指标】

检验项目		检验标准	检验结果
最大无卡咬负荷（P_B）值/N		≥400	≥700
防锈性（35℃±2℃），一级灰铸铁	单片，24h，合格		>56h 无锈
	叠片，8h，合格		>16h 无锈
腐蚀试验（35℃±2℃），全浸	铸铁，24h，合格		>56h
	紫铜，8h，合格		>24h
对机床涂料适应性		不起泡、不发黏	

【产品应用】　本品主要应用于金属切削加工。

产品特性 本品不仅具有优异的润滑、冷却、抗磨、防锈、杀菌、清洗的性能，还具有在工件表面成膜的性能，适用于高精度工件的加工，不仅成品率高，而且切削速率快。利用该切削液对大直径菲涅尔透镜模具进行加工，工件表面质量均匀、精度高，成本低，无污染。

高抗磨切削液

原料配比

原料	配比（质量份）					
	1#	2#	3#	4#	5#	6#
大豆油	10	25	17	13	13	22
菜籽油	15	5	10	11	10	14
油酸-2-乙基己酯	8	25	15	14.5	10	23
脂肪醇聚氧乙烯醚	30	15	22	26	19	16
烷基磺胺乙酸钠	8	3	6	7	3.8	6
铜/二氧化硅复合纳米材料	5	1	3.5	4	1.9	3.4
柠檬酸修饰三氟化镧纳米微粒	5	12	8	11	7.2	7.6
咪唑啉季铵盐缓蚀剂	40	20	30	34	29	27
甘油	3	15	10	12	13	11.3
三乙醇胺	15	2	8	12	7	10
硼砂	2	6	3.6	5	3.3	5.6
苯并三氮唑	1.5	0.5	1.3	0.8	1.3	0.9
聚乙二醇	8	20	14	10	14	12
水	50	30	40	45	40	27

制备方法 将各组分混合均匀即可。

原料配伍 本品各组分质量份配比范围为：大豆油 10～25、菜籽油 5～15、油酸-2-乙基己酯 8～25、脂肪醇聚氧乙烯醚 15～30、烷基磺胺乙酸钠 3～8、铜/二氧化硅复合纳米材料 1～5、柠檬酸修饰三氟化镧纳米微粒 5～12、咪唑啉季铵盐缓蚀剂 20～40、甘油 3～15、三乙醇胺 2～15、硼砂 2～6、苯并三氮唑 0.5～1.5、聚乙二醇 8～20、水 30～50。

本品主要应用于金属切削加工。

本品中，油酸-2-乙基己酯具有良好的润滑作用，与大豆油、菜籽油配合既有润滑作用又可清洗，起到润滑、防锈缓蚀的综合效应。咪唑啉季铵盐缓蚀剂是以咪唑啉为中间体经过改性的咪唑啉衍生物，其因支链中含有极性基团溶解性增大；咪唑啉季铵盐缓蚀剂分子中含有的 O、N、P、S 等原子具有未共用电子对，能提供电子与金属未被占据的空 d 轨道形成配位键而产生化学吸附，缓蚀剂因而可以牢固地附着于金属表面；咪唑啉季铵盐中由 C、H 等原子组成的非极性长碳链在缓蚀剂发生缓蚀作用的过程中，能在远离金属表面的方向紧密排列，形成一层致密的疏水性保护薄膜，对金属表面起到屏蔽作用，从而对金属腐蚀起到抑制作用，进一步改善了切削液的防锈效果。三乙醇胺本身是一种非离子表面活性剂，加入水中可显著降低水的表面张力，有助于切削液浸润，渗透于被切削界面上，从而充分发挥切削液的冷却与清洗作用；另外三乙醇胺是一种理想的 pH 值调节剂，利用其进行调节 pH 值，不会使切削液中其他添加剂因 pH 变化发生胶凝和析出；三乙醇胺与硼砂、甘油、苯并三氮唑、聚乙二醇一起使用还可协同防锈，显著提高切削液的防锈能力。

本品在切削过程中，铜/二氧化硅复合纳米材料进入摩擦接触区域，在局部的高温高压下，容易被吸附在摩擦件的表面，形成表面保护层和润滑层，从而避免了摩擦件的直接接触，增大了接触面积，降低接触压，减小摩擦系数，起到减摩和抗磨的作用，提高了切削液的承载能力和极压性能；从复合纳米材料中释放出来的铜能填在摩擦过程中形成的沟槽里面，起到修复作用，降低磨损。柠檬酸中的极性基团与三氟化镧纳米颗粒的表面发生了强化作用，生成了新的化学键，得到了柠檬酸修饰三氟化镧纳米微粒；在摩擦过程中，三氟化镧纳米颗粒由于比表面积大，活性高，可以吸附到摩擦件表面从而形成有效的边界润滑膜，形成了低剪切强的无机三氟化镧沉积膜；修饰剂在表面形成了一层有机边界润滑膜，抑制摩擦，降低磨损，提高摩擦学性能。纳米微粒与柠檬酸修饰剂之间的协同作用，有效地提升了切削液的承载能力，进一步提高了铜/二氧化硅复合纳米材料的减摩和抗磨作用，使得到的切削液具有优异的抗磨性。

本品不仅能满足冷却、润滑、清洗、防锈功能，同时抗磨性高，成本低，稳定性强，在不同的水硬度条件下，仍可保持较高的稳定性，适用范围广泛，可用于多种金属材质的加工。

高抗磨性水基切削液

原料配比

原料	配比（质量份）	
	1#	2#
油酸	18	20
有机醇胺	12	14
硼酸	8	10
二硫化钼	2	3
去离子水 I	60	53
复合乳化剂	20	22
复合防锈剂	10	12
复合杀菌剂	6	8
有机硅消泡剂	2	4
去离子水 II	62	54

制备方法

（1）A 组分产品的制备　先取油酸、有机醇胺、硼酸、二硫化钼、去离子水 I，将它们放入恒温水浴锅中，然后加热至 55℃，以 60r/min 转速搅拌反应 25min，得到 A 组分产品。

（2）B 组分产品的制备　先取复合乳化剂、复合防锈剂、复合杀菌剂、有机硅消泡剂、去离子水 II，将它们放入恒温水浴锅中，然后加热至 40℃，以 40r/min 转速搅拌反应 15min，得到 B 组分产品。

（3）切削液的制备　先将步骤（1）制备的 A 组分产品和步骤（2）制备的 B 组分产品放入恒温水浴锅中，加热至 60℃，以 80r/min 转速搅拌反应 20min，然后冷却至室温即可得到高抗磨性水基切削液成品。

原料配伍　本品各组分质量份配比范围为：油酸 18～20、有机醇胺

12～14、硼酸 8～10、二硫化钼 2～3、去离子水Ⅰ53～60、复合乳化剂 20～22、复合防锈剂 10～12、复合杀菌剂 6～8、有机硅消泡剂 2～4、去离子水Ⅱ54～62。

所述的复合乳化剂由阳离子表面活性剂吉米奇季铵盐和非离子表面活性剂烷基糖苷按质量比 1:1 复配而成。

所述的复合防锈剂由烯基丁二酸酯和苯并三氮唑按质量比 2:3 复配而成。

所述的复合杀菌剂由聚季铵盐和异噻唑啉酮按质量比 2:1 复配而成。

产品应用 本品主要应用于金属切削加工。

产品特性 本品采用全新的润滑剂、乳化剂及添加剂配伍的方法进行制备，其中，润滑剂是一种油酸有机醇胺硼酯，由油酸、有机醇胺和硼酸配制而成，该润滑剂氧化稳定性好，低温流动性好，具有良好的润滑性、黏温性和抗磨损极压性。乳化剂由阳离子表面活性剂吉米奇季铵盐和非离子表面活性剂烷基糖苷按质量比 1:1 复配而成；其中，阳离子表面活性剂吉米奇季铵盐是一种分子内含有 2 个亲水基和 2 个亲油基的表面活性剂，这种结构一方面增强了碳氢链的疏水作用，另一方面使亲水基间的排斥作用因受化学键限制而大大削弱，故能使表面活性剂具备更加优良的物理化学特性；该阳离子表面活性剂无毒、无刺激、低泡，其与无毒、易生物降解、高表面活性的非离子表面活性剂烷基糖苷复配使用，能显著提高金属切削液的润滑性、清洗性和冷却性。该高抗磨性水基切削液选用的添加剂包括二硫化钼、复合防锈剂、复合杀菌剂和有机硅消泡剂；其中，二硫化钼作为一种摩擦性能优异的微纳米材料添加到切削液中，大大提高了切削液的减摩抗磨性能；复合防锈剂由烯基丁二酸酯和苯并三氮唑按质量比 2:3 复配而成，该复合防锈剂无毒无害，能显著提高切削液对金属的防锈、防腐蚀性能；复合杀菌剂由聚季铵盐和异噻唑啉酮按质量比 2:1 复配而成，其中，聚季铵盐水溶性好，杀菌作用温和，具有一定的分散、渗透作用，同时具有一定的除臭和缓蚀作用，其与通用型杀菌异噻唑啉酮复配使用，能显著提高切削液的抗菌防腐性。

本品生产成本低、安全无毒，具有良好的润滑性、防锈性、抗腐性、稳定性和减摩抗磨性能。

高抗锈金属切削液

原 料	配比（质量份）					
	1#	2#	3#	4#	5#	6#
工业煤油	2	4	3	2.1	3.8	3.1
7 号机油	1.8	2.2	2	1.8	2.1	2.1
氯化石蜡	2	3	2.5	2.3	2.8	2.6
OP-15	4	5	4.5	—	—	—
OS-15	—	—	—	4.1	4.8	4.6
太古油	5	8	6.5	5.1	7.5	6.4
聚乙二醇	4	5	4.5	4.2	4.8	4.4
纯水	55	60	58	56	57	57
苯甲酸钠	0.5	1.5	1	0.6	1.3	1.1
亚硝酸钠（工业）	15	16	17	15	16.5	15.5
三乙醇胺	3	8	5	3.3	6	7

制备方法

（1）油化组分的制备　按顺序加入工业煤油、7 号机油、氯化石蜡、OP-15 或 OS-15、太古油、聚乙二醇到 900r/min 旋转的反应釜中，拌匀。

（2）防锈组分的制备　按纯水、苯甲酸钠、亚硝酸钠、三乙醇胺的顺序加入到 900r/min 旋转的反应釜中，拌匀。

（3）切削液的制备　将第一种混合物加入到旋转中的第二种混合物中，再加入苯甲酸钠，拌匀，即得产品。

原料配伍　本品各组分质量份配比范围为：工业煤油 2～4、7 号机油 1.8～2.2、氯化石蜡 2～3、乳化剂 4～5、太古油 5～8、聚乙二醇 4～5、纯水 55～60、苯甲酸钠 0.5～1.5、亚硝酸钠（工业）15～17、三乙醇胺 5～8。

所述乳化剂为 OP-15 或 OS-15。

检 验 项 目	检 验 结 果
硬水稀释率	100%合格
不变质、不变臭（四季应用）	合格
对量具、仪器不影响	合格
磨削中液质与砂、铁屑降解性	合格
清洗性（包括台面循环系统）	合格
泡状（压力循环 2～8m/s）	合格
芳烃、醇类有害气体	无
工间防锈、夏季（HT200）铸铁	250～350h
其他季节工间防锈（HT200）铸铁	1200～1400h
切削助剂对人的过敏反应	≤1%
对设备、人和物体的污染	无（助清洗）
对设备腐蚀	无（迹象）
对精密设备、有色金属腐蚀	合格
空间气体污染（热加工）	无

产品应用　本品主要应用于磨、车、钻等金属加工。

产品特性

（1）液质安定性、降解性好；

（2）抗锈性极佳，高出国家标准几倍至几十倍；

（3）四季不腐，长期保存不变质；

（4）无毒、无臭味，对设备无腐蚀，对人皮肤无伤害；

（5）切屑加工性好，液质对刀具工件产生先渗透，故润滑、抗磨、冷却性好。

高强度润滑半合成金属切削液

原料配比

原　　料	配比（质量份）			
	1#	2#	3#	4#
基础油	30	20	40	22.6

原　料	配比（质量份）			
	1#	2#	3#	4#
防锈剂	10	20	20	12
润滑剂	20	10	20	11
消泡剂	0.2	0.3	0.1	0.15
缓蚀阻垢剂	0.2	0.3	0.1	0.25
偶合剂	2	5	5	3
阴离子表面活性剂	10	5	9.8	6
水	27.6	39.4	5	45

〔制备方法〕 将各组分混合均匀即可。

〔原料配伍〕 本品各组分质量份配比范围为：基础油 20～40、防锈剂 10～20、润滑剂 10～20、消泡剂 0.1～0.3、缓蚀阻垢剂 0.1～0.3、偶合剂 2～5、阴离子表面活性剂 5～10、水加至 100。

所述基础油是矿物油、合成酯及植物油中的一种或几种。

所述防锈剂是硼酸单乙醇胺、酰胺己酸三乙醇胺、硼酸酯、油酸及二元脂肪酸的一种或几种。

所述润滑剂是三羟基丙烷酯、季戊四醇酯及新戊醇酯的一种或几种。

所述消泡剂是乳化硅油。

所述缓蚀阻垢剂是苯并三氮唑。

所述偶合剂是二丙二醇甲醚。

所述阴离子表面活性剂为石油磺酸钠。

〔产品应用〕 本品主要应用于金属切削加工。

〔产品特性〕

（1）不含氯，含有优秀润滑及极压性能的合成酯，可用于各种不同金属的切削和磨削加工，即使在非常苛刻的加工条件下，也不需特别的维护；

（2）具有极佳的润滑性和减摩特性，特别适用于重载加工；

（3）在大流量、高压冷却工况下仍能保持低泡；

（4）抗硬水能力特别强；

（5）具有极其微小的乳化分子，降低了加工过程中冷却液的带走量，超强的渗透性使得切削液容易进入切削部位；

（6）在高速加工中极好地平衡了冷却和润滑之间的矛盾，延长了刀具的使用寿命，提供了优异的表面光洁度。

高清洁、经济型微乳化金属切削液

原料配比

原　　料	配比（质量份）				
	1#	2#	3#	4#	5#
基础油	18	16	20	15	20
碱性保持剂	12	13	10	15	15
表面活性剂	7	8	5	10	10
防锈剂	9	7.5	10	5	10
乳化剂	8	7.5	5	15	15
缓蚀剂	0.6	1.5	2	0.5	1.8
极压剂	5.4	6.5	10	5	9.2
消泡剂	0.12	0.12	0.1	0.2	0.18
杀菌剂	1.6	1.6	2	1	1.82
水	38.28	38.28	35.9	33.3	17

制备方法　将各组分混合均匀即可。

原料配伍　本品各组分质量份配比范围为：基础油 15～20、碱性保持剂 10～15、表面活性剂 5～10、防锈剂 5～10、乳化剂 5～15、缓蚀剂 0.5～2、极压剂 5～10、消泡剂 0.1～0.2、杀菌剂 1～2、水加至 100。

所述基础油为石蜡基油或环烷基油中的一种。

所述碱性保持剂是异丙醇胺、三乙醇胺、单乙醇胺、2-氨基，2-甲基丙醇中的一种或几种。

所述表面活性剂为石油磺酸钠与脂肪醇聚氧乙烯醚的混合物。

所述防锈剂为硼酸、癸二酸、月桂酸、磺酸氨盐、硼酸酯及油酸中的一种或两种以上的混合物。

所述乳化剂为动物油酸、植物油酸、聚合油酸、异构十六醇及妥尔油酸中的一种或两种以上的混合物。

所述缓蚀剂为苯三唑、甲基苯三唑、磷酸酯中的一种。

所述极压剂为磷酸酯、硫化脂肪酸酯、含氯聚合物中的一种或两种以上的混合物。

所述消泡剂为乳化硅油、改性二甲基硅氧烷或聚醚。

所述杀菌剂为三嗪类、甲基异噻唑啉酮、苯甲酸甲酯中的一种。

质量指标

检验项目			检验标准	检验结果
浓缩液	外观（15～35℃）		均匀透明液体	符合要求
	贮存安定性		无变色、无分层，呈均匀液体	符合要求
5%稀释液	相态		均匀透明或半透明	符合要求
	pH 值		8～10	9.3
	消泡性/（mL/10min）		≤2	0
	表面张力/（dyn/cm）		≤40	33
	腐蚀试验/h	一级灰口铸铁	55℃±2℃全浸	24	24
		紫铜		8	8
		LY12 铝		8	8
	防锈性试验/h	一级灰口铸铁 35℃±2℃，RH ≥95%	单片	24	24
			叠片	24	24
	对机床涂料的适应性		不起泡、不发黏、不开裂	符合要求

产品应用　本品主要应用于金属切削加工。

产品特性

（1）由于多种醇胺与月桂酸的相互作用，使切削液显示出优良的清洗性能，能把机床上的铁屑、油污、油泥清洗得很干净。

（2）添加了表面活性剂、防锈剂、缓蚀剂、极压剂，所以具有极佳的冷却性、防腐性，使切削液在刀具和金属之间有良好的润滑性能，提高了加工精度和表面光洁度。其残留物为可溶性乳化油，便于清洗，使机器保持清洁。

（3）由于不含亚硝酸盐、重金属等物质，故使用时对人体无害，无环境污染，便于管理。

（4）本品是浓缩型产品，工作液可稀释 10～15 倍使用，大大节省了原液使用量。

高润滑、低泡沫微乳型切削液

原料配比

原　料	配比（质量份）				
	1#	2#	3#	4#	5#
基础油	30	28	25	35	32
碱性保持剂	12	14	10	20	18
阴离子表面活性剂	7	7	10	5	9
防锈剂	6	5.5	8	5	7
偶合剂	3.5	3.2	3	4	3.8
乳化剂	1	0.5	0.7	0.85	0.8
极压剂	5.5	6	5	7	6.9
消泡剂	0.2	0.2	0.1	0.15	0.1
杀菌剂	0.25	0.3	0.2	0.5	0.4
水	34.55	35.3	38	22.5	22

制备方法　在基础油的体系中，加入碱性保持剂、阴离子表面活性剂、防锈剂、偶合剂、乳化剂、极压剂、消泡剂、杀菌剂、水，混合搅拌均匀，即得高润滑、低泡沫、使用寿命长的微乳型切削液。

原料配伍　本品各组分质量份配比范围为：基础油25～35、碱性保持剂10～20、阴离子表面活性剂5～10、防锈剂5～8、偶合剂3～4、乳化剂0.5～1、极压剂5～7、消泡剂0.1～0.2、杀菌剂0.2～0.5、水加至100。

所述基础油为石蜡基油或环烷基油中的一种。

所述碱性保持剂是异丙醇胺、三乙醇胺、单乙醇胺、烷醇胺、2-氨基，2-甲基丙醇中的一种或几种。

所述阴离子表面活性剂为醚羧酸。

所述防锈剂为硼酸、癸二酸、酰胺己酸三乙醇胺盐、磺酸氨盐、硼酸酯及油酸中的一种或两种以上组成的混合物。

所述偶合剂为二乙二醇丁醚、二丙二醇丁醚、丙二醇苯醚、异构十六醇、妥尔油酸中的一种或几种。

所述乳化剂为烷氧基脂肪醇，所述极压剂为磷酸酯。

所述消泡剂为乳化硅油、改性二甲基硅氧烷或聚醚。

所述杀菌剂为苯三唑或甲基苯三唑。

质量指标

检验项目				检验标准	检验结果
浓缩液	外观（15～35℃）			均匀透明液体	符合要求
	贮存安定性			无变色、无分层、呈均匀液体	符合要求
5%稀释液	相态			均匀透明或半透明	符合要求
	pH 值			8～10	9.4
	消泡性/（mL/10min）			≤2	0
	表面张力/（dyn/cm）			≤40	32
	腐蚀试验/h	一级灰口铸铁	55℃±2℃全浸	24	24
		紫铜		8	8
		LY12 铝		8	8
	防锈性试验/h 35℃±2℃，RH≥95%	一级灰口铸铁	单片	24	24
			叠片	24	24
	对大无卡咬负荷（P_B）值/N			≥700	850
	对机床涂料的适应性			不起泡、不发黏、不开裂	符合要求

产品应用　本品主要应用于金属切削加工。

产品特性

（1）由于聚乙二醇与酰氨基非离子表面活性剂的相互作用，切削液在刀具和金属之间形成了极压，具有良好的润滑性能，提高了加工精度和表面光洁度；

（2）因乳化剂含量少，减少了产生泡沫的根源，其表面张力和稳定性均优于同类产品；

（3）由于不含亚硝酸盐、重金属等物质，故使用时对人体无害，不会产生品质衰败，使用寿命长，便于管理。

高渗透防腐性能优异的金属切削液

表1 助剂

原　料	配比（质量份）
松香	4
氰尿酸锌	1
硅丙乳液	3
异噻唑啉酮	1
葡萄糖酸钙	2
纤维素羟乙基醚	2
二甘醇	6
蓖麻酰胺	3
聚乙二醇	2
丙烯醇	5
脂肪醇聚氧乙烯聚氧丙烯醚	1
消泡剂	0.3
水	45

表2 高渗透防腐性能优异的金属切削液

原　料	配比（质量份）
磷酸二氢铵	1
硫酸镁	2
硅微粉	4
磷酸三甲酚酯	4
叔丁基对苯二酚	2
油酸	10
环氧蓖麻油	2
六亚甲基亚胺	1
苯基萘胺	2
二丁基萘磺酸钠	2

原　　料	配比（质量份）
聚丙烯酰胺	1
助剂	6
水	170

制备方法

（1）助剂的制备

① 将纤维素羟乙基醚、聚乙二醇、硅丙乳液、脂肪醇聚氧乙烯聚氧丙烯醚加到水中，加热至 40～50℃，搅拌均匀后加入消泡剂备用；

② 将松香、二甘醇、丙烯醇、蓖麻酰胺混合加热至 50～60℃，搅拌均匀后将步骤①中的产物缓慢加入，以 300～400r/min 的转速搅拌，加料结束后加热至 70～80℃，并在 1800～2000r/min 的高速搅拌 10～15min，再加入其余剩余物质继续搅拌 5～10min 即中。

（2）高渗透防腐性能优异的金属切削液的制备

① 将油酸、环氧蓖麻油、聚丙烯酰胺和叔丁基对苯二酚混合，加热至 50～60℃，搅拌反应 20～40min 后得到混合物 A；

② 将水煮沸后迅速冷却至 50～70℃，再加入二丁基萘磺酸钠和磷酸三甲酚酯搅拌均匀，然后加入助剂以 800～900r/min 下搅拌反应 40～60min，得到混合物 B；

③ 将混合物 B 边搅拌边缓慢地加入混合物 A 中，将温度控制在 40～55℃，搅拌均匀后加入其余剩余成分，在 1400～1600r/min 下高速搅拌 20～30min 后过滤即可。

原料配伍 本品各组分质量份配比范围为：磷酸二氢铵 1～2、硫酸镁 2～3、硅微粉 2～5、磷酸三甲酚酯 4～5、叔丁基对苯二酚 1～2、油酸 8～10、环氧蓖麻油 2～3、六亚甲基亚胺 1～2、苯基萘胺 1～2、二丁基萘磺酸钠 1～2、聚丙烯酰胺 1～2、助剂 5～7、水 150～180。

所述助剂包括：松香 3～5、氰尿酸锌 1～2、硅丙乳液 2～3.5、异噻唑啉酮 1～2、葡萄糖酸钙 1～2、纤维素羟乙基醚 1～2、二甘醇 5～7、蓖麻酰胺 2～3、聚乙二醇 2～4、丙烯醇 4～6、脂肪醇聚氧乙烯聚氧丙烯醚 1～2、消泡剂 0.2～0.4、水 40～50。

检 验 项 目	检 验 结 果
5%乳化液安定性试验（15～30℃，24h）	不析油、不析皂
防锈性试验（35℃±2℃，钢铁单片24h）	≥48h，无锈斑
防锈性试验（35℃±2℃，钢铁叠片8h）	≥12h，无锈斑
腐蚀试验（55℃±2℃，铸铁24h）	≥48h
腐蚀试验（55℃±2℃，紫铜8h）	≥12h
对机床涂料适应性	不起泡、不开裂、不发黏

产品应用　本品主要应用于金属切削加工。

产品特性　本品添加的助剂，增强了切削液的分散、润滑、成膜性能，添加的苯基萘胺、磷酸三甲酚酯和二丁基萘磺酸钠能够提高切削液的渗透能力和缓蚀能力，兼具润滑、防霉、耐磨的性能，并且无毒、无味、对人体无侵蚀、对设备不腐蚀、对环境不污染，大大提高了切削液的性能。

高渗透性切削液

原料配比

原　料	配比（质量份）		
	1#	2#	3#
对羟基苯甲酸酯	12	10	15
二烷基二充代磷酸氧钼	8	5	10
土耳其红油	25	20	30
铝合金缓蚀剂	6	5	8
对叔丁基苯甲酸	5	3	8
硼酸酯	6	3	9

制备方法　将各组分混合均匀即可。

原料配伍　本品各组分质量份配比范围为：对羟基苯甲酸酯10～15、二烷基二充代磷酸氧钼5～10、土耳其红油20～30、铝合金缓蚀剂5～8、对叔丁基苯甲酸3～8、硼酸酯3～9。

产品应用　本品主要应用于金属切削加工。

产品特性 本品具有触变性，在经气动泵输送至加工件和进行搅拌时可由膏状转化为液态，易于输送和使用，并节省用量；具有极佳的渗透性能，易于清洗；具有更好的润滑性能、传热冷却性能、稳定性、流变性能和抗极压性能，最大限度地降低攻丝切削温度及切削力，提高攻丝效率和精度，降低工件粗糙度，改进了表面质量，并能延长攻丝锥使用寿命。

高生物稳定性半合成型金属切削液

原料配比

原料	配比（质量份）			
	1#	2#	3#	4#
单乙醇胺	5	10	1	8
硼酸	5	10	2	9
月桂二酸	4	6	10	7
基础油	10	1	8	5
油酸	2	4	10	9
有机酸酯	5	2	10	8.5
细菌抑制剂	1.5	2	0.2	0.5
防锈剂	2	5	1	4
非离子表面活性剂	6	5	10	9
真菌抑制剂	1	3	0.2	2.7
消泡剂	0.1	0.5	0.01	0.3
水	58.4	51.5	47.59	37

制备方法 常温常压下，先将纯水、单乙醇胺、硼酸和月桂二酸加入到反应釜中，持续搅拌 30min，再加入基础油、油酸、有机酸酯、细菌抑制剂、防锈剂、非离子表面活性剂、真菌抑制剂，继续搅拌 30min，最后加入消泡剂，搅拌至均匀透明，即得到高生物稳定性半合成型金属切削液。

原料配伍 本品各组分质量份配比范围为：单乙醇胺 1～10、硼酸 2～10、月桂二酸 4～10、基础油 1～10、油酸 4～10、有机酸酯 2～10、

217

细菌抑制剂 0.2～2、防锈剂 1～5、非离子表面活性剂 5～10、真菌抑制剂 0.2～3、消泡剂 0.01～0.5、水加至 100。

所述基础油为环烷基油。

所述有机酸酯为磷酸酯。

所述非离子表面活性剂为环氧乙烷和环氧丙烷非离子表面活性剂。

【质量指标】

	检 验 项 目		检验结果	检 验 标 准
浓缩液	外观、液态		符合要求	无分层，无沉淀，呈均匀液态
	贮存安定性		符合要求	无分层相变及胶状等
5%稀释液	pH 值		9.8	8～10
	消泡性/（mL/10min）		0	≤2
	表面张力/(dyn/cm)		32	≤40
	腐蚀试验 55℃±2℃全浸（一级灰口铸铁）		24h	24h
	防锈性试验 35℃±2℃ RH≥95%	单片	24h	24h
		叠片	8h	8h
	最大无卡咬负荷（P_B）值/N		550	≥400

【产品应用】 本品主要应用于金属切削加工。

【产品特性】

（1）优良的生物稳定性 不需要经常补充昂贵的添加剂，在使用、存放过程中，不易产生衰败，能保证超长的使用寿命和极佳的防腐特性。

（2）广泛的应用范围 既适用于黑色金属也适用于有色金属和非金属材料。

（3）良好的润滑性能 由于基础油、有机酸酯与非离子表面活性剂的相互作用，切削液在刀具和金属之间形成了极压，体现出良好的抗磨性能，故能得到极好的加工精度和表面光洁度。

（4）优异的防锈性 添加了油酸与月桂二酸等，使得各种原料相互协同作用，并在较宽的 pH 值范围内发挥其特性，使得工作液具有优良的防锈性。

（5）良好的清洁特性 切削液中单乙醇胺、月桂二酸的配伍，使切削液显示出优良的清洗性能，能把机床上的铁屑、油污清洗干净。

高速加工模具切削液

原　　料	配比（质量份）	
	1#	2#
磺酸盐防锈剂	6	11
硫化脂肪酸酯	6	9
阴离子表面活性剂	5	10
煤油	15	23
硫酸钠	3	5
硫化脂肪酸钠	4	8
有机羟酸盐	6	12
烯基丁二酸	4	7
聚醚改性聚二甲基硅氧烷	3	7
菜籽油	13	24
单氟磷酸钠	2	3
甲基环氧氯丙烷	13	26
BTA	4	8

制备方法　将各组分混合均匀即可。

原料配伍　本品各组分质量份配比范围为：磺酸盐防锈剂 6～11、硫化脂肪酸酯 6～9、阴离子表面活性剂 5～10、煤油 15～23、硫酸钠 3～5、硫化脂肪酸钠 4～8、有机羟酸盐 6～12、烯基丁二酸 4～7、聚醚改性聚二甲基硅氧烷 3～7、菜籽油 13～24、单氟磷酸钠 2～3、甲基环氧氯丙烷 13～26、BTA 4～8。

产品应用　本品主要应用于金属切削加工。

产品特性　本品改善了冷却性，适用于高精度工件的加工，而且不会造成环境污染。

高温防锈切削液

原　　料	配比（质量份）		
	1#	2#	3#
二乙醇胺	3	7	5
脂肪醇聚氧乙烯醚	9	13	11
防锈剂	1	4	2.5
水杨酸钠	3	5	4
木质素磺酸盐	3	5	4
二乙醇胺硼酸多聚羧酸复合酯	5	9	7
硝基苯甲酸	4	8	6
水	20	20	20

制备方法 将各组分混合均匀即可。

原料配伍 本品各组分质量份配比范围为：二乙醇胺 3～7、脂肪醇聚氧乙烯醚 9～13、防锈剂 1～4、水杨酸钠 3～5、木质素磺酸盐 3～5、二乙醇胺硼酸多聚羧酸复合酯 5～9、硝基苯甲酸 4～8、水 20。

产品应用 本品主要应用于金属切削加工。

产品特性 本品具有优异的磨削沉降性，优异的冷却、润滑和清洗性能。

高温切削液（1）

原料配比

原　　料	配比（质量份）		
	1#	2#	3#
乳化硅油	5	1	7
聚羧酸醇胺酰胺	4	1	6
顺丁烯二酸	3	2	4
地沟油	35	25	40
对硝基苯甲酸	7	3	9
一异丙醇胺	2	1	4

制备方法　将各组分混合均匀即可。

原料配伍　本品各组分质量份配比范围为：乳化硅油 1～7、聚羧酸醇胺酰胺 1～6、顺丁烯二酸 2～4、地沟油 25～40、对硝基苯甲酸 3～9、一异丙醇胺 1～4。

产品应用　本品主要应用于金属切削加工。

产品特性　本品不含亚硝酸盐和磷的化合物，有利于环境保护和人体健康；具有很高的防锈、冷却、润滑和清洗性能；而且具有优异的杀菌性能，不含易变质物质，不发臭，抗腐败性能高，使用寿命长，不污染环境，对皮肤无刺激。

高温切削液（2）

原料配比

原　　料	配比（质量份）		
	1#	2#	3#
碳酸钠	4	2	6
乙二酸四乙酸二钠	7	3	9
硼酸钠	4	2	5
烷基磷酸	8	3	9
二聚酸	3.5	3	4
植物油	20	15	25
矿物油	18	15	25

制备方法　将各组分混合均匀即可。

原料配伍　本品各组分质量份配比范围为：碳酸钠 2～6、乙二酸四乙酸二钠 3～9、硼酸钠 2～5、烷基磷酸 3～9、二聚酸 3～4、植物油 15～25、矿物油 15～25。

产品应用　本品主要应用于金属切削加工。

产品特性　本品不含亚硝酸盐和磷的化合物，有利于环境保护和人体健康；具有优异的防锈、冷却、润滑和清洗性能；还具有优异的杀菌性能，不含易变质的物质，不发臭，使用寿命长，不污染环境，对皮肤无刺激。

高温切削液（3）

原　　料	配比（质量份）		
	1#	2#	3#
三乙醇胺	11	19	15
聚乙二醇	8	17	13
油酸酰胺	2.8	4.6	3.6
乙二胺四乙酸四钠	5	13	8
有机硼	4	7	5.5
季戊四醇	6	15	10
脂肪酸聚氧乙烯酯	1.3	2.8	2
硼酸	11	23	18
水	25	25	25

制备方法　将各组分混合均匀即可。

原料配伍　本品各组分质量份配比范围为：三乙醇胺 11～19、聚乙二醇 8～17、油酸酰胺 2.8～4.6、乙二胺四乙酸四钠 5～13、有机硼 4～7、季戊四醇 6～15、脂肪酸聚氧乙烯酯 1.3～2.8、硼酸 11～23、水 25。

产品应用　本品主要应用于金属切削加工。

产品特性　本品能够适合于高温作业，从而保证了产品在苛刻条件下有良好的润滑作用。

高效的半合成切削液

原料配比

原　　料	配比（质量份）	
	1#	2#
环烷酸锌	5	8
润滑油添加剂	8	14
消泡剂	3	6
聚乙烯醚	4	7
钙镁离子软化剂	5	10

原　料	配比（质量份）	
	1#	2#
丙烯酸乙酯	3	8
表面活性剂	3.5	5.5
乳化剂	8	16
去离子水	20	45
蓖麻油	6	12
羟基烷基酚聚氧乙烯醚	6	11
月桂醇聚氧乙烯醚	6	8
聚氧乙烯十八烷基磷酸酯	4.3	5.7
二乙醇胺	5	7

【制备方法】 将各组分混合均匀即可。

【原料配伍】 本品各组分质量份配比范围为：环烷酸锌 5～8、润滑油添加剂 8～14、消泡剂 3～6、聚乙烯醚 4～7、钙镁离子软化剂 5～10、丙烯酸乙酯 3～8、表面活性剂 3.5～5.5、乳化剂 8～16、去离子水 20～45、蓖麻油 6～12、羟基烷基酚聚氧乙烯醚 6～11、月桂醇聚氧乙烯醚 6～8、聚氧乙烯十八烷基磷酸酯 4.3～5.7、二乙醇胺 5～7。

【产品应用】 本品主要应用于金属切削加工。

【产品特性】 本品具有良好的消泡性和润滑性，而且具有清洗作用，使切削刃口保持锋利。

高效硅片切削液

【原料配比】

原　　料	配比（质量份）		
	1#	2#	3#
单乙醇胺	29	31	20
十二烷基磺酸钠	11	9	5
聚乙二醇	7	9	4
油酸二乙醇胺	33	25	36
硫化油脂	9	7	10
油酸酰胺	5	6	3

原　料	配比（质量份）		
	1#	2#	3#
丙三醇	25	35	19
水	37	47	20

制备方法　首先称量各个原料，然后依次将单乙醇胺、十二烷基磺酸钠、聚乙二醇、油酸二乙醇胺、硫化油脂、油酸酰胺、丙三醇、水导入搅拌机中搅拌，搅拌均匀即可得切削液。

所述搅拌时间为 2min。

所述搅拌温度为 120℃。

所述搅拌速率为 120r/min。

原料配伍　本品各组分质量份配比范围为：单乙醇胺 20～40、十二烷基磺酸钠 5～13、聚乙二醇 4～12、油酸二乙醇胺 25～36、硫化油脂 7～10、油酸酰胺 3～6、丙三醇 19～35、水 20～47。

所述水为去离子水。

产品应用　本品主要应用于金属切削加工。

产品特性　本品可有效提高磨料分散性，有利于提高硅片切割的成品率，使硅片切割成品率达到 99.9%；且可在硅片表面形成天然保护膜，提高硅片成品表面光滑度，大大改善硅片使用效果的同时，提高了切削液的润滑效果。

高效低温切削液

原料配比

原　料	配比（质量份）		
	1#	2#	3#
丁基羟基茴香醚	5.5	3.5	10
二甲基甲酰胺	3.5	2.5	4.5
环烷酸铅	2.5	1.5	5.5
矿物油	4	2	5
四聚蓖麻酯	4.8	3.2	5.2
聚 α-烯烃	2.7	1.5	3.8

制备方法 将各组分混合均匀即可。

原料配伍 本品各组分质量份配比范围为：丁基羟基茴香醚 3.5～10、二甲基甲酰胺 2.5～4.5、环烷酸铅 1.5～5.5、矿物油 2～5、四聚蓖麻酯 3.2～5.2、聚 α-烯烃 1.5～3.8。

产品应用 本品主要应用于金属切削加工。

产品特性 本品具有优异的润滑、清洗和防锈性能，在水基切削液中添加极压润滑剂和防锈剂，可进一步改善水基切削液的润滑和防锈性能，使之具有优良的润滑性，防锈性、冷却性和清洗性，对提高工件表面光洁度和减少刀具磨损效果显著。

高效多功能透明型切削液

原料配比

原　　料	配比（质量份）		
	1#	2#	3#
柴油	5	7	10
油酸	6	5	4
尿素	10	8	9
苯甲酸	5	3	4
乙二胺	3	3	2
石油磺酸钠	4	5	5
三乙醇胺	4	5	5
磷酸三钠	5	7	7
水	58	57	54

制备方法

（1）将苯甲酸等缓蚀剂与少量三乙醇胺酯化、酯化后加入磷酸三钠、螯合剂进行络合反应，生成稳定性很高的金属螯合物。

（2）将油酸与三乙醇胺酯化，酯化后加入润滑剂及尿素进行聚合，生成胶状物。

（3）将（1）和（2）得到的产物混合后，加热溶解即可完成全部生产过程。

原料配伍 本品各组分质量份配比范围为：柴油 5～10、油酸 4～8、尿素 5～10、苯甲酸 2～6、乙二胺 2～3、石油磺酸钠 3～10、三乙醇胺 3～5、磷酸三钠 5～7、水 50～60。

本品应用有机化学的酯化原理、金属内络合物的螯合原理、油脂的溶解与乳化原理，用矿物油、油溶性缓蚀剂、浸润剂、防腐剂、表面活性剂生产出棕红色透明油状的高效多功能透明型切削液，这种切削液速溶于水，用水稀释后呈淡棕黄色，透明，无不良气味。

产品应用 本品主要应用于钢铁及有色金属的磨削、车削、铣削、套丝等精加工。作为切削液，还可用于一些非金属材料（玻璃钢）的切削加工，尤其是对粉末冶金材料，有独到的钝化、清洗功能。

使用时加 3%～5% 的稀释水即可直接应用。

产品特性

（1）性能好 润滑性能优于一般透明性切削液，防腐性能、清洗性能优于乳化型切削液，对于操作者无毒害，对环境无不良影响，无污染。

（2）适用范围广 传统的透明型切削液一般适用于磨削，而本品不仅适于磨削，还因能提高润滑性能而适用于套丝系列等强力切削；传统的切削液对粉末冶金材料适用较差，本品对粉末冶金材料切削中的钝化、防锈、清洗、润滑有独到的功能；本品不仅能应用于钢铁、有色金属的切削加工，还能应于一些非金属材料（玻璃钢）的切削加工。

（3）制作简单，价格较低 本品工艺简单，在掌握配比及投料顺序条件下，投资少，生产周期短，与传统的透明型切削液相比可降低成本 20% 左右。

高效防锈切削液（1）

原料配比

原　　料	配比（质量份）
二乙醇胺	8～15
脂肪醇聚氧乙烯醚	3～8
防锈剂	5～10
癸二酸	5～8

原　料	配比（质量份）
杀菌剂	3～5
柠檬酸	1～2
环烷基油	3～6
乳化剂	5～10
水	10～20

制备方法　将各组分混合均匀即可。

原料配伍　本品各组分质量份配比范围为：二乙醇胺 8～15、脂肪醇聚氧乙烯醚 3～8、防锈剂 5～10、癸二酸 5～8、杀菌剂 3～5、柠檬酸 1～2、环烷基油 3～6、乳化剂 5～10、水 10～20。

产品应用　本品主要应用于金属切削加工。2%～3%稀释液可用于普通加工，4.5%～5.5%稀释液可用于极压加工。

产品特性　使用液为无色透明液体，不含亚硝酸盐，有利于环境保护和人体健康；使用范围广，无刺激气味；单片防锈时间远超标准，大于 220h 不锈。具有优异的磨削沉降性，优异的冷却、润滑和清洗性能。

高效防锈切削液（2）

原料配比

原　料	配比（质量份）		
	1#	2#	3#
尿素乙二醛树脂	2	1	2.5
二甘醇丁醚	4.5	3	7
乙酸乙烯酯马来酸酯	3.5	2	7
丙烯酸异冰片酯	27	20	30
地沟油	18	15	25
有机酸式磷酸盐	1.7	1.5	3.5
二异丙醇	4.5	2.5	7

制备方法　将各组分混合均匀即可。

原料配伍　本品各组分质量份配比范围为：尿素乙二醛树脂 1～2.5、二甘醇丁醚 3～7、乙酸乙烯酯马来酸酯 2～7、丙烯酸异冰片酯 20～

30、地沟油 15～25、有机酸式磷酸盐 1.5～3.5、二异丙醇 2.5～7。

产品应用 本品主要应用于金属切削加工。

产品特性 本品具有优异的润湿、清洗和防锈性能，在水基切削液中添加极压润滑剂和防锈剂，可进一步改善水基切削液的润滑和防锈性能，使之具有优良的润滑性、防锈性、冷却性和清洗性，对提高工件表面光洁度和减少刀具磨损效果显著。

高效硅片切割切削液

原料配比

原　　料	配比（质量份）		
	1#	2#	3#
乙二醇	55	52	60
油酸三乙醇胺	2	3	1
阴离子活性剂	7	5	8
非离子表面活性剂	5	5	3
清洗缓蚀剂	4	2	5
极压抗磨剂	4	4	2
水	30	24	30

制备方法

（1）筛选　分别将各固体原料通过振动筛进行筛选。

（2）混合　按质量份取出油酸三乙醇胺、阴离子活性剂、非离子表面活性剂、清洗缓蚀剂和极压抗磨剂，并全部倒入混合机中混合，混合时间为 5～15min，得混合料 A。

（3）搅拌　将混合料 A 与由乙二醇和水通过搅拌机搅拌，搅拌时间为 25～35min，得切削液。

原料配伍　本品各组分质量份配比范围为：乙二醇 52～60、油酸三乙醇胺 1～3、阴离子活性剂 5～8、非离子表面活性剂 3～5、清洗缓蚀剂 2～5、极压抗磨剂 2～4、水 24～30。

所述阴离子活性剂为十二烷基磺酸钠和十二烷基硫酸钠按(1～1.5)∶(1.5～1.8)比例混合而成。

所述非离子活性剂为烷基酚聚氧乙烯醚和脂肪醇聚氧乙烯醚按

(1～1.3)∶(1.5～1.6)比例混合而成。

所述清洗缓蚀剂为硫脲。

所述极压抗磨剂为含硫、磷、氯的有机极性化合物。

【产品应用】 本品主要应用于金属切削加工。

【产品特性】 本品极大降低了切削液的表面张力，大大提高了切削液的流动性和渗透性，同时在保证切削液对磨料润湿性的同时，大幅度提高了磨料的分散性，避免磨料团聚结成块对硅片造成损坏，不仅有利于提高硅片切割的成品率，同时使硅片切割成品率达到99%，而且可在硅片表面形成保护膜，使硅片更容易被清洗，总体上大大提高了切削液的润滑效果、耐磨特性及冷却特性。

高效环保切削液（1）

【原料配比】

原　　料	配比（质量份）	
	1#	2#
钙镁离子软化剂	3	8
月桂醇聚氧乙烯醚硫酸钠	5	9
癸二酸钠	2	7
聚丙烯酰胺	4	8
乙二酸四乙酸二钠	1	5
顺丁烯二酸	4	6
二甲基甲酰胺	3	8
非离子表面活性剂	2	6
水溶性聚苯胺	5	7
乙三胺	2	7
咪唑烷基脲	4	9
氯化石蜡	4	8

【制备方法】 将各组分混合均匀即可。

【原料配伍】 本品各组分质量份配比范围为：钙镁离子软化剂 3～8、月桂醇聚氧乙烯醚硫酸钠 5～9、癸二酸钠 2～7、聚丙烯酰胺 4～8、乙二酸四乙酸二钠 1～5、顺丁烯二酸 4～6、二甲基甲酰胺 3～8、非离子表面活性剂2~6、水溶性聚苯胺5~7、乙三胺2~7、咪唑烷基脲4~9、氯化石蜡4~8。

产品应用 本品主要应用于金属切削加工。

产品特性 本品具有很好的防锈、润滑性能,同时具有安全高效的特点。

高效环保切削液（2）

原料配比

原 料	配比（质量份）		
	1#	2#	3#
矿物油	12	18	15
氟碳表面活性剂	10	15	12
有机硼酸酯	0.6	1.8	1.2
有机硅消泡剂	0.8	1.4	1.1
防锈剂	1.6	3.5	2.8
极压剂	3.5	6	4.5
润滑剂	4	8.5	6
赖氨酸	9	17	13
水	25	34	29

制备方法 将各组分混合均匀即可。

原料配伍 本品各组分质量份配比范围为：矿物油12~18、氟碳表面活性剂10~15、有机硼酸酯0.6~1.8、有机硅消泡剂0.8~1.4、防锈剂1.6~3.5、极压剂3.5~6、润滑剂4~8.5、赖氨酸9~17、水25~34。

产品应用 本品主要应用于金属切削加工。

产品特性 本品具有良好的渗透性、防锈性能、抑菌防腐性能。

高效机械防锈切削液

原料配比

原 料	配比（质量份）
三乙醇胺	10~20
硼酸	10~30

续表

原　料	配比（质量份）
聚乙二醇	10～20
磺酸盐防锈剂	5～10
甘油	3～5
纤维素	10～20
水	20～30

制备方法　将各组分混合均匀即可。

原料配伍　本品各组分质量份配比范围为：三乙醇胺 10～20、硼酸 10～30、聚乙二醇 10～20、磺酸盐防锈剂 5～10、甘油 3～5、纤维素 10～20、水 20～30。

产品应用　本品主要应用于金属切削加工。

产品特性　本品使用寿命长，环保，价格低廉。

高效金属切削液（1）

原料配比

原　料	配比（质量份）		
	1#	2#	3#
防锈剂	3	5	4
缓蚀剂	0.2	0.8	0.5
防护剂	1	3.5	1.8
氯化石蜡	7	10	8.5
膜助剂	1	2.4	1.8
十二烷基磺酸钠	1.5	3	2.2
苯乙基酚聚氧乙烯醚	3	5	4
二茂铁	3.5	7	5.5
水	15	15	15

制备方法　将各组分混合均匀即可。

原料配伍　本品各组分质量份配比范围为：防锈剂 3～5、缓蚀剂 0.2～0.8、防护剂 1～3.5、氯化石蜡 7～10、膜助剂 1～2.4、十二烷基磺酸

231

钠 1.5～3、苯乙基酚聚氧乙烯醚 3～5、二茂铁 3.5～7、水 15。

[产品应用] 本品主要应用于金属切削加工。

[产品特性] 本品使用寿命长，环保，价格低廉。

高效金属切削液（2）

[原料配比]

原　　料	配比（质量份）
烷醇酰胺（6501）	3
三乙醇胺	9
环烷酸钠	4
喷淋脱脂除油专用低泡表面活性剂	3
三聚磷酸钠	2
油酸	6
氯化石蜡	6
磷化水质调节剂	6
水	加至 100

[制备方法] 将计算称量的水加入到反应釜中，加热到 70～80℃开动搅拌器，控制转速 40r/min，然后将计算称量的烷醇酰胺（6501）、三乙醇胺、环烷酸钠、喷淋脱脂除油专用低泡表面活性剂、三聚磷酸钠、油酸、氯化石蜡及磷化水质调节剂依次徐徐加入到反应釜中，每加一种原料需搅拌 30min，全部原料加完后继续搅拌 3～4h，待温度降到室温时，放料过滤包装。

[原料配伍] 本品各组分质量份配比范围为：烷醇酰胺（6501）3～4、三乙醇胺 6～9、环烷酸钠 3～5、喷淋脱脂除油专用低泡表面活性剂 2～4、三聚磷酸钠 1～2、油酸 6～9、氯化石蜡 4～6、磷化水质调节剂 4～6、水加至 100。

[产品应用] 本品主要应用于金属切削加工。

[产品特性] 本品优化组合了相关的优质原材料，各组分相互配伍作用，同现有技术相比，具有良好的冷却性能、润滑性能、清洗性能和防锈性能。

高效能安全环保全合成切削液

原料配比

原 料	配比（质量份）			
	1#	2#	3#	4#
合成酯	21	25	20	28
表面活性剂	6	8	5	8
防锈剂	7	6	12	6
pH 值调节剂	10	10	8	7
缓蚀剂	1	1.5	2.2	2
去离子水	加至 100	加至 100	加至 100	加至 100

制备方法

（1）在 40%配比量去离子水中加入配比量的 pH 值调节剂搅拌均匀；再依次加入缓蚀剂或防锈剂搅拌至固体粉末完全溶解；

（2）将配比量的合成酯混合搅拌均匀后，加入配比量表面活性剂，搅拌 15min 至均匀；

（3）将步骤（2）中半成品倒入步骤（1）的反应体系中，搅拌均匀；

（4）其余 60%配比量去离子水重复冲洗步骤（2）制作的容器，并将洗液全部打回步骤（1）的反应体系中，步骤（1）的反应体系持续搅拌至溶液均匀透明，即制成成品。

原料配伍　本品各组分质量份配比范围为：合成酯 20～30、表面活性剂 4～8、防锈剂 5～15、pH 值调节剂 2～10、缓蚀剂 0～3、去离子水加至 100。

所述合成酯是植物油脂或动物油脂或油酸酯及其改性的合成酯中的一种或任意几种混合物。

所述表面活性剂是脂肪酸酰胺或脂肪醇聚氧乙烯醚或脂肪醇聚氧乙烯醚中的一种或任意几种混合物。

所述防锈剂是由二元或三元酸及其羧酸盐或硼酸盐及改性羧酸盐中的一种或任意几种混合物。

所述 pH 值调节剂为三乙醇胺或二甘醇胺或一异丙醇胺或 AMP-95 中的一种或任意几种混合物。

所述缓蚀剂为硅氧烷酮或偏硅酸盐或钼酸盐或苯并三氮唑及其衍生物中的一种或任意几种混合物。

質量指標

检验项目		检验结果			
		1#	2#	3#	4#
浓缩液	外观	淡黄色透明	淡黄色透明	淡黄色透明	淡黄色透明
	耐高温性（55℃，48h）	无变化	无变化	无变化	无变化
	耐低温性（-5℃，24h）	透明流动	透明流动	透明流动	透明流动
稀释液（5%）	外观（配制后即时）	无色透明	无色透明	无色透明	无色透明
	外观（原液高温储存48h后）	无色透明	无色透明	无色透明	无色透明
	pH 值	9	9	9	9
	碱值	96	94	96	94
	腐蚀测试（55℃，半浸48h）	A 级	A 级	A 级	A 级
	消泡时间	4.12s	3.87s	4.45s	6.57s
	防锈测试（IP287）	A 级	A 级	A 级	A 级
	防锈测试（单片）	15d	16d	15d	18d
	润滑（四球机 80kg，120s）	0.613mm	0.587mm	0.623mm	0.552mm
	皮肤刺激性（受试物皮肤）	无	无	无	无
	涂料适应性	无变化	无变化	无变化	无变化
	腐败液变色发臭时间	2 个月以上	2 个月以上	2 个月以上	2 个月以上

產品應用 本品主要应用于金属切削加工。

產品特性

（1）本品具有优异的润滑或防锈缓蚀性能，高低温稳定性佳，不易变色，对人体皮肤无刺激作用，不会对机床涂料造成剥落，生物稳定性良好，安全环保无刺激。

（2）本品不含甲醛释放型及其他类型杀菌剂，体系性能稳定，长时间储存颜色不易加深，使用寿命长，不会造成人体皮肤刺激及机床的涂料剥落等状况。

（3）本品采用生物稳定型自乳化酯作为乳化剂及润滑或防锈的主体，有效弥补了传统合成切削液防锈或润滑性能上的不足，具有极佳的高低温稳定性，能够灵活选择不同的碱。

（4）本品选择的表面活性剂为泡沫低或抗硬水性强的生物稳定型表面活性剂。配合自乳化酯使用，增强切削液的乳化分散能力，提高其工作液的耐硬水性能。

（5）本品的防锈剂为二元或三元酸及其羧酸盐或硼酸盐及改性羧酸盐中的一种或几种。其中改性羧酸盐为新型羧酸盐类防锈剂，相比普通羧酸盐，泡沫低或防锈性更强，与大多数润滑剂兼容，具有优异的生物稳定性。

（6）本品的缓蚀剂为硅氧烷酮或偏硅酸盐或钼酸盐或苯并三氮唑及其衍生物中的一种或几种，其中使用硅氧烷酮缓蚀剂，特别适合铝合金材质的加工，避免加工表面白斑或色斑的产生。

（7）本品的大部分功能添加剂在性能上均有协同作用，优异的冷却性及极压润滑性能，特别适合于不锈钢及高温合金等难加工材质的加工。不含 P 或 S 或 Cl，而添加剂多为生物稳定型，故无须特意添加杀菌剂来控制微生物，环保无刺激。

高效润滑水基切削液

原料配比

原　　料	配比（质量份）	
	1#	2#
杀菌剂	5.2	7.4
磷酸三钠	3.2	4.6
油酸	12	26
分散剂	2.1	3.4
乳化剂	9	15
稳定剂	2.5	3.5
亚硝酸钠	4	8
氨基硫脲	14	24
脂肪醇聚氧乙烯醚	2	6
环己烷	2.5	4.5
硼砂	3	7
烷基苯磺酸钠	6	11
纯净水	40	55

制备方法　将各组分混合均匀即可。

原料配伍　本品各组分质量份配比范围为：杀菌剂 5.2～7.4、磷酸三钠 3.2～4.6、油酸 12～26、分散剂 2.1～3.4、乳化剂 9～15、稳定剂 2.5～3.5、亚硝酸钠 4～8、氨基硫脲 14～24、脂肪醇聚氧乙烯醚 2～6、环己烷 2.5～4.5、硼砂 3～7、烷基苯磺酸钠 6～11、纯净水 40～55。

产品应用　本品主要应用于金属切削加工。

产品特性　本品具有良好的杀菌性，冷却效果好，提高了润滑效果。

高效润滑切削液（1）

原料配比

原　　料	配比（质量份）		
	1#	2#	3#
氨基甲酸酯丙烯酸酯低聚物	3.8	2.5	5.6
偶氮二异丁腈	4.2	1.4	6.5
己二异氰酸酯三聚体	3.3	2.5	4.5
三元羧酸铅	2.8	1.5	4.2
二异丙醇胺	5.4	3.5	6.7
植物油和矿物油混合物	72	50	80

制备方法　将各组分混合均匀即可。

原料配伍　本品各组分质量份配比范围为：氨基甲酸酯丙烯酸酯低聚物 2.5～5.6、偶氮二异丁腈 1.4～6.5、己二异氰酸酯三聚体 2.5～4.5、三元羧酸铅 1.5～4.2、二异丙醇胺 3.5～6.7、植物油和矿物油混合物 50～80。

产品应用　本品主要应用于金属切削加工。

产品特性　本品是通过选用高效的极压抗磨添加剂、清净剂、防锈抗腐蚀添加剂等添加剂制备的切削液，具有优异的润滑抗磨性能、清洗冷却性和防锈抗腐蚀性，可以避免切削瘤的产生，有效地保护了刀具，提高了加工质量；极大地带走加工过程中产生的热量，降低加工面的温度，有效地避免工件因高温产生的卷边和变形，及镁屑的高温易燃烧等问题；极大地提高了工件的加工精度，优异的防锈抗腐蚀能力，适宜于长周期、长工序的加工工艺，有效地避免工件的腐蚀和生锈，省去下段防锈腐蚀工序，为企业节省生产成本，简化加工工艺，缩短加工周期，提高生产效率；同时也是铝合金、镁合金及有色金属的理想金属加工液。

高效润滑切削液（2）

原　料	配比（质量份）
聚乙烯醇	20～30
苯甲酸	10～12
聚丙烯酰胺	6～15
二元酸酐	5～10
硼砂	3～6
聚氯乙烯胶乳	8～15
乳化硅油	5～7

【制备方法】 将各组分混合均匀即可。

【原料配伍】 本品各组分质量份配比范围为：聚乙烯醇 20～30、苯甲酸 10～12、聚丙烯酰胺 6～15、二元酸酐 5～10、硼砂 3～6、聚氯乙烯胶乳 8～15、乳化硅油 5～7。

【产品应用】 本品主要应用于金属切削加工。

【产品特性】 本高效润滑切削液组合物的优点是：乳化粒小，稳定，含油比例大大降低，防锈性优于乳化型，不含氯及亚硝酸盐；废液经简单分油处理后，水中余物可进行生物降解，有利环保和节能。

高效润滑切削液（3）

原料配比

原　料	配比（质量份）
聚乙烯醇	20～40
烯基丁二酸	10～30
聚丙烯酰胺	10～15
乙二胺四乙酸二钠	5～10
机械油	5～15

续表

原　　料	配比（质量份）
硼砂	3～8
聚氯乙烯胶乳	1～3
苯甲酸	5～10

制备方法　将各组分混合均匀即可。

原料配伍　本品各组分质量份配比范围为：聚乙烯醇 20～40、烯基丁二酸 10～30、聚丙烯酰胺 10～15、乙二胺四乙酸二钠 5～10、机械油 5～15、硼砂 3～8、聚氯乙烯胶乳 1～3、苯甲酸 5～10。

产品应用　本品主要应用于金属切削加工。

产品特性　本品乳化粒小、稳定，含油比例大大降低，防锈性优于乳化型，不含氯及亚硝酸盐；废液经简单分油处理后，水中余物可进行生物降解，有利环保和节能。

高效润滑切削液（4）

原料配比

原　　料	配比（质量份）		
	1#	2#	3#
乙二醇	3	8	5
亚硝酸钠	7	11	9
苯甲酸	8	10	9
苯甲酸钠	4	9	7
异噻唑啉酮	1.1	2.8	2
苯并三氮唑	0.8	1.7	1.2
矿物油	12	18	15
水	15	15	15

制备方法　将各组分混合均匀即可。

原料配伍　本品各组分质量份配比范围为：乙二醇 3～8、亚硝酸钠 7～11、苯甲酸 8～10、苯甲酸钠 4～9、异噻唑啉酮 1.1～2.8、苯并三氮唑 0.8～1.7、矿物油 12～18、水 15。

产品应用　本品主要应用于金属切削加工。

产品特性　本品具有很好的润滑、降温、防锈和清洗效果。

高效水溶性切削液

原料配比

原　　料	配比（质量份）	
	1#	2#
癸二酸	7	10
酚醚磷酸酯	5	9
聚丙烯酰胺	2	6
苯并三氮唑	5	12
十二烷基磺酸钠	3	6
极压抗磨剂	5	7
乙二酸四乙酸二钠	10	15
一异丙醇胺	4	9
硼砂	2	4
月桂酸	2.3	4.5
聚甘油脂肪酸酯	7	14
太古油	5	11
钙镁离子软化剂	4	9

制备方法　将各组分混合均匀即可。

原料配伍　本品各组分质量份配比范围为：癸二酸 7～10、酚醚磷酸酯 5～9、聚丙烯酰胺 2～6、苯并三氮唑 5～12、十二烷基磺酸钠 3～6、极压抗磨剂 5～7、乙二酸四乙酸二钠 10～15、一异丙醇胺 4～9、硼砂 2～4、月桂酸 2.3～4.5、聚甘油脂肪酸酯 7～14、太古油 5～11、钙镁离子软化剂 4～9。

产品应用　本品主要应用于金属切削加工。

产品特性　本品具有清洗性能，有极压和抗磨性能，且成本低。

高效稳定切削液

原料配比

原　　料	配比（质量份）		
	1#	2#	3#
基础油	25	35	30
防锈剂	4	7	5.5
杀菌剂	4.3	8	6
缓蚀剂	3.2	6	4.5
磷酸三钠	1.2	2.8	2
聚乙二醇	10	16	13
消泡剂	0.8	1.3	1.1
脂肪醇聚氧乙烯醚	8	12	10
水	32	46	40

制备方法　将各组分混合均匀即可。

原料配伍　本品各组分质量份配比范围为：基础油 25～35、防锈剂 4～7、杀菌剂 4.3～8、缓蚀剂 3.2～6、磷酸三钠 1.2～2.8、聚乙二醇 10～16、消泡剂 0.8～1.3、脂肪醇聚氧乙烯醚 8～12、水 32～46。

产品应用　本品主要应用于金属切削加工。

产品特性　本切削液各个方面性质较为稳定。

高性价比水基切削液

原料配比

原　　料	配比（质量份）	
	1#	2#
复合极压润滑剂	22	25
表面活性剂	8	10
复配防锈剂	10	12
消泡剂	1	2
去离子水	59	51

制备方法

（1）复合极压润滑剂的制备

① 将油酸二乙醇酰胺和硼酸在 110℃下反应 4h，制得油酸二乙醇酰胺硼酸酯；

② 将苯并三氮唑与 40%甲醛溶液、乙酸及水在室温下混合静置反应24h，经沉淀、过滤、干燥后制得羟基化苯并三氮唑；

③ 将油酸二乙醇酰胺硼酸酯和羟基化苯并三氮唑在 140℃下反应 3h 制得复合极压润滑剂。

（2）切削液的制备　将原料混合搅拌制备，搅拌温度60℃，搅拌速率 70r/min，搅拌时间 80min。

原料配伍　本品各组分质量份配比范围为：复合极压润滑剂 22～25、表面活性剂 8～10、复配防锈剂 10～12、消泡剂 1～2、去离子水 51～59。

所述复合极压润滑剂由相同摩尔量的油酸二乙醇酰胺硼酸酯和羟基化苯并三氮唑配制而成。

其中，所述油酸二乙酰胺硼酸酯由相同摩尔量的油酸二乙醇酰胺和硼酸配制而成。所述羟基化苯并三氮唑由苯并三氮唑与 40%甲醛溶液、乙酸和水混合反应后制备而成。

所述复配防锈剂由四硼酸钠、三乙醇胺硼酸酯与三乙醇按质量比 3∶4∶2 复配而成。

产品应用　本品主要应用于金属切削加工。

产品特性　本品制备简单、成本低、使用方便且无毒无污染，具有优良的防锈耐磨润滑效果。

高性能防锈切削液

原料配比

原　料	配比（质量份）
机械油	10～15
硫代磷酸酯	3～8
防锈组合物	5～10
杀菌剂	3～5

原　料	配比（质量份）
柠檬酸	1～2
碳酸钠	3～5
乳化剂	5～10
水	20～30

【制备方法】　将各组分混合均匀即可。

【原料配伍】　本品各组分质量份配比范围为：机械油 10～15、硫代磷酸酯 3～8、防锈组合物 5～10、杀菌剂 3～5、柠檬酸 1～2、碳酸钠 3～5、乳化剂 5～10、水 20～30。

【产品应用】　本品主要应用于金属切削加工。

【产品特性】　使用液为无色透明液体，不含亚硝酸盐，有利于环境保护和人体健康；2%～3%稀释液可用于普通加工，4.5%～5.5%稀释液可用于极压加工；使用范围广，且油雾低，无刺激气味；单片防锈时间远超标准，远大于 220h 不锈。具有优异的磨削沉降性，优异的冷却、润滑和清洗性能。

高性能环保金属切削液

【原料配比】

原　料	配比（质量份）		
	1#	2#	3#
磷酸	3	8	5
石油酸锌	8	13	10
单乙醇胺	3.5	9	6
防锈剂	1.5	2.8	2
三氧化二铬	1.5	3	2.5
聚乙烯醇缩丁醛树脂	1.2	2.5	2
山梨糖醇单油酸酯	1.5	4	3
水	30	45	37

【制备方法】　将各组分混合均匀即可。

【原料配伍】　本品各组分质量份配比范围为：磷酸 3～8、石油酸锌 8～

13、单乙醇胺 3.5～9、防锈剂 1.5～2.8、三氧化二铬 1.5～3、聚乙烯醇缩丁醛树脂 1.2～2.5、山梨糖醇单油酸酯 1.5～4、水 30～45。

产品应用 本品主要应用于金属切削加工。

产品特性 本品安全高效，且对环境无污染。

高性能环境友好型磁性材料切削液

原料配比

原　　料	配比（质量份）
月桂二酸	5
硼酸	6
对叔丁基苯甲酸	2
油酸	3
三乙醇胺	25
聚氧乙烯聚氧丙烯嵌段醚	25
脂肪醇聚氧乙烯（9）醚	0.2
苯并三氮唑	0.2
均三嗪	0.2
水	33.4

制备方法 将各组分混合搅拌均匀即可。

原料配伍 本品各组分质量份配比范围为：防锈剂 20～40、表面活性剂 5～20、润滑剂 5～30、防腐剂 0.2～5、铜缓蚀剂 0.2～1、水加至 100。

　　所述防锈剂是硼酸、C_8～C_{18} 的有机酸、对叔丁基苯甲酸、对硝基苯甲酸中的一种或几种与一乙醇胺、二乙醇胺、三乙醇胺、异丙醇胺中的一种或几种形成的混合物，混合物的 pH 值为 8～9。

　　所述表面活性剂是 C_8～C_{18} 的有机酸与一乙醇胺、二乙醇胺、三乙醇胺、异丙醇胺中的一种或几种形成的混合物，混合物的 pH 值为 8～9；或表面活性剂是脂肪醇聚氧乙烯（5～12）醚或烷基酚聚氧乙烯（5～12）醚。

　　所述润滑剂是聚氧乙烯聚氧丙烯嵌段醚。

　　所述防腐剂是 1,2-苯并噻唑-3-酮、1,2-苯并异噻唑啉、均三嗪中的一种或几种。

所述铜缓蚀剂是苯并三氮唑、甲基苯并三氮唑、1H-1,2,4-三氮唑、α-巯基苯并噻唑中的一种或几种。

　　本品采用特殊水溶性聚合物作为润滑剂，复配多种表面活性剂、防锈剂和铜缓蚀剂，使得本产品具有优异的润滑性和防锈性，加工磁性材料成品率和加工精度高。由于本品不使用氢氧化钠、氢氧化钾等强碱，因此能够防止黏结剂的溶解。同时产品不含亚硝酸盐，绿色环保，是一种环境友好的磁性材料切削液。

[产品应用]　　本品主要应用于磁性材料加工。

[产品特性]

　　（1）本品具有优良的润滑性能。本品 5%稀释液摩擦系数小于0.201，与市售品相比，减小 20%；使用本品切削加工，刀具使用寿命大于 7d，与使用市售产品相比，提高 40%。

　　（2）本品可确保蜡系黏结剂在本品 5%稀释液中浸泡 3h 不发白、不溶解，加工件不发生脱落。

　　（3）本品安全卫生、质量可靠。配方不使用亚硝酸钠等有害物质，产品生物半致死量 $LD_{50}>5000mg/kg$，生物半致死浓度 $LC_{50}>5000mg/m^3$，无呼吸道黏膜刺激，对人和环境友好。

高性能金属切削液（1）

[原料配比]

原　　料	配比（质量份）	
	1#	2#
三乙醇胺	5	11
癸二酸	2	6
石油磺酸钠	5	9
油酸二乙醇酰胺	6	10
异噻唑啉酮	5	7
环己六醇六磷酸酯	4	8
甘油	4	6
聚苯胺水性防腐剂	2	7
苯乙烯马来酸酐	1	4
抗静电剂	1	3
十二烷基苯酚	4	9

将各组分混合均匀即可。

原料配伍 本品各组分质量份配比范围为：三乙醇胺 5～11、癸二酸 2～6、石油磺酸钠 5～9、油酸二乙醇酰胺 6～10、异噻唑啉酮 5～7、环己六醇六磷酸酯 4～8、甘油 4～6、聚苯胺水性防腐剂 2～7、苯乙烯马来酸酐 1～4、抗静电剂 1～3、十二烷基苯酚 4～9。

产品应用 本品主要应用于金属切削加工。

产品特性 本品具有良好的冷却性和防锈性能，同时冷却速率快。

高性能金属切削液（2）

原料配比

原 料	配比（质量份）		
	1#	2#	3#
油酸酰氨基非离子表面活性剂	3	15	10.5
吐温-20	5	—	—
吐温-60	7	—	—
吐温-80	—	5	9
十二烷基氨基丙酸	10	25	16.8
十二烷基二甲基甜菜碱		3	8.5
十八烷基二甲基甜菜碱		2	—
甜菜碱型两性表面活性剂	10	—	—
烷基苯磺酸钠	10	20	15
槐糖脂	10	1	6.8
甘油	10	—	7
聚乙烯醇	—	10	13
辛葵酸	—	15	—
油酸三乙醇胺	18	5	13
硼酸钠	5	15	10
苯并三氮唑	1	5	3.3
环己六醇磷酸酯	20	5	13
有机硼酸酯	8	—	—
O-（N-琥珀亚胺）-1,1,3,3-四甲基脲四氟硼酸酯	—	10	—
月桂酸三乙醇酰胺硼酸酯	—	15	16

原　　料	配比（质量份）		
	1#	2#	3#
钼酸盐	15	5	10
柠檬酸铜	8	3	5
水杨酸	—	3	—
二乙基三胺五乙酸	—	—	6
甘氨酸	—	7	—
螯合剂	3	—	—
柠檬酸钠	3	10	6
柠檬酸	4	15	9.8
水	80	150	126

〔制备方法〕 将各组分混合均匀即可。

〔原料配伍〕 本品各组分质量份配比范围为：油酸酰氨基非离子表面活性剂 3～15、吐温 5～12、十二烷基氨基丙酸 10～25、甜菜碱型两性表面活性剂 5～10、烷基苯磺酸钠 10～20、槐糖脂 1～10、水溶性润滑剂 10～25、油酸三乙醇胺 5～18、硼酸钠 5～15、苯并三氮唑 1～5、环己六醇磷酸酯 5～20、有机硼酸酯 8～25、钼酸盐 5～15、柠檬酸铜 3～8、螯合剂 3～10、柠檬酸钠 3～10、柠檬酸 4～15、水 80～150。

优选地，所述吐温为吐温-60、吐温-80、吐温-20 中的一种或者多种的组合。

优选地，所述甜菜碱型两性表面活性剂为十二烷基二甲基甜菜碱、十八烷基二甲基甜菜碱中的一种或者两种的组合。

优选地，所述水溶性润滑剂为聚乙烯醇、甘油、辛葵酸中的一种或者多种的组合。

优选地，所述有机硼酸酯为三乙醇胺硼酸酯、油酸二乙醇酰胺硼酸酯、月桂酸二乙醇酰胺硼酸酯、月桂酸三乙醇酰胺硼酸酯、O-（N-琥珀酰亚胺）-1,1,3,3-四甲基脲四氟硼酸酯中的一种或者多种的组合。

优选地，所述螯合剂为 2-羟基-5-磺基苯甲酸、二乙基三胺五乙酸、二羟乙基甘氨酸、N,N'-乙二胺二琥珀酸、水溶性乙二胺四乙酸盐、次氮基三醋酸盐、甲基甘氨酸二乙酸、丙二酸、水杨酸、甘氨酸、天冬氨酸、谷氨酸和吡啶二羧酸中的一种或者多种的组合。

质量指标

检验项目		检验标准	检验结果		
			1#	2#	3#
浓缩液	外观	液态、无分层、无沉淀、呈均匀状	液态、无分层、无沉淀、呈均匀状	液态、无分层、无沉淀、呈均匀状	液态、无分层、无沉淀、呈均匀状
5%稀释液	pH 值	8～10	9	8.5	9.5
	消泡性/(mL/10min)	≤2	0.4	0.5	0.5
	表面张力/($\times 10^{-3}$N/m)	<40	31	32	29
腐蚀试验（55℃±2℃）	铸铁	24 h	59h	62 h	63 h
	紫铜	8 h	40 h	38 h	48 h
	LY12 铝	8 h	43 h	48 h	50 h
防锈性（35℃±2℃）一级灰口铸铁	单片	24 h	35 h	46 h	45 h
	叠片	4h	28 h	30 h	32 h

产品应用　本品主要应用于金属切削加工。

产品特性　本品中，油酸酰氨基非离子型表面活性剂中具有多个羟基、酰氨基等极性基团和长碳链羟基，具有很好的润湿、乳化、增溶、清洗、防锈等功能；甜菜碱型两性离子表面活性剂，溶解性能优异，无论在酸性、碱性还是中性的水溶液中都能溶解，无沉淀，渗透力强，去污性能较好；油酸酰氨基非离子表面活性剂、甜菜碱型两性表面活性剂与吐温、十二烷基氨基丙酸、烷基苯磺酸钠、槐糖脂作为切削液的表面活性剂配合使用，使非离子表面活性剂、阴离子表面活性剂、两性离子表面活性剂以及生物表面活性剂配伍，使各表面活性剂中各活性物质协同作用，提高了切削液的清洗、润滑、防腐性能，与油酸三乙胺、硼酸钠、苯并三氮唑配伍后不仅能抑制微生物的增值对切削液稳定性造成的破坏，同时显著提高切削液对铝、铁的防锈性；钼酸盐是阳性缓蚀剂，添加到切削液中，可在工件金属表面生成一种钝化膜，获得良好的缓蚀效果，是一种无毒、不污染环境的防锈剂，提高切削液的挤压抗磨性能，钼酸盐与油酸三乙胺和有机硼酸酯配合，降低成本，提高了防锈效果；有机硼酸酯的油膜强度高，摩擦系数低，具有优良的减摩抗磨性能，具有良好的防锈性能，具有抗菌和杀菌功能，对人体无毒害作用，是一种理想的绿色环保型添加剂，添加到切削液中改善了切削液的性能；环己六醇磷酸酯分子结构中具有能同金属配位的 24 个氧原子、12 个羟基和 6 个磷酸基，与金属接触，极易在金属表面形成一层致密的有机单分子保护膜，使金属的电极变的和铝、金一样，从而有效阻止了金属的腐蚀，进一步提高了切削液的耐腐蚀性；各原料协同配合，得到的高性能金属切削液防锈性能好、抗腐蚀性可靠、不含矿物油、不含亚硝酸盐、铬酸盐等有害物质，与皮肤有很好的相容性，废液在自然环境中容易被微生物降解，环境指标良好，不易受细菌感染和发臭变质，使用周期长，废液排放量少。

高性能冷却切削液

原料配比

原　　料	配比（质量份）		
	1#	2#	3#
乙二醇	20	30	25
四硼酸钠	4	10	7
聚乙烯醇	3	8	5
醇醚	6	9	8
消泡剂	1.2	3.1	2.3
防腐剂	0.9	1.7	1.3
矿物油	3	5	4
单乙醇胺	1.4	1.9	1.6
油酸	5	7	6
水	15	15	15

制备方法　将各组分混合均匀即可。

原料配伍　本品各组分质量份配比范围为：乙二醇 20~30、四硼酸钠 4~10、聚乙烯醇 3~8、醇醚 6~9、消泡剂 1.2~3.1、防腐剂 0.9~1.7、矿物油 3~5、单乙醇胺 1.4~1.9、油酸 5~7、水 15。

产品应用　本品主要应用于金属切削加工。

产品特性　本品能够极大地带走加工过程中产生的热量，降低加工面的温度，有效避免工件因高温产生的卷边和变形。

高性能切削液

原　料	配比（质量份）		
	1#	2#	3#
基础油或油性剂	16	12	13.5
防锈剂	5	3	4
防腐蚀剂	2.5	1.5	2
精制妥尔油	6.5	3	5
三元羧酸盐	8.5	4	6
石油基矿物油	17	12	15
石油磺酸钠	8	5	6.5
聚环氧乙烷	8.5	5	7
苯甲酸钠	9	6.5	7.5
水	30	20	25

制备方法　将各组分混合均匀即可。

原料配伍　本品各组分质量份配比范围为：基础油或油性剂 12～16、防锈剂 3～5、防腐蚀剂 1.5～2.5、精制妥尔油 3～6.5、三元羧酸盐 4～8.5、石油基矿物油 12～17、石油磺酸钠 5～8、聚环氧乙烷 5～8.5、苯甲酸钠 6.5～9、水 20～30。

产品应用　本品主要应用于金属切削加工。

产品特性　本品能够起到润滑、防锈、清洗、冷却等作用，同时能减少环境污染；且切削液冷却性能优良，降低刀具的切削温度，提高刀具的使用寿命。

高性能润滑切削液

原料配比

原　料	配比（质量份）	
	1#	2#
液态苯并三氮唑	5	10
环己六醇六磷酸酯	3	9

原　料	配比（质量份）	
	1#	2#
硫代硫酸钠	2	6
脂肪醇聚氧乙烯醚	4	9
二异丙醇	2	7
硅油	1	3
硫化油脂	7	11
磷酸三乙酸胺	4	8
苯并异噻唑啉酮	1	4
磷酸三乙酸胺	1	5
十六烷基磷酸	4	6
丙烯酸钡	2	7

【制备方法】　将各组分混合均匀即可。

【原料配伍】　本品各组分质量份配比范围为：液态苯并三氮唑 5～10、环己六醇六磷酸酯 3～9、硫代硫酸钠 2～6、脂肪醇聚氧乙烯醚 4～9、二异丙醇 2～7、硅油 1～3、硫化油脂 7～11、磷酸三乙酸胺 4～8、苯并异噻唑啉酮 1～4、磷酸三乙酸胺 1～5、十六烷基磷酸 4～6、丙烯酸钡 2～7。

【产品应用】　本品主要应用于金属切削加工。

【产品特性】　本品化学稳定性好，冷却性优异，同时具有很好的渗透性，能够带走工件内部的热量。

高性能水基全合成切削液

【原料配比】

原　料	配比（质量份）	
	1#	2#
复合润滑剂	10	12
乳化剂	12	14
表面活性剂	6	8
自来水 I	45	41
复合防锈剂	8	10

原　料	配比（质量份）	
	1#	2#
pH 复合缓蚀剂	3.5	4
消泡剂	0.5	1
自来水 II	15	10

制备方法

（1）配制主原料混合溶液是将复合润滑剂、乳化剂、表面活性剂和自来水 I 放入恒温水浴锅中，在 55℃、40r/min 条件下恒温搅拌30min。

（2）配制混合添加剂是将复合防锈剂、pH 复合缓冲剂、消泡剂和自来水 II 放入反应釜中，在 25℃、50r/min 条件下搅拌 5min。

（3）将步骤（1）配制的混合溶液与步骤（2）配制的混合添加剂放入恒温水浴锅中，在 65℃、60r/min 条件下恒温搅拌45min。

原料配伍　本品各组分质量份配比范围为：复合润滑剂 10～12、乳化剂 12～14、表面活性剂 6～8、复合防锈剂 8～10、pH 复合缓蚀剂 3.5～4、消泡剂 0.5～1、自来水 51～60。

所述的乳化剂、表面活性剂、消泡剂分别选用 OP-10、非离子表面活性剂斯盘-80、二甲基硅油。

所述的复合润滑剂由大豆油、异构饱和脂肪酸、脂肪醇胺以质量配比 2：2：1 混合而成。

所述的复合防锈剂由苯并三氮唑与三乙醇胺按质量比 3：1 复配而成。

所述的 pH 复合缓冲剂由四硼酸钠与水杨酸按质量比 6：1 复配而成。

产品应用　本品主要应用于金属切削加工。

产品特性　本品以复合润滑剂、乳化剂、表面活性剂和自来水为主原料，以复合防锈剂、pH 复合缓冲剂、消泡剂为添加剂进行制备。其中，乳化剂选用 OP-10；表面活性剂选用非离子表面活性剂斯盘-80，该表面活性剂具有良好的渗透性和浸润性，有助于进入高温高压下的加工面，形成极压润滑膜；消泡剂选用二甲基硅油。该水基全合成切削液中的复合润滑剂由大豆油、异构饱和脂肪酸、脂肪醇胺按质量配比 2：2：1 混合而成；该复合润滑剂中的大豆油天然无毒，具有较高的生物降解率和润滑性能，异构饱和脂肪酸与脂肪醇胺不仅具有较好的润滑性，而且生物和环境稳定性好，保证了切削液的长期稳定性和长寿命。复合防锈剂由苯并三氮唑与三乙醇胺按质量比 3∶1 复配而成，该复合防锈剂中的苯并三氮唑不仅能抑制微生物增殖对切削液稳定性造成的破坏，而且与三乙醇胺复配能显著提高切削液对金属的防锈、防腐蚀性能。pH 复合缓冲剂由四硼酸钠与水杨酸按质量比 6∶1 复配而成，该 pH 复合缓冲剂不仅可以起到稳定作用，不会使其他添加剂因 pH 值变化而发生凝胶或析出，而且对金属具有很好的缓蚀防锈作用。

本品质量稳定可靠，使用周期长，无毒无害，具有良好的冷却性、清洗性、防锈防腐蚀性和润滑性，适用于多种金属的切削和研磨。

高性能水基乳化切削液

原料配比

表 1　复合酰胺防锈剂

原　　料		配比（质量份）	
		1#	2#
A 组分	三元聚羧酸（分子量约 470）	1	1
	2,2′,2″-氨基三乙醇	1.5	2
B 组分	苯并三氮唑	1	1
	二甘醇丁醚	3	4
A 组分∶B 组分		88∶12	85∶15

表 2　高性能水基乳化切削液

原　　料	配比（质量份）		
	1#	2#	3#
32#矿物油	55	42.8	31
季戊四醇十八碳脂肪酸酯	10	15	20
复合酰胺防锈剂	5	8	10
环烷酸锌	5	6	7
石油磺酸钠	11	10.5	10

原　料	配比（质量份）		
	1#	2#	3#
烷基磺酸钡	3	4	5
2,2',2''-氨基三乙醇	3	4	5
硫化脂肪酸酯	3	5	8
油酸	3	2.5	2
三嗪类杀菌剂	1.8	2	1.8
聚硅氧烷消泡剂	0.2	0.2	0.2

【制备方法】

（1）复合酰胺防锈剂的制备

① 制备聚羧酸醇胺酰胺：向常压钢制反应釜中加入三元聚羧酸和 2,2',2''-氨基三乙醇，在搅拌下，于 55℃±5℃，反应约 2h，即得聚羧酸醇胺酰胺。

② 制备苯一代风流三氮唑和助溶剂二甘醇丁醚的混合物：向容器中加入苯并三氮唑和二甘醇丁醚，常温下混合搅拌，至完全溶解，呈透明状。

③ 制备复合防锈剂：按比例将 A 组分和 B 组分在不超过 40℃温度条件下，混合搅拌 30～40min，至透明即可。

（2）切削液的制备　在反应釜中加入矿物油和烷基磺酸钡，开启搅拌，并升温至 120℃，恒温反应 1～2h 后，冷却至 70～80℃，再依次加入石油磺酸钠、复合酰胺防锈剂、环烷酸锌、季戊四醇十八碳脂肪酸合成酯、硫化脂肪酸酯、2,2',2''-氨基三乙醇、油酸、杀菌剂、消泡剂，搅拌反应 30～60min，即制备成本品。

【原料配伍】　本品各组分质量份配比范围为：矿物油 31～55、季戊四醇十八碳脂肪酸酯 10～20、复合酰胺防锈剂 5～10、环烷酸锌 5～7、石油磺酸钠 10～11、烷基磺酸钡 3～5、2,2',2''-氨基三乙醇 3～5、硫化脂肪酸酯 3～8、油酸 2～3、三嗪类杀菌剂 1.5～2、聚硅氧烷消泡剂 0.1～0.2。

所述复合酰胺防锈剂由以下组分组成：组分 A 聚羧酸醇胺酰胺 85～90、组分 B 苯三唑与助溶剂二甘醇丁醚混合物 15～10。

其中，所述的组分 A 是三元聚羧酸与 2,2',2''-氨基三乙醇的反应产物，按质量计，三元聚羧酸：2,2',2″-氨基三乙醇为 1：(1～2)。

所述的组分 B 是苯并三氮唑与二甘醇丁醚的常温混合物，按质量计，苯并三氮唑：二甘醇丁醚为 1：(2～4)。

产品应用　本品 1#主要应用于低碳钢、铝件、黄铜的车、铣、钻、镗等一般机械加工。2#主要应用于中碳钢、不锈钢、铝件、黄铜的车、铣、钻、镗、攻丝、铰孔等机械加工。3#主要应用于高碳钢、合金钢、不锈钢、铸铁、铝件、黄铜的车、铣、钻、镗、攻丝、铰孔、拉削等机械加工。

使用方法　以 5%～10%的水稀释本品，搅拌均匀，即可使用。

产品特性　本品组合物产品为水溶性产品，除了矿物油以外，还采用合成酯作为基础油。由于矿物油无极性，单一的矿物油吸附能力较差，在加工过程中，润滑性不够，为此，引入润滑性优异、倾点低、黏度适中、吸附性和抗氧化性好的季戊四醇脂肪酸酯，并在矿物油和合成酯二者之间获得满意的协调配比,有效提高了水基切削液的润滑性能。加之选择使用了硫化脂肪酸极压润滑剂，更有利于生成热稳定性高的边界润滑油膜，尽可能地改善滑润状态，故使产品在高低温状态下均具有良好稳定的润滑性，从而保证了产品在苛刻条件下有良好的润滑作用。

本品采用自主创新制备的复合酰胺防锈剂取代现有技术的防锈剂，一方面解决了现有水基切削液存在的防锈期短暂，如在加工过程中的工序间即发生锈蚀问题，显著提高了产品的防锈性能，延长了产品防锈期；另一方面，解决了现有水基切削液存在的适用于黑色金属或有色金属的适用领域的局限性问题，本复合防锈剂不仅显著提高了水基切削液的防锈性能，而且扩宽了对多种金属的防锈适用性，既对钢件、铸铁等黑色金属具有很好的防锈性，同时对铝和铜也有良好的防锈缓蚀作用，避免了铝和铜的变色。

由于本品组合物各组分的选用科学合理，配比均衡协调，因此达到了作用互补增效的效果，本品水基乳化切削液不仅具有高润滑性、高防锈性、高乳化性，高抗菌能力和高使用稳定性好，而且对环境无污染，对人体无伤害，使用寿命长，成本低廉。充分保证了在苛刻条件下优异的润滑作用，减少摩擦、磨损，防止产生擦伤、烧结，全面满足如钻孔、铰孔、拉削、攻丝、攻螺纹、成型磨等难度较大的加工要求。

高性能微乳化切削液

原 料	配比（质量份）			
	1#	2#	3#	4#
基础油	30	20	20	12
润滑极压剂	5	10	8	16
防锈剂	7	5	5	6
表面活性剂	8	8	7	8
缓蚀剂	0.2	0.2	0.2	2
杀菌防霉剂	2	1.5	1.5	2
水	加至 100	加至 100	加至 100	加至 100

制备方法 将各组分混合，搅拌均匀即可。

原料配伍 本品各组分质量份配比范围为：基础油 10～30、润滑极压剂 3～15、防锈剂 5～10、表面活性剂 5～12、缓蚀剂 0.2～3、杀菌防霉剂 0.2～2、水加至 100。

所述润滑极压剂是聚醚酯、植物油改性酯、硼酸酯、高分子量多功能极压润滑剂 170 中的一种或任意几种混合物。

所述防锈剂是二元酸、三元酸及其羧酸盐或新癸酸中的一种或任意几种混合物。

所述表面活性剂为阴离子表面活性剂或非离子表面活性剂。

所述阴离子表面活性剂为脂肪酸盐、脂肪酸酰胺、磺酸盐中的一种或任意几种混合物。

所述非离子表面活性剂为 C_{16}～C_{18} 的聚氧乙烯醚、异构醇聚氧乙烯醚、斯盘中的一种或任意几种混合物。

所述缓蚀剂为偏硅酸钠、苯并三氮唑、硅氧烷酮中的一种或任意几种混合物。

所述杀菌防霉剂为三嗪类、吗啉类、苯并异噻唑啉酮及其衍生物中的一种或任意几种混合物。

产品应用 本品主要应用于金属切削加工。

（1）本品不含磷、硫、氯型极压添加剂，制得的微乳化切削液具有极强的减摩极压性能，能有效抑制鳞刺及积屑瘤的产生，防止刀具黏结磨损，提高加工表面精度及延长刀具的使用寿命。

（2）本品能够满足加工过程中的冷却性能，清洗效果好，独特的配方设计使该微乳化切削液具有极强的生物稳定性，使用周期长，无刺激，无污染。

（3）本品通过选用适合的合成酯部分替代矿物基础油与基础油进行融合，并配以高分子量多功能极压润滑剂170作为润滑主体，同时以高效防锈剂及缓蚀剂、表面活性剂及杀菌防霉剂制成。

（4）本品能够满足加工过程中的冷却性能，泡沫低、清洗效果好；具有优异的防锈抗腐蚀性能，适合铁件、钢件、不锈钢、铝合金等多种金属材质及加工工艺；同时具有极佳的生物稳定性，有效抑制微生物的滋生，使用周期长。

高性能稳定切削液

原料配比

原　　料	配比（质量份）		
	1#	2#	3#
醇胺	2	7	4
抗氧化剂	1.2	4	2.7
偏硅酸钠	2.4	6.5	4.3
磷酸钠	3.4	7.5	5.5
聚醚	1.5	2.5	2
三嗪衍生物	4	6	5
羟基丙烯酸酯	2	5	3.5
三乙醇胺	3	7	5
水	15	15	15

制备方法　将各组分混合均匀即可。

原料配伍 本品各组分质量份配比范围为：醇胺 2～7、抗氧化剂 1.2～4、偏硅酸钠 2.4～6.5、磷酸钠 3.4～7.5、聚醚 1.5～2.5、三嗪衍生物 4～6、羟基丙烯酸酯 2～5、三乙醇胺 3～7、水 15。

产品应用 本品主要应用于金属切削加工。

产品特性 本品具有良好的清洗性，切削液长期稳定，废液处理方便。

高性能油基切削液

原料配比

原　　料	配比（质量份）	
	1#	2#
环烷基油	6	11
铜合金缓蚀剂	3	7
聚异丁烯	5	9
二乙醇胺	3	8
癸二酸	1	5
聚乙烯醇缩丁醛树脂	4	9
烷基醇酰胺磷酸酯	3	5
二烷基二硫代磷酸锌	2	4
亚磷酸二正丁酯	1	5
非离子表面活性剂	2	5
丙烯腈	3	8

制备方法 将各组分混合均匀即可。

原料配伍 本品各组分质量份配比范围为：环烷基油 6～11、铜合金缓蚀剂 3～7、聚异丁烯 5～9、二乙醇胺 3～8、癸二酸 1～5、聚乙烯醇缩丁醛树脂 4～9、烷基醇酰胺磷酸酯 3～5、二烷基二硫代磷酸锌 2～4、亚磷酸二正丁酯 1～5、非离子表面活性剂 2～5、丙烯腈 3～8。

产品应用 本品主要应用于金属切削加工。

产品特性 本品冷却润滑效果好，具有很好的防锈能力，能够极大地防止工件生锈。

高压高效加工用水性低泡半合成切削液

原　　料	配比（质量份）					
	1#	2#	3#	4#	5#	6#
低黏度基础油	12	10	15	12	10	10
葡萄糖酸钠抗黏附剂	8	5	8	10	10	5
非离子乳化剂	10	10	15	13	15	11
水性极压润滑剂	15	10	15	10	10	10
硼酸	3	2	5	3	5	5
甘油	5	5	7	10	5	10
二乙醇胺	10	10	10	10	15	23
合成磺酸钠	8	6	8	10	6	6
二羧酸盐基复合物防锈剂	15	10	10	15	10	10
单丁醚偶合剂	5	5	5	5	10	5
抗硬水剂	0.8	0.8	0.8	0.5	0.5	0.5
蒸馏水	加至100	加至100	加至100	加至100	加至100	加至100

制备方法

（1）水性极压润滑剂的制备　将质量比为100：30：40的三乙醇胺、四聚蓖麻油酸酯及自乳化酯混合搅拌并加热到55～65℃反应至透明状态后，加入设定质量份的蒸馏水溶解，得到水性极压润滑剂。

（2）切削液的制备　按设定质量比将二乙醇胺、硼酸混合搅拌并加热到100～120℃，保温1h以上，再降温至60℃以下，然后按质量配比依次加入低黏度基础油、水性极压润滑剂、甘油、二羧酸盐基复合物防锈剂、单丁醚偶合剂、葡萄糖酸钠、抗硬水剂、低泡非离子乳化剂和蒸馏水继续搅拌至均匀透明。

原料配伍　本品各组分质量份配比范围为：低黏度基础油10～15、葡萄糖酸钠抗黏附剂5～10、非离子乳化剂10～15、水性极压润滑剂10～20、硼酸2～5、甘油5～10、二乙醇胺10～30、合成磺酸钠6～10、二羧酸盐基复合物防锈剂10～30、单丁醚偶合剂5～10、抗硬水剂0.5～1、蒸馏水加至100。

所述水性极压润滑剂原料包括质量百分比为100：30：40的三乙醇胺和四聚蓖麻油酸酯以及自乳化酯和三乙醇胺2倍的蒸馏水。

利用环保的葡萄糖酸钠作为抗黏附分散剂，特殊的极压自乳化润滑剂和低泡乳化剂等原材料调配出润滑性能高，清洗能力好，抗凝絮性能强，在高速率、高压力加工工况下不产生细微泡沫的半合成切削液。

产品应用 本品主要应用于调整卧式加工中心、大型卧式龙门铣床及带增压泵装置的 CNC 加工中心。

使用方法 将高压高效加工用水性低泡半合成切削液与水按 1∶(10～40)稀释使用；进一步，将高压高效加工用水性低泡半合成切削液与水按 1∶20 稀释使用。

产品特性 本品采用独特的乳化剂和乳化体系，抑制了细微泡沫在高压、高速加工条件下的产生，解决了高压高效加工中泡沫连续产生、溢出机台的技术难题；环保型特殊极压润滑剂替代传统的合成酯，保证了切削液的润滑性能和清洗性能的长期稳定，并且对有色金属和黑色金属有非常好的保护作用；采用环保型分散剂，解决了有色金属和黑色金属的加工润滑性能和屑块凝结问题，降低凝絮作用，抑制了铁屑在机台台面上的结块效应；而且不使用消泡剂，节约了切削液的经济成本。本切削液解决了大型卧式龙门铣床加工中心、增压泵，副油箱装置加工中心的切削液的润滑和泡沫问题。兑水稀释后使用，能用水按比例[1∶(10～40)]稀释，稀释液具有优异的润滑性能、防锈性能及沉降性能，5%稀释液的各项指标达到或超过 GB 6144—2010 有关指标。该切削液使用寿命长，集中油池换油周期为 2～3a，单机油池换油周期为 8～12m，减少了排放，且废液中不含亚硝酸盐等有害物质，减少对环境的污染。

功能化离子液体辅助增效的水性环保切削液

原料配比

原　料	配比（质量份）			
	1#	2#	3#	4#
环氧大豆油酸-2-甲基己酯	45	—	—	—
三羟甲基丙烷油酸酯	—	60	—	—
油酸异辛酯	—	—	46	—

原　料	配比（质量份）			
	1#	2#	3#	4#
三羟甲基丙烷椰油酯	—	—	—	45
甘油三油酸酯	15	10	11	10
十二烷基聚氧乙烯醚硫酸三乙醇胺	15	—	—	—
妥尔油单异丙醇酰胺	—	10	—	—
脂肪酸酰胺聚氧乙烯醚	—	—	12	—
斯盘-60	—	—	—	15
三异丙醇胺	10	—	—	—
单异丙醇胺	—	5	—	—
二异丙醇胺	—	—	15	5
甲基苯并三氮唑	1	0.5	0.5	2
Corrguard SI	0.5	1	0.5	2
TROY K18N	1	1.5	1	3
[EAMIM]BF₄	1	—	—	2
pehIL	—	1	1	2
DIL	0.5	—	1	—
三聚酸	1	1	2	3
水	10	10	10	11

制备方法

（1）将合成酯、植物油与防腐杀菌剂在常温常压下搅拌混合均匀得混合物组分 A；

（2）将 pH 稳定剂、防锈剂与水在 30～80℃搅拌混合 10～60min 得混合物组分 B；

（3）将乳化剂与离子液体极压剂常温常压下搅拌混合得混合物组分 C；

（4）将 A、B、C 三混合物组分加入反应釜中，并加入铜、铝缓蚀剂，在 30～80℃搅拌混合 10～60min 得产品。

原料配伍　本品各组分质量份配比范围为：植物油 45～60、合成酯 10～15、乳化剂 10～15、pH 稳定剂 5～15、铜缓蚀剂 0.5～2、铝缓蚀剂 0.5～2、防腐杀菌剂 1～3、离子液体极压剂 0.5～2、防锈剂 0.5～3、水 10～15。

其中，所述离子液体极压抗磨剂为 1-乙酸乙酯基-3-甲基咪唑四氟硼酸盐（[EAMIM]BF$_4$）、1,6-二（3-乙基-1-咪唑基）己烷二乙基磷酸盐（DIL）、1-甲基-3-己基咪唑磷酸二异辛基离子液体（PehIL）中一种或两种以上的混合物。

所述植物油为三羟甲基丙烷油酸酯、环氧化大豆油、油酸异辛酯、环氧大豆油酸-2-甲基己酯、三羟甲基丙烷椰油酯中一种或两种以上的混合物。

所述合成酯为甘油三油酸酯，以磺酸型离子液体为催化剂，甘油与油酸为原料，甘油与油酸物质的量比为 1：(3～5)，甘油与离子液体物质的量比为 1：(0.001～0.2)，在 130～160℃温度下，搅拌 1～5h 反应，反应结束后液体自动分层，分出下层循环使用，可得上层甘油三油酸酯。

所述乳化剂为妥尔油二异丙醇酰胺、妥尔油单异丙醇酰胺、斯盘60、脂肪酸酰胺聚氧乙烯醚、十二烷基聚氧乙烯醚硫酸三乙醇胺中一种或两种以上的混合物。

所述 pH 稳定剂为单异丙醇胺、二异丙醇胺、三异丙醇胺中一种或两种以上的混合物。

所述铜缓蚀剂为甲基苯并三氮唑；铝缓蚀剂为陶氏的非硅非磷 corrguard SI；防腐杀菌剂为 TROY K18N；防锈剂为三聚酸；水为工业用水。

本品采用磺酸型离子液体（ionic liquid，IL）作催化剂，由甘油和油酸合成甘油三油酸酯。

【质量指标】

检 验 项 目		检 验 结 果				检验方法
		1#	2#	3#	4#	
pH 值（5%稀释液）		9.36	9.42	9.25	9.31	pH 计
腐蚀（Al,3h,55℃）		合格	合格	合格	合格	GB/T 6144
铸铁屑		1 级	1 级	1 级	1 级	IP 287
最大无卡咬负荷（P_B）值/N		880	853	832	866	
磨斑直径/mm		0.2	0.21	0.27	0.25	GB 3142
烧结负荷（P_D）值/N		5310	5250	5223	5116	
清洗能力：45#钢片（65℃±2℃，沉浸摆动 3min 清洗）	油率%	≥95%	≥95%	≥95%	≥95%	
	油率%	≤5%	≤5%	≤5%	≤5%	

检 验 项 目	检 验 结 果				检验方法
	1#	2#	3#	4#	
硬水中稳定性，20min	无絮状物	无絮状物	无絮状物	无絮状物	
人工硬水65℃±2℃，1h	无析出物	无析出物	无析出物	无析出物	
生物降解试验	降解率>96%	降解率>96%	降解率>96%	降解率>96%	CEC-L33-A93
适用金属材料	所有材料（包括铜镁铝合金）	所有材料（包括铜镁铝合金）	所有材料（包括铜镁铝合金）	所有材料（包括铜镁铝合金）	

产品应用 本品主要应用于金属切削加工。

产品特性

（1）所用甘油三油酸酯合成酯以甘油和油酸为原料在环保催化剂离子液体下催化酯化而得，反应条件温和、反应后物料自动分相、分离处理简便、催化剂可重复使用。而且自合成的甘油三油酸酯成本低，应用性强，没完全反应的甘油、油酸和离子液体的协同效果使其具有更加优良的润滑、防锈和乳化性能。

（2）所用极压抗磨剂为新型的功能化离子液体，该极压剂具有优良的抗磨性能，能与金属表面发生化学反应产生钝化膜从而保护金属表面，同时离子液体复合物具有多种阴阳离子，使体系具有某种特别的杀菌性能、润滑性、冷却性以及化学稳定性，这是一般的杀菌剂所不具有的效果。

（3）所有基础油与其他添加剂均使用环保材料，而且含有复合性能的离子液体新型添加剂，降低工件摩擦的同时能延缓基础油的腐败；切削液排放少，对环境污染少，向且不会对使用者身体健康造成损害，属于绿色环保的新型水性切削液。

固体切削液

原料配比

原 料	配比（质量份）				
	1#	2#	3#	4#	5#
固体油酸钾	20	25	28	—	—

原　料	配比（质量份）				
	1#	2#	3#	4#	5#
固体松香酸钾	—	—	—	30	—
固体松香酸钠和固体松香酸钾的混合物	—	—	—	—	25
聚乙二醇	10	6	8	—	—
丙二醇嵌段聚醚	—	—	—	5	—
聚乙二醇和丙二醇嵌段聚醚混合物	—	—	—	—	6
十二烷基磺酸钠	5	8	8	—	5
三聚磷酸钠	—	—	—	10	—
苯甲酸钠	1	1	1	1	1
乙二胺四乙酸二钠	0.1	0.1	0.1	0.1	0.1
无水碳酸钠	70	59.9	50	40	—
无水碳酸钠和无水碳酸钾的混合物	—	—	—	—	60

[制备方法]　将各组分混合均匀即可。

[原料配伍]　本品各组分质量份配比范围为：防锈剂20～30、润滑剂5～10、清洗剂5～10、防腐剂1、络合剂0.1和固体填料40～70。

所述的防锈剂为固体油酸钾、固体油酸钠、固体松香酸钾和固体松香酸钠中的一种或多种，所述的润滑剂为分子量为2000、4000、6000、10000和20000的聚乙二醇中的一种或多种或者分子量为5000和10000的丙二醇嵌段聚醚中的一种或多种或者聚乙二醇与丙二醇嵌段聚醚的混合物，所述的清洗剂为十二烷基苯磺酸钠、十二烷基硫酸钠和三聚磷酸钠中的一种或多种，所述的防腐剂为苯甲酸钠，所述的络合剂为乙二胺四乙酸二钠，所述的固体填料为无水碳酸钠和无水碳酸钾中的一种或多种。

[产品应用]　本品主要应用于金属加工切削。

[产品特性]　本品具有良好的润滑、冷却、防锈和清洗性能，并且具有优良的极压性能，可用于较高难度工件的加工，以显著提高工件的加工精度。使用过程非常简便，用自来水常温稀释即可，稀释液具有良好的化学稳定性和较长的使用寿命，并且不含苯酚，不释放甲醛等有害气体，无亚硝酸钠和酚类等有害物质，是一种绿色环保型产品。

刮辊用水性半合成切削液

原料配比

原料	配比（质量份）						
	1#	2#	3#	4#	5#	6#	7#
低黏度基础油	42	40	44	40	40	40	42
妥尔油酰胺	6	5	6	5	10	6	6
非离子乳化剂	5	6	5	5	5	5	5
水性极压润滑剂	11	10	15	15	11	10.25	10
硼酸	2	3	5	2	2	2	2
合成磺酸钠	5	5	5	5	5	5	5
二乙醇胺	10	10	15	10	10	10	10
二羧酸盐基复合物防锈剂	11	10	10	10	10	10	10
单丁醚偶合剂	5	5	5	6	5	10	8
抗硬水剂	0.5	1	0.5	0.5	0.5	0.5	0.5
杀菌剂	1	3	1	1	1	1	1
消泡剂	0.05	0.1	0.05	0.1	0.05	0.05	0.1
蒸馏水	加至100	加至100	加至100	加至100	加至100	加至100	加至100

制备方法

（1）水性极压润滑剂的制备　按质量配比将三乙醇胺、二聚酸及自乳化酯混合搅拌并加热到55～65℃反应至透明状态后，加入设定质量份的蒸馏水溶解，得到水性极压润滑剂。

（2）切削液的制备　按质量配比将二乙醇胺和硼酸混合后搅拌并加热到105～115℃，保温1h以上，再降温至60℃以下，然后按质量配比依次加入低黏度基础油、水性极压润滑剂、合成磺酸钠、二羧酸盐基复合物防锈剂、单丁醚偶合剂、妥尔油酰胺、抗硬水剂、杀菌剂和非离子乳化剂，继续搅拌30min以上，然后加入设定质量份的蒸馏水，继续搅拌至均匀透明，最后加入设定质量份的消泡剂；制得刮辊用水性半合成切削液。

原料配伍　本品各组分质量份配比范围为：低黏度基础油40～44、妥尔油酰胺5～10、非离子乳化剂5～9、水性极压润滑剂10～15、硼酸2～5、合成磺酸钠5～10、二乙醇胺10～15、二羧酸盐基复合物防锈剂 10～15、单丁醚偶合剂 5～10、抗硬水剂 0.5～1、杀菌剂 1～3、消泡剂 0.05～0.1、蒸馏水加至 100。

所述水性极压润滑剂原料包括三乙醇胺、二聚酸、高分子自乳化酯和三乙醇胺 2 倍的蒸馏水，所述三乙醇胺和二聚酸及高分子自乳化酯质量比为 100∶30∶40。

产品应用 本品主要应用于金属切削加工。

使用方法 将刮辊用水性半合成切削液与水按 1∶(10～20)稀释使用。

产品特性 本品采用独特的有机渗透剂和分散剂，对镜面微晶结构具有很好的保护作用，解决了传统切削液对工件表面的微晶影响的技术难题；使用环保型特殊极压润滑剂替代传统的合成酯，优异的润滑和清洗性能，保持了刮辊液的润滑性能和清洗性能的长期稳定，达到使用刮辊油的镜面加工效果；本切削液滑性能、抗腐蚀性能和清洗性能能够长期匹配，颗粒分散状态细小，稳定，使用周期长，清洗能力好，抗凝絮性能强，不易在刮辊表面黏附；以水性刮辊液替代传统的油性刮辊油，操作现场无火灾隐患、无刺激性气味，净化工作环境，工作液对皮肤无毒害、无刺激，提高工作效率，而且降低了使用成本；将切削液兑水稀释后使用，具有优异的润滑性能、防锈性能及沉降性能，5%稀释液的各项指标达到或超过 GB 6144—2010 有关指标。使用刮辊用半合成切削液，对缸筒表面的微晶结构有很好的保护作用，有效避免了传统磨削工艺所引起的烧伤。完全达到油性刮辊油的镜面效果；刮辊液中不含亚硝酸盐等有害物质，对环境保护非常有益。

管件加工降温切削液

原料配比

原　　料	配比（质量份）		
	1#	2#	3#
聚合氯化铝	7	3	8
苯甲酸钠	4	2	6
复合植物油	30	20	35
十二碳烯	6	3	7
乙醇	5	3	7
油酰氯	8	5	10

制备方法 将各组分混合均匀即可。

原料配伍 本品各组分质量份配比范围为：聚合氯化铝 3～8、苯甲酸钠 2～6、复合植物油 20～35、十二碳烯 3～7、乙醇 3～7、油酰氯 5～10。

产品应用 本品主要应用于金属切削加工。

产品特性 本品尽可能地改善润滑状态，使产品在高低温状态下具有良好稳定的润滑性，从而保证了产品在苛刻条件下有良好的润滑作用，具有优良的防锈性、冷却性和清洗性，对提高工件表面光洁度和减少刀具磨损效果显著。

管件加工切削液（1）

原料配比

原　　料	配比（质量份）		
	1#	2#	3#
乙醇	12	10	15
二元羧酸酐	8	5	10
土耳其红油	25	20	30
铝合金缓蚀剂	6	5	8
对叔丁基苯甲酸	5	3	8
硼酸酯	6	3	9

制备方法 将各组分混合均匀即可。

原料配伍 本品各组分质量份配比范围为：乙醇 10～15、二元羧酸酐 5～10、土耳其红油 20～30、铝合金缓蚀剂 5～8、对叔丁基苯甲酸 3～8、硼酸酯 3～9。

产品应用 本品主要应用于金属切削加工。

产品特性 本品具有触变性，在经气动泵输送至加工件和进行搅拌时可由膏状转化为液态，易于输送和使用，并节省用量；具有极佳的渗透性能，易于清洗；具有更好的润滑性能、传热冷却性能、稳定性、流变性能和抗极压性能，最大限度地降低攻丝切削温度及切削力，提高攻丝效率和精度，降低工件粗糙度，改进了表面质量，并能延长攻丝锥使用寿命。

管件加工切削液（2）

原料配比

原　　料	配比（质量份）		
	1#	2#	3#
二氧化钛	7	5	9
硫化鲸油	12	10	15
去离子水	6	3	8
次氯酸钠	7	3	9
羧酸钡	5	3	9
六氢吡啶	5	3	8

制备方法　将各组分混合均匀即可。

原料配伍　本品各组分质量份配比范围为：二氧化钛 5～9、硫化鲸油 10～15、去离子水 3～8、次氯酸钠 3～9、羧酸钡 3～9、六氢吡啶 3～8。

产品应用　本品主要应用于金属切削加工。

产品特性　本品具有触变性，在经气动泵输送至加工件或进行搅拌时可由膏状转化为液态，易于输送和使用，并节省用量，具有很强的渗透性能，易于清洗。

管件加工切削液（3）

原料配比

原　　料	配比（质量份）		
	1#	2#	3#
硼酸	4	2	6
基础油	25	20	30
油酸	4	2	6
苯并三氮唑	5	4	9
钼酸钠	5	2	6
氯化石蜡	3	1	4
乙三胺	6	4	9

制备方法 将各组分混合均匀即可。

原料配伍 本品各组分质量份配比范围为：硼酸 2~6、基础油 20~30、油酸 2~6、苯并三氮唑 4~9、钼酸钠 2~6、氯化石蜡 1~4、乙三胺 4~9。

产品应用 本品主要应用于金属切削加工。

产品特性 本品具有独特的触变性能，其在常温下为膏状物，在气动泵输送或搅拌的条件下转化为液体，以充分发挥其渗透性与极压润滑性，解决加工中常碰到的"攻丝不畅快"问题，同时可以节省攻丝润滑剂的消耗量，降低使用成本。

管件加工切削液（4）

原料配比

原　　料	配比（质量份）		
	1#	2#	3#
二甲基甲酰胺	4	2	6
基础油	25	20	30
苄基酚聚氧乙烯醚	4	2	6
苯并三氮唑	5	4	9
钼酸钠	5	2	6
氯化石蜡	3	1	4
乙三胺	6	4	9

制备方法 将各组分混合均匀即可。

原料配伍 本品各组分质量份配比范围为：二甲基甲酰胺 2~6、基础油 20~30、苄基酚聚氧乙烯醚 2~6、苯并三氮唑 4~9、钼酸钠 2~6、氯化石蜡 1~4、乙三胺 4~9。

产品应用 本品主要应用于金属切削加工。

产品特性 本品具有独特的触变性能，其在常温下为膏状物，在气动泵输送或搅拌的条件下转化为液体，以充分发挥其渗透性和极压润滑性，解决加工中常碰到的"攻丝不畅快"问题，同时可以节省攻丝润滑剂的消耗量，降低使用成本。

管件加工用改进型切削液

原　料	配比（质量份）		
	1#	2#	3#
二甲基甲酰胺	4	2	6
基础油	25	20	30
苄基酚聚氧乙烯醚	4	2	6
聚氧乙己糖醇脂肪酸酯	5	4	9
钼酸钠	5	2	6
氯化十二烷基二甲基苄基铵	3	1	4
乙三胺	6	4	9

【制备方法】　将各组分混合均匀即可。

【原料配伍】　本品各组分质量份配比范围为：二甲基甲酰胺 2~6、基础油 20~30、苄基酚聚氧乙烯醚 2~6、聚氧乙己糖醇脂肪酸酯 4~9、钼酸钠 2~6、氯化十二烷基二甲基苄基铵 1~4、乙三胺 4~9。

【产品应用】　本品主要应用于金属切削加工。

【产品特性】　本品具有独特的触变性能，其在常温下为膏状物，在气动泵输送或搅拌的条件下转化为液体，以充分发挥其渗透性与极压润滑性，解决加工中常碰到的"攻丝不畅快"问题，同时可以节省攻丝润滑剂的消耗量，降低使用成本。

管件润滑切削液

【原料配比】

原　料	配比（质量份）		
	1#	2#	3#
混合矿物油	30	25	35
混合醇胺	5	2	7

原 料	配比（质量份）		
	1#	2#	3#
壬基酚聚氧乙烯醚	4	3	7
癸二酸	4	2	7
氯化石蜡	4	3	7
亚硝酸钠	6	4	9

制备方法 将各组分混合均匀即可。

原料配伍 本品各组分质量份配比范围为：混合矿物油 25～35、混合醇胺 2～7、壬基酚聚氧乙烯醚 3～7、癸二酸 2～7、氯化石蜡 3～7、亚硝酸钠 4～9。

产品应用 本品主要应用于金属加工。

产品特性 本品具有触变性能，其在常温下为膏状物，在气动泵输送或搅拌的条件下转化为液体，以充分发挥其渗透性与极压润滑性，解决加工中常碰到的"攻丝不畅快"问题，同时可以节省攻丝润滑剂的消耗量，降低使用成本。

硅晶体切削液

原料配比

原 料	配比（质量份）		
	1#	2#	3#
pH 调节剂	5	10	15
乳化螯合剂	3	5	8
低泡聚醚	8	13	18
金属保护剂	3	5	8
去离子水	加至 100	加至 100	加至 100

制备方法 先将 pH 调节剂、金属保护剂溶解在去离子水中，澄清透

明后加入低泡聚醚、乳化螯合剂，使其反应混合均匀，呈清澈透明的液体，即得硅晶体切削液。

原料配伍 本品各组分质量份配比范围为：pH 调节剂 5～15、乳化螯合剂 3～8、低泡聚醚 8～18、金属保护剂 3～8、去离子水加至 100。

所述 pH 调节剂为多羟多胺类有机碱以及 8～9 个碳链的有机酸。

所述有机碱包括三乙醇胺，有机酸包括异壬酸。三乙醇胺提供的有效碱值比其他胺多，并且对硅材料的腐蚀性都要比其他胺来的小，所以它能在维持恒定的 pH 环境下不损伤硅材料，能有效减缓硅晶体的氧化腐蚀。

所述乳化螯合剂为乙二胺四乙酸（EDTA）系列。它能有效络合水中其他杂质离子，保持其清净性，并且可以使得整个体系具有一定的表面张力，能够沉降漂浮在表面的碎屑，保持整个加工环境的整洁和干净。

乙二胺四乙酸系列包括乙二胺四乙酸二钠、乙二胺四乙酸四钠。

所述低泡聚醚为嵌段聚醚。它具有优异的抗泡性能，能够在加工过程中起到一定的润滑性能并且泡沫非常低，几乎可以达到随起随消的状态，无须担心传统聚醚泡沫大的缺点。

所述嵌段聚醚包括聚氧乙烯、聚氧丙烯嵌段聚合物、聚氧乙烯苯乙烯基苯基醚。

所述金属保护剂为苯三唑类金属缓蚀剂。它能有效减缓硅晶体的氧化和腐蚀。

所述苯三唑类金属缓蚀剂包括苯并三氮唑。

产品应用 本品主要应用于金属切削加工。

使用方法 所得硅晶体切削液按加工负荷来确定使用配比浓度，使用轻负荷加工时，硅晶体切削液与水的配制比例为 1：20；中等负荷至重负荷加工时，硅晶体切削液配制比例为 8%～12%。

产品特性 硅晶体切削液的使用过程中，液体能够保持清澈透明，表面无废渣和泡沫，几乎可以做到起多少泡沫，下一秒全部消完，加工出来的工件更是光亮如新，无腐蚀和变色；它的使用寿命非常长，无须担心长菌的现象，变相节约了成本和减少了不必要的维护以及损耗，产品中不含对环境有害的物质，经处理后排放不会导致环境恶化。

硅片切割用切削液

原 料	配比（质量份）		
	1#	2#	3#
环烷酸钠	4	4.5	6
硫化油脂	7	8	10
壬基酚聚氧乙烯醚	3	5	6
油酸二乙醇胺	25	28	36
水	20	39	47
椰油酸三乙醇酰胺	2	2.5	3

制备方法 将各组分混合，在 120℃ 的温度下，以 120r/min 的速率下，搅拌 2min。

原料配伍 本品各组分质量份配比范围为：环烷酸钠 4～6、硫化油脂 7～10、壬基酚聚氧乙烯醚 3～6、油酸二乙醇胺 25～36、水 20～47、椰油酸三乙醇酰胺 2～3。

产品应用 本品主要应用于硅片切割。

产品特性 本品可在极低的浓度下大幅度降低切削液的表面张力，极大提高切削液对磨料的润湿性，提高了磨料的分散性，避免磨料团聚结成块对硅片带来损坏，有利于提高硅片切割的成品率，使硅片切割成品率达到 98%；且可在硅片表面形成保护膜，使硅片更容易被清洗，提高了切削液的润滑效果。

硅片切割用水基切削液

原料配比

原 料	配比（质量份）		
	1#	2#	3#
乙二醇	60	65	70

原 料	配比（质量份）		
	1#	2#	3#
油酸三乙醇胺	4	3	2
非离子表面活性剂 H	5	3	3
极压抗磨剂	1	1	1
去离子水	30	28	24

【制备方法】 将各组分混合，在 120℃的温度下，以 120r/min 的速率下，搅拌 2min。

【原料配伍】 本品各组分质量份配比范围为：乙二醇 60～70、油酸三乙醇胺 2～4、非离子表面活性剂 H 3～5、极压抗磨剂 1、水 24～30。

所述非离子表面活性剂 H 以松香、顺酐和多元胺等为原料合成。

所述油酸三乙醇胺酯是以油酸和三乙醇胺为原料合成。

所述极压抗磨剂是一种重要的润滑脂添加剂，大部分是一些含硫、磷、氯、铅、钼的化合物。

【产品应用】 本品主要应用于硅片切割。

【产品特性】 本品极大降低了切削液的表面张力，大大提高了切削液的流动性和渗透性，极大提高切削液对磨料的润湿性，提高了磨料的分散性，避免磨料团聚结成块对硅片带来损坏，有利于提高硅片切割的成品率，使硅片切割成品率达到 98%；且可在硅片表面形成保护膜，使硅片更容易被清洗，提高了切削液的润滑效果、耐磨性及冷却性。

硅片切削液

【原料配比】

原 料	配比（质量份）		
	1#	2#	3#
聚乙二醇	55	58	47
四甲基氢氧化胺	10	13	11
油酸二乙醇胺	31	31	28

273

原　料	配比（质量份）		
	1#	2#	3#
硫化油脂	7	9	8.5
油酸酰胺	4	3	5
去离子水	33	29	21

制备方法 将各组分在 120℃的温度下，在 120r/min 的速率下，搅拌 2min。

原料配伍 本品各组分质量份配比范围为：聚乙二醇 40～60、四甲基氢氧化胺 5～13、油酸二乙醇胺 25～36、硫化油脂 7～10、油酸酰胺 3～6、水 20～47。

产品应用 本品主要应用于金属切削加工。

产品特性 本品可有效提高磨料分散性，有利于提高硅片切割的成品率，使硅片切割成品率达到 99%，且可在硅片表面形成保护膜，提高硅片成品表面光滑度，使硅片更容易被清洗，提高了切削液的润滑效果。

硅片线切割用水基切削液

表1　助剂

原　料	配比（质量份）
聚氧乙烯山梨糖醇酐单油酸酯	3
纳米氮化铝	0.1
碳酸氢铵	3
乙醇胺	1
羧甲基壳聚糖	2
二乙二醇丁醚	1
丙二醇	8
桃胶	3
硅酸钠	1

原　料	配比（质量份）
尿素	4
过硫酸铵	2
水	20

表2　硅片线切割用水基切削液

原　料	配比（质量份）
环烷酸钠	2.5
壬基酚聚氧乙烯醚	2.5
油酸二乙醇胺	1.5
脂肪酸甘油酯	4.5
月桂醇硫酸钠	1.5
矿物油	16
石油磺酸钠	2.5
油酸	1.5
助剂	7
水	200

制备方法

（1）助剂的制备　将过硫酸铵溶于水后，再加入其他剩余物料，搅拌10～15min，加热至70～80℃，搅拌反应1～2h，即得。

（2）切削液的制备　硅片线切割用水基切削液的制备：将水、环烷酸钠、壬基酚聚氧乙烯醚、月桂醇硫酸钠、石油磺酸钠混合，加热至40～50℃，加入脂肪酸甘油酯、矿物油、油酸、助剂，在1000～1200r/min搅拌下继续加热到70～80℃，搅拌10～15min，加入其他剩余成分，继续搅拌15～20min，即得。

原料配伍　本品各组分质量份配比范围为：环烷酸钠2～3、壬基酚聚氧乙烯醚2～3、油酸二乙醇胺1～2、脂肪酸甘油酯4～5、月桂醇硫酸钠1～2、矿物油15～18、石油磺酸钠2～3、油酸1～2、助剂6～8、水200。

所述助剂包括以下组分：聚氧乙烯山梨糖醇酐单油酸酯2～3、纳米氮化铝0.1～0.2、碳酸氢铵2～3、乙醇胺1～2、羧甲基壳聚糖2～

3、二乙二醇丁醚 1～2、丙二醇 5～8、桃胶 2～3、硅酸钠 1～2、尿素 3～4、过硫酸铵 1～2、水 20～24。

质量指标

检 验 项 目	检 验 标 准		检 验 结 果
最大无卡咬负荷（P_B）值/N	≥400		≥700
防锈性（35℃±2℃），一级灰铸铁	单片，24h，合格		>56h 无锈
	叠片，8h，合格		>16h 无锈
腐蚀试验（35℃±2℃），全浸	铸铁，24h，合格		>56h
	紫铜，8h，合格		>24h
对机床涂料适应性	不起泡、不开裂、不发黏		

产品应用 本品主要应用于金属切削加工。

产品特性 本品的表面张力低，极大提高切削液对磨料的润湿性，提高了磨料的分散性，避免磨料团聚结成块对硅片带来损坏；冷却和润滑性能好，加工精度高，有利于提高硅片切割的成品率，使硅片切割成品率达到 98%；而且切割线使用寿命长，对硅片无腐蚀且可在硅片表面形成保护膜，使硅片更容易被清洗。

滚齿加工切削液

原料配比

原　　料	配比（质量份）				
	1#	2#	3#	4#	5#
去离子水	35	55	45	45	48
氧化菜油	5	12	8	9	7
季戊四醇	1.5	2.5	1.9	1.9	1.8
异辛基酸性磷酸酯十八胺盐	2.5	3.5	2.8	2.8	2.8
蓖麻油硼酸酯	2.5	3.2	2.7	2.7	2.6
环烷酸锌	1.6	2.5	2.2	2.2	2.3
降凝剂	1.2	1.8	1.6	1.8	1.4
清净剂	2.2	3.3	2.9	2.7	2.5

原　　料	配比（质量份）				
	1#	2#	3#	4#	5#
抗泡剂	1.1	2.3	1.7	1.7	1.7
分散剂	1.2	1.7	1.5	1.6	1.5

[制备方法]　将各组分混合均匀即可。

[原料配伍]　本品各组分质量份配比范围为：去离子水 35～55、氧化菜油 5～12、季戊四醇 1.5～2.5、异辛基酸性磷酸酯十八胺盐 2.5～3.5、蓖麻油硼酸酯 2.5～3.2、环烷酸锌 1.6～2.5、降凝剂 1.2～1.8、清净剂 2.2～3.3、抗泡剂 1.1～2.3、分散剂 1.2～1.7。

所述降凝剂为聚丙烯酸酯或聚 α-烯烃；

所述清净剂为烷基水杨酸钙或环烷酸镁；

所述抗泡剂为蓖麻油聚氧乙烯醚或甲基硅油；

所述分散剂为聚异丁烯丁二酰亚胺或聚乙烯蜡。

[产品应用]　本品主要应用于金属切削加工。

[产品特性]　本品是应用于滚齿加工领域，特别是高速滚齿加工领域的切削液。高速滚齿加工会产生大量的热量，故冷却性能是至关重要的性能；其次，切削液也应具备一定的极压性能和润滑性能。为满足上述性能，本品加入了少量的植物润滑油脂和一些金属盐，一方面是提供润滑性和极压性能，另一方面是提供了切削液的导热能力。

本品具有良好的流动性和较高的热导率，能够有效散热，且在冷却性能的基础上具有良好的润滑性能和极压性能，适用于滚齿加工领域，不仅避免了过高温度导致刀具变形，也有利于降低刀具的磨损，延长刀具的使用寿命，是一种非常理想的滚齿加工切削液。

含氮化铝粉抗菌切削液

[原料配比]

表1　助剂

原　　料	配比（质量份）
聚氧乙烯山梨糖醇酐单油酸酯	2

原　料	配比（质量份）
氮化铝粉	0.1
硼酸	2
吗啉	1
硅酸钠	2
硅烷偶联剂 KH-560	1
过硫酸钾	1
桃胶	3
水	20

表 2　含氮化铝粉抗菌切削液

原　料	配比（质量份）
聚乙二醇	22
硼砂	3.5
菜籽油	33
氮化铝粉	1.5
柠檬酸三乙酯	2.5
单氟磷酸钠	0.9
丙烯酸	0.7
苯乙基萘酚聚氧乙烯醚	2.6
助剂	7
水	200

制备方法

（1）助剂的制备　将过硫酸钾溶于水后，再加入其他剩余物料，搅拌 10~15min，加热至 70~80℃，搅拌反应 1~2h，即得。

（2）切削液的制备　将水、氮化铝粉、苯乙基萘酚聚氧乙烯醚混合，加热至 40~50℃，在 3000~4000r/min 搅拌下，加入聚乙二醇、菜籽油、柠檬酸三乙酯、丙烯酸、助剂，继续加热到 70~80℃，搅拌 10~15min，加入其他剩余成分，继续搅拌 15~25min，即得。

原料配伍　本品各组分质量份配比范围为：聚乙二醇 20~24、硼砂 3~4、菜籽油 30~35、氮化铝粉 1~2、柠檬酸三乙酯 2~3、单氟磷酸钠

0.8～1、丙烯酸 0.6～0.8、苯乙基萘酚聚氧乙烯醚 2～3、助剂 6～8、水 200。

所述助剂包括以下组分：聚氧乙烯山梨糖醇酐单油酸酯 2～3、氮化铝粉 0.1～0.2、硼酸 2～3、吗啉 1～2、硅酸钠 1～2、硅烷偶联剂 KH-560 1～2、过硫酸钾 1～2、桃胶 3～4、水 20～24。

【质量指标】

检 验 项 目	检 验 标 准	检 验 结 果
最大无卡咬负荷（P_B）值/N	≥400	≥600
防锈性（35℃±2℃），一级灰铸铁	单片，24h，合格	>46h 无锈
	叠片，8h，合格	>14h 无锈
腐蚀试验（35℃±2℃），全浸	铸铁，24h，合格	>48h
	紫铜，8h，合格	>10h
对机床涂料适应性	不起泡、不开裂、不发黏	

【产品应用】 本品主要应用于金属切削加工。

【产品特性】 本品通过使用氮化铝粉，具有优异的分散性，自洁性能、抗氧化、杀菌除臭功能，延长切削液的保质期；该切削液通过使用油脂、非离子表面活性剂，还具有良好的润滑性、冷却性，不腐蚀工件，适用于高精度工件的加工，不仅切削速率快，而且成品率高。

含废机油切削液

【原料配比】

表 1 助剂

原　　料	配比（质量份）
壬基酚聚氧乙烯醚	2
尿素	1
纳米氮化铝	0.1
硅酸钠	2
硼酸	2

原　料	配比（质量份）
钼酸铵	1
新戊二醇	3
桃胶	2
过硫酸铵	2
水	20

表 2　含废机油切削液

原　料	配比（质量份）
废机油	13
三乙醇胺	1.5
氨基酸酯	5
植酸	2.5
十二烷基二甲基苄基氯化铵	2.5
纳米级石墨微粉	1.5
二乙二醇丁醚	15
丙二醇	7
月桂酸钠	1.5
助剂	7
水	200

制备方法

（1）助剂的制备　将过硫酸铵溶于水后，再加入其他剩余物料，搅拌 10～15min，加热至 70～80℃，搅拌反应 1～2h，即得。

（2）切削液的制备　将水、十二烷基二甲基苄基氯化铵、月桂酸钠混合，加热至 40～50℃，在 3000～4000r/min 搅拌下，加入废机油、氨基酸酯、二乙二醇丁醚、丙二醇、助剂，继续加热到 70～80℃，搅拌 10～15min，加入其他剩余成分，继续搅拌 15～25min，即得。

原料配伍　本品各组分质量份配比范围为：废机油 12～14、三乙醇胺 1～2、氨基酸酯 4～6、植酸 2～3、十二烷基二甲基苄基氯化铵 2～3、纳米级石墨微粉 1～2、二乙二醇丁醚 14～16、丙二醇 5～8、月桂酸钠 1～2、助剂 6～8、水 200。

所述助剂包括以下组分：壬基酚聚氧乙烯醚 2～3、尿素 1～2、纳米氮化铝 0.1～0.2、硅酸钠 2～3、硼酸 1～2、钼酸铵 1～2、新戊二醇 3～4、桃胶 2～3、过硫酸铵 1～2、水 20～24。

【质量指标】

检 验 项 目	检 验 标 准	检 验 结 果
最大无卡咬负荷（P_B）值/N	≥400	≥770
防锈性（35℃±2℃），一级灰铸铁	单片，24h，合格	>56h 无锈
	叠片，8h，合格	>16h 无锈
腐蚀试验（35℃±2℃），全浸	铸铁，24h，合格	>56h
	紫铜，8h，合格	>16h
对机床涂料适应性	不起泡、不发黏	

【产品应用】 本品主要应用于金属切削加工。

【产品特性】 本品通过使用纳米级石墨微粉，具有优异的润滑性和极压抗磨性能；通过使用废机油；降低了成本；本品还具有良好的防锈性能，不含钠盐、苯酚、氯化石蜡、矿物油等物质，对人体无伤害，是一种环保绿色产品。

含纳米石墨切削液

【原料配比】

表 1 助剂

原 料	配比（质量份）
壬基酚聚氧乙烯醚	2
尿素	1
纳米氮化铝	0.1
硅酸钠	2
硼酸	2
钼酸铵	1
新戊二醇	3

原　料	配比（质量份）
桃胶	2
过硫酸铵	2
水	20

表 2　含纳米石墨切削液

原　料	配比（质量份）
纳米石墨	1.5
十二烷基苯磺酸钠	1.5
过硫酸钾	1.5
丙烯酸甲酯	3.5
硬脂酸锌	1.5
植物油	13
丁二酸	2.5
钼酸铵	1.5
明胶	7
助剂	7
水	200

制备方法

（1）助剂的制备　将过硫酸铵溶于水后，再加入其他剩余物料，搅拌 10～15min，加热至 70～80℃，搅拌反应 1～2h，即得。

（2）切削液的制备　将水、十二烷基苯磺酸钠混合，加热至 40～50℃，在 3000～4000r/min 搅拌下，加入丙烯酸甲酯、硬脂酸锌、植物油、明胶、助剂，继续加热到 70～80℃，搅拌 10～15min，加入其他剩余成分，继续搅拌 15～25min，即得。

原料配伍　本品各组分质量份配比范围为：纳米石墨 1～2、十二烷基苯磺酸钠 1～2、过硫酸钾 1～2、丙烯酸甲酯 3～4、硬脂酸锌 1～2、植物油 12～14、丁二酸 2～3、钼酸铵 1～2、明胶 5～8、助剂 6～8、水 200。

所述助剂包括以下组分：壬基酚聚氧乙烯醚 2～3、尿素 1～2、纳米氮化铝 0.1～0.2、硅酸钠 2～3、硼酸 1～2、钼酸铵 1～2、新戊二醇 3～4、桃胶 2～3、过硫酸铵 1～2、水 20～24。

检 验 项 目	检 验 标 准		检 验 结 果
最大无卡咬负荷（P_B）值/N	≥400		≥750
防锈性（35℃±2℃），一级灰铸铁	单片，24h，合格		>48h 无锈
	叠片，8h，合格		>12h 无锈
腐蚀试验（35℃±2℃），全浸	铸铁，24h，合格		>36h
	紫铜，8h，合格		>12h
对机床涂料适应性	不起泡、不发黏		

产品应用 本品主要应用于金属切削加工。

产品特性 本品添加了纳米石墨，能够显著改善机械零部件的摩擦磨损行为，提高切削液的润滑性；通过使用高分子单体和引发剂，能够聚合，使得纳米石墨分散更稳定，使得切削液更稳定；通过使用钼酸铵，增加了极压性能。本品适用于高速切削，导热速率快，保护刀具，不产生油雾。

含硼酸铝纳米微粒切削液

原料配比

表 1 助剂

原 料	配比（质量份）
壬基酚聚氧乙烯醚	2
尿素	1
纳米氮化铝	0.1
硅酸钠	2
硼酸	2
钼酸铵	1
新戊二醇	3
桃胶	2
过硫酸铵	2
水	20

表 2　含硼酸铝纳米微粒切削液

原　料	配比（质量份）
单乙醇胺	1.5
丁二酸	3.5
硼酸	1.5
甘油	11
尼泊金甲酯	11
薄荷醇	3.5
硼酸铝纳米微粒	1.5
月桂基硫酸钠	2.5
煤油	16
助剂	7
水	200

【制备方法】

（1）助剂的制备　将过硫酸铵溶于水后，再加入其他剩余物料，搅拌 10～15min，加热至 70～80℃，搅拌反应 1～2h，即得。

（2）切削液的制备　将水、月桂基硫酸钠混合，加热至 40～50℃，在 3000～4000r/min 搅拌下，加入丁二酸、甘油、尼泊金甲酯、薄荷醇、煤油、助剂，继续加热到 70～80℃，搅拌 10～15min，加入其他剩余成分，继续搅拌 15～25min，即得。

【原料配伍】　本品各组分质量份配比范围为：单乙醇胺 1～2、丁二酸 3～4、硼酸 1～2、甘油 10～12、尼泊金甲酯 10～12、薄荷醇 3～4、硼酸铝纳米微粒 1～2、月桂基硫酸钠 2～3、煤油 14～18、助剂 6～8、水 200。

所述助剂包括以下组分：壬基酚聚氧乙烯醚 2～3、尿素 1～2、纳米氮化铝 0.1～0.2、硅酸钠 2～3、硼酸 1～2、钼酸铵 1～2、新戊二醇 3～4、桃胶 2～3、过硫酸铵 1～2、水 20～24。

【质量指标】

检 验 项 目	检 验 标 准	检 验 结 果
最大无卡咬负荷（P_B）值/N	≥400	≥750
防锈性（35℃±2℃），一级灰铸铁	单片，24h，合格	>40h 无锈
	叠片，8h，合格	>16h 无锈

检验项目	检验标准	检验结果
腐蚀试验（35℃±2℃），全浸	铸铁，24h，合格	>48h
	紫铜，8h，合格	>24h
对机床涂料适应性	不起泡、不发黏	

产品应用 本品主要应用于金属切削加工。

产品特性 本品通过使用硼酸铝纳米微粒和硼酸，大大增加了润滑性、极压性、分散性。该切削液系稳定，不沉降，不易变质，防锈性能好，适用于快速切削，提高了切削液和刀具的使用寿命。

含石墨烯分散液的金属切削液

原料配比

原料	配比（质量份）				
	1#	2#	3#	4#	5#
润滑性添加剂	0.2	0.5	1	1.5	2
防锈剂	7	7	7	7	7
缓蚀剂	0.3	0.3	0.3	0.3	0.3
抗硬水剂	0.1	0.1	0.1	0.1	0.1
润滑剂	15	15	15	15	15
水	加至100	加至100	加至100	加至100	加至100

制备方法

（1）将水、润滑剂在常温常压下搅拌混合均匀得混合溶液；

（2）将缓蚀剂、抗硬水剂、防锈剂在常温常压下搅拌混合后加入到步骤（1）得到的混合溶液中，搅拌均匀即得到水基合成金属切削液的基础液；

（3）将润滑性添加剂在常温常压下添加到步骤（2）所得的水基合成金属切削液的基础液中后进行混合均匀，即得含石墨烯分散液的金属切削液。

原料配伍 本品各组分质量份配比范围为：润滑性添加剂0.2～2、防锈剂5～7、缓蚀剂0.2～0.5、抗硬水剂0.05～0.15、润滑剂15～20、水加至100。

其中所述的润滑性添加剂为石墨烯分散液，包括氧化石墨烯、乌洛托品和十二烷基苯磺酸钠；

其中氧化石墨烯和乌洛托品质量比为(1～3)：1，优选 2：1。

其中所述的防锈剂为葡萄糖酸钠、硼砂、三乙醇胺按 6：(6.5～7)：(7.5～8)的质量比组成的混合物，优选 6：7：8。防锈剂通过以下方法制备：将葡萄糖酸钠、硼砂、三乙醇胺均匀分散在水中，并将 pH 值调至 8～10。

其中所述的缓蚀剂选自磷酸酯或苯并三氮唑，优选苯并三氮唑。

其中所述的抗硬水剂选自乙二胺四乙酸、羟乙基乙二胺三乙酸钠或乙二胺四乙酸四钠中的至少一种，优选乙二胺四乙酸。

其中所述的润滑剂选自嵌段聚醚、二异丙醇酰胺或聚乙二醇，优选聚乙二醇。

【质量指标】

检 验 项 目	检 验 结 果				
	1#	2#	3#	4#	5#
外观	澄清透明	澄清透明	澄清透明	澄清透明	澄清透明
最大无卡咬负荷（P_B）值/N	735	813.4	882	803.6	784
磨斑直径 D/mm	0.39	0.35	0.3	0.34	0.36

【产品应用】 本品主要应用于金属切削加工。

【产品特性】 本品实现了石墨烯在水基介质中的稳定分散；将石墨烯作为水基切削液添加剂，能够显著改善机械零部件的摩擦磨损行为，提高水基切削液的润滑性能，从而改善目前水基切削液冷却、清洗和防锈效果好但润滑性能不佳的缺陷。

含石墨烯分散液的水基合成金属切削液

【原料配比】

表1 润滑性添加剂

原 料	配比（质量份）
壳聚糖	18
石墨烯	0.08
OP-10 烷基酚聚氧乙烯醚	1.8

原　　料	配比（质量份）
冰醋酸	8
去离子水	72.12

表2　金属切削液

原　　料	配比（质量份）			
	1#	2#	3#	4#
减摩防腐剂	15	15	15	15
pH 稳定剂	2.5	2.5	2.5	2.5
润滑性添加剂	0.5	0.8	1	1.5
防锈剂	0.5	0.5	0.5	0.5
缓蚀剂	0.3	0.3	0.3	0.3
抗硬水剂	0.1	0.1	0.1	0.1
pH 调节剂	8	8	8	8
去离子水	加至100	加至100	加至100	加至100

【制备方法】

（1）润滑性添加剂石墨烯分散液的制备

① 壳聚糖酸性溶液的制备：将壳聚糖溶于去离子水中，加入冰醋酸，得壳聚糖酸性溶液；

② 石墨烯分散液的制备：将石墨烯、OP-10 烷基酚聚氧乙烯醚加入到步骤①中的壳聚糖酸性溶液中，在 18000r/min 的高转速下机械搅拌 30min，然后在超声波处理器上进行超声分散 20～30min，即得润滑性添加剂石墨烯分散液。

（2）切削液的制备

① 将去离子水、减摩防腐剂、pH 稳定剂在常温常压下搅拌混合均匀得混合溶液；

② 将缓蚀剂、抗硬水剂、防锈剂、pH 调节剂在常温常压下搅拌混合后加入到步骤①得到的混合溶液中，搅拌均匀即得到水基合成金属切削液的基础液；

③ 将润滑性添加剂石墨烯分散液在常温常压下添加到步骤②所得的水基合成金属切削液的基础液中后混合均匀，即得含石墨烯分散液的水基合成金属切削液。

【原料配伍】　本品各组分质量份配比范围为：减摩防腐剂 10～20、pH 稳定剂 2～3.5、润滑性添加剂 0.5～1.5、防锈剂 0.5～1、缓蚀剂 0.2～

0.5、抗硬水剂 0.05～0.15、pH 调节剂 3～8、去离子水加至 100。

所述润滑性添加剂为石墨烯分散液，包括以下组分：壳聚糖 17～19、石墨烯 0.07～0.09、OP-10 烷基酚聚氧乙烯醚 1.7～1.9、冰醋酸 7～9、去离子水 72～73。

所述的减摩防腐剂为聚乙二醇；

所述的 pH 稳定剂为三乙醇胺、二异丙醇胺按质量比计算，三乙醇胺：二异丙醇胺为 1.2：1.3 组成的混合物；

所述的防锈剂为硼化二乙醇胺；

所述的缓蚀剂为苯并三氮唑；

所述的抗硬水剂为乙二胺四乙酸；

所述的 pH 调节剂为冰醋酸。

产品应用 本品主要应用于金属切削加工。

产品特性 本品由于所用的石墨烯分散液是将石墨烯进行了原位修饰后而制备的，所得的石墨烯分散液在水溶液中不会产生聚沉，因此用石墨烯分散液作为润滑性添加剂最终得到的含石墨烯分散液的水基合成金属切削液稳定性好，即从根本上解决了石墨烯作为润滑性添加剂所得的水基合成金属切削液不稳定的问题。

本品由于润滑性添加剂石墨烯分散液的引入，极大地提高了水基合成金属切削液的润滑性能和抗磨性。

本品由于所采用的各种原料均为环保材料，使用时不会对使用者身体健康造成损害，而且对环境污染少，属于绿色环保的水基合成金属切削液。

本品由于以水为载体，不含基油，因此生产过程中耗能少，生产成本低。

含石墨烯环保切削液

原料配比

表 1　助剂

原　　料	配比（质量份）
聚氧乙烯山梨糖醇酐单油酸酯	2

原　　料	配比（质量份）
氮化铝粉	0.1
硼酸	2
吗啉	1
硅酸钠	2
硅烷偶联剂 KH-560	1
过硫酸钾	1
桃胶	3
水	20

表2　含石墨烯环保切削液

原　　料	配比（质量份）
石墨烯	2.5
硅烷偶联剂 KH-550	1.5
醋酸乙烯酯	3.5
亚磷酸二正丁酯	4.5
地沟油	11
丙二醇	14
氟化锆	2.5
蓖麻油酸	3.5
辛基酚聚氧乙烯醚	1.5
丁基萘磺酸钠	1.5
助剂	7
去离子水	200

【制备方法】

（1）助剂的制备　将过硫酸钾溶于水后，再加入其他剩余物料，搅拌 10～15min，加热至 70～80℃，搅拌反应 1～2h，即得。

（2）切削液的制备　将水、辛基酚聚氧乙烯醚、丁基萘磺酸钠混合，加热至 40～50℃，在 3000～4000r/min 搅拌下，加入硅烷偶联剂 KH-550、醋酸乙烯酯、亚磷酸二正丁酯、地沟油、丙二醇、蓖麻油酸、助剂，继续加热到 70~80℃，搅拌 10~15min，加入其他剩余成分，继续搅拌 15~25min，即得。

【原料配伍】　本品各组分质量份配比范围为：石墨烯 2~3、硅烷偶联剂 KH-550 1~2、醋酸乙烯酯 3~4、亚磷酸二正丁酯 4~5、地沟油 10~12、丙二醇 13~15、氟化锆 2~3、蓖麻油酸 3~4、辛基酚聚氧乙烯醚 1~2、丁基萘磺酸钠 1~2、助剂 6~8、去离子水 200。

所述助剂包括以下组分：聚氧乙烯山梨糖醇酐单油酸酯 2~3、氮化铝粉 0.1~0.2、硼酸 2~3、吗啉 1~2、硅酸钠 1~2、硅烷偶联剂 KH-560 1~2、过硫酸钾 1~2、桃胶 3~4、水 20~24。

【质量指标】

检 验 项 目	检 验 标 准	检 验 结 果
最大无卡咬负荷（P_B）值/N	≥400	≥750
防锈性（35℃±2℃），一级灰铸铁	单片，24h，合格	>48h 无锈
	叠片，8h，合格	>24h 无锈
腐蚀试验（35℃±2℃），全浸	铸铁，24h，合格	>50h
	紫铜，8h，合格	>18h
对机床涂料适应性	不起泡、不发黏	

【产品应用】　本品主要应用于金属切削加工。

【产品特性】　本品通过使用石墨烯、氟化锆，使得切削液润滑性、抗磨性大大增强，延长了切削液的使用寿命；通过使用地沟油，不仅增加了润滑性，而且又有利于环保；通过使用表面活性剂、高分子单体、溶剂和偶联剂，使得切削液乳化稳定，不沉降。

含铜离子的水性切削液

【原料配比】

原　料	配比（质量份）					
	1#	2#	3#	4#	5#	6#
水溶性铜盐	1.5	0.5	10	1	2	3
二羧酸盐基复合物防锈剂	1	3	5	1.5	3	3.5

原　料	配比（质量份）					
	1#	2#	3#	4#	5#	6#
乳化剂	3	1	10	3.5	4	5
合成酯	1.5	1	2	1	1.5	1.5
二乙二醇单丁醚	1	5	1	1.5	2.5	3
pH 值调节剂	2	1.5	1	1.5	2	2
抗硬水剂	—	—	1	—	—	—
抗氧化剂	—	—	1	—	—	—
消泡剂	1	—	—	0.1	1	—
基础油	20	—	—	—	—	—
水溶性极压润滑剂	—	20	—	5	—	—
环烷基基础油	—	—	19	—	39	—
去离子水	69	68	50	84.9	45	82

【制备方法】

（1）铜盐的选取　选用能够在水中电离出一定浓度铜离子的水溶性铜盐。

（2）切削液的制备　按设定质量份将铜盐、防锈剂、去离子水和pH 值调节剂先搅拌至均匀透明，然后依次加入乳化剂、合成酯、单丁醚偶合剂和其他功能性添加剂，搅拌混合均匀至透明。

【原料配伍】　本品各组分质量份配比范围为：水溶性铜盐 0.5～10、二羧酸盐基复合物防锈剂 1～5、乳化剂 1～10、合成酯 1～2、二乙二醇单丁醚 1～5、pH 值调节剂 1～2、其他功能性添加剂 0～40、去离子水加至 100。

所述水溶性铜盐为氯化铜，当然可选择其他能够溶于水而产生铜离子的铜盐进行代替，比如硫酸铜等；二羧酸盐基复合物防锈剂采用二羧酸盐基复合物，单丁醚偶合剂为二乙二醇单丁醚；所述乳化剂采用切削液常见的乳化剂均可，优选斯盘-80、吐温-60、AEO-9 等有一定 HLB 的添加剂；所述合成酯采用切削液常用的合成酯均可，优选TMP 油酸酯、甘油酯等；二乙二醇单丁醚可采用其他性质近似的单丁醚偶合剂，对产品的性质并无明显影响；pH 值调节剂采用常用的三乙醇胺，当然，可采用化学性质近似的其他 pH 值调节剂替代；本品中，其他功能性添加剂为消泡剂和环烷基基础油，所述功能添加剂可根据需要添加包括碱性剂、油性剂、抗硬水剂、抗氧化剂和水溶性极压润滑剂中的一种或两种以上的混合物的其他功能性添加剂，对其功能性具有较好的倾向性影响；本品中消泡剂采用德固赛公司的消泡剂DF575，碱性剂采用氢氧化钠、氢氧化钾等，油性剂可采用油酸，抗氧化剂为 T501，水溶性极压润滑剂采用硼酸酯，抗硬水剂采用 EDTA二钠，均为一般水性切削液常用的物质。

产品应用 本品主要应用于工业切削。

使用方法 含铜离子的水性切削液与水按体积比 1∶(5～50)稀释，用于工业切削和磨削的润滑或冷却。

产品特性 本品具有优良的抗菌性能、润滑性能、防锈性能、抗泡性能等，工作液无异味，并且对人体友好无毒害、无刺激、无腐蚀，能有效保障操作人员的健康和安全，不会对周围环境造成污染；同时工作液不会酸败变质，可以循环添加使用，不会污染环境；本品为稳定透明液体，5%稀释液的各项指标达到或超过 GB 6144—2010有关指标。

含有离子液体的微乳化金属切削液

原料配比

原　料	配比（质量份）	
	1#	2#
基础油	25	20
非离子表面活性剂	24	16
阴离子表面活性剂	6	4
防锈剂	12	8
离子液体	4	3
极压添加剂	3	2
消泡剂	2	1
杀菌剂	1	0.5
水	加至 100	加至 100

制备方法

（1）将防锈剂倒入水中，搅拌均匀形成水系。

（2）将极压添加剂、消泡剂、杀菌剂依次加入基础油中，搅拌均匀形成油系。

（3）将步骤（1）所形成的水系和步骤（2）所形成的油系混合并搅拌均匀后，再一边搅拌一边依次加入非离子表面活性剂、阴离子表面活性剂和离子液体，混合均匀后用 pH 调节剂调节 pH 值至7.5～9，得到均一、澄清的微乳体系即为一种含有离子液体的微乳化金属切削液。

所述的 pH 调节剂为碳酸钠，优选质量分数为 10%的碳酸钠水溶液。

原料配伍 本品各组分质量份配比范围为：基础油 20～25、非离子表面活性剂 16～24、阴离子表面活性剂 4～6、防锈剂 8～12、离子液体 3～4、极压添加剂 2～3、消泡剂 1～2、杀菌剂 0.5～1、水加至 100。

其中所述的基础油为聚 α-烯烃；

所述的非离子表面活性剂为直链脂肪醇聚氧乙烯醚；

所述的阴离子表面活性剂为石油磺酸盐，所述的石油磺酸盐优选为碳链长度平均为 14～18 的直链烷基磺酸钠；

上述的非离子表面活性剂、阴离子表面活性剂按质量比计算，其最佳比例即非离子表面活性剂∶阴离子表面活性为 3.2∶1；

所述的防锈剂为三乙醇胺硼酸酯与妥尔油组成的混合物；

所述的极压添加剂为硫化异丁烯；

所述的消泡剂为油酸三乙醇胺；

所述的杀菌剂为异噻唑啉酮；

所述的离子液体通过包括如下步骤的方法制备：按无水乙醇∶N,N-二甲基十四烷基胺∶1,4-二溴丁烷为 1mL∶0.4g∶0.167g 的比例，将无水乙醇、N,N-二甲基十四烷基胺和 1,4-二溴丁烷混合后控制温度为 85℃进行回流反应 48h，得到反应液；然后，用按质量比计算，即乙酸乙酯∶乙醇为(2～3)∶1 比例而组成的乙酸乙酯乙醇混合液对上述所得的反应液进行 3～4 次重结晶后，在 55～65℃烘干，即得离子液体。

产品应用 本品主要应用于用于高精度、高要求的金属工件的切削加工，特别是船舶、重工业等金属切削加工，使用时用去离子水或者蒸馏水将其稀释 20 倍后使用。

产品特性 本品由于离子液体的加入，为微乳化金属切削液提供良好的润滑、冷却和减摩性能，且绿色环保，可适用于高精度、高要求的金属工件的切削加工。

本品由于具有良好的润滑性、抗磨性和生物降解性，使用后，减小了后处理的成本，同时对环境和人类健康无毒无害。

含有磨料的乳化复合金属切削液

原料配比

表1 助剂

原　料	配比（质量份）
碳化硅	2
纳米二氧化锆	2.5
当归油	1
尿素	1
十二碳醇酯	2
聚乙烯蜡	2
分散剂 NNO	2
丙烯酸树脂乳液	2.5
石油磺酸钠	2
水	50

表2 含有磨料的乳化复合金属切削液

原　料	配比（质量份）
氢氧化铝粉末	3
对苯二酚	1
氮化铝	2
纳米麦饭石粉	4
氯化亚锡	1

原　料	配比（质量份）
五水偏硅酸钠	2
二丁基萘磺酸钠	5
藻酸丙二醇酯	1.5
α-磺基单羧酸酯	2
助剂	5
去离子水	200

制备方法

（1）助剂的制备　首先将碳化硅、纳米二氧化锆、分散剂NNO、石油磺酸钠加入一半量的水中，研磨 1～2h，然后缓慢加入其余剩余成分，缓慢加热至 70～80℃，在 300～500r/min 条件下搅拌反应 30～50min，冷却至室温即得。

（2）切削液的制备

① 将氮化铝、纳米麦饭石粉、α-磺基单羧酸酯混合均匀，加入适量的去离子水，加热至 30～35℃，研磨 30～40min，得到混合 A 料；

② 将除助剂之外的其余剩余成分加入到反应釜中，搅拌混合均匀，缓慢加热至 55～65℃，保温 1～1.5h，得到混合 B 料；

③ 将保温的混合 B 料边搅拌边缓慢加入到混合 A 料中，充分搅拌后加入助剂，800～900r/min 下搅拌反应 40～60min，冷却至室温即得。

原料配伍　本品各组分质量份配比范围为：氢氧化铝粉末 3～5、对苯二酚 1～2、氮化铝 2～4、纳米麦饭石粉 4～6、氯化亚锡 1～2、五水偏硅酸钠 2～3、二丁基萘磺酸钠 5～6、藻酸丙二醇酯 1.5～2.5、α-磺基单羧酸酯 2～4、助剂 5～7、去离子水 200。

所述助剂包括以下组分：碳化硅 2～3、纳米二氧化锆 2.5～3.5、当归油 1～2、尿素 1～2、十二碳醇酯 2～3、聚乙烯蜡 2～4、分散剂 NNO 2～3、丙烯酸树脂乳液 2.5～3.5、石油磺酸钠 2～3、水 50～54。

质量指标

检验项目	检验标准	检验结果
防锈性（35℃±2℃），一级灰铸铁	单片，24h，合格	＞54h 无锈
	叠片，8h，合格	＞12h 无锈

检 验 项 目	检 验 标 准	检 验 结 果
腐蚀试验（35℃±2℃），全浸	铸铁，24h，合格	>48h
	紫铜，8h，合格	>12h
对机床涂料适应性	不起泡、不开裂、不发黏	

产品应用　本品主要应用于金属切削加工。

产品特性　本品添加纳米麦饭石等磨料，配合表面活性剂，具有良好的分散性以及耐磨性，而且具有杀菌防臭的功效；添加助剂，增强了抗磨、分散、润滑、成膜性，配合表面活性剂的添加，使得切削液具有优异的润滑抗磨性能以及清洗冷却；本品呈水基乳液状，性能优良，加工工艺简单易行，成本低廉。

合成高硬度金属切削液

原料配比

表1　助剂

原　料	配比（质量份）
壬基酚聚氧乙烯醚	2
尿素	1
纳米氮化铝	0.1
硅酸钠	2
硼酸	2
钼酸铵	1
新戊二醇	3
桃胶	2
过硫酸铵	2
水	20

表2　合成高硬度金属切削液

原　料	配比（质量份）
氯化石蜡	11
聚异丁烯	3.5

原　　料	配比（质量份）
石油磺酸钠	2.5
聚环氧乙烷	5
十二烷基苯磺酸钠	1.5
乙酰化羊毛醇	11
偏硅酸钠	6
松香	4
三羟乙基异氰尿酸酯	0.1
乙醇	22
助剂	7
水	200

制备方法

（1）助剂的制备　将过硫酸铵溶于水后，再加入其他剩余物料，搅拌 10～15min，加热至 70～80℃，搅拌反应 1～2h，即得。

（2）切削液的制备　将水、石油磺酸钠、十二烷基苯磺酸钠、偏硅酸钠混合，加热至 40～50℃，在 3000～4000r/min 搅拌下，加入氯化石蜡、聚环氧乙烷、聚异丁烯、三羟乙基异氰尿酸酯、乙酰化羊毛醇、松香、助剂，继续加热到 70～80℃，搅拌 10～15min，加入其他剩余成分，继续搅拌 15～25min，即得。

原料配伍　本品各组分质量份配比范围为：氯化石蜡 10～12、聚异丁烯 3～4、石油磺酸钠 2～3、聚环氧乙烷 4～6、十二烷基苯磺酸钠 1～2、乙酰化羊毛醇 10～12、偏硅酸钠 3～8、松香 3～5、三羟乙基异氰尿酸酯 0.1～0.2、乙醇 20～23、助剂 6～8、水 200。

所述助剂包括以下组分：壬基酚聚氧乙烯醚 2～3、尿素 1～2、纳米氮化铝 0.1～0.2、硅酸钠 2～3、硼酸 1～2、钼酸铵 1～2、新戊二醇 3～4、桃胶 2～3、过硫酸铵 1～2、水 20～24。

质量指标

检验项目	检验标准	检验结果
最大无卡咬负荷（P_B）值/N	≥400	≥570
防锈性（35℃±2℃），一级灰铸铁	单片，24h，合格	>48h 无锈
	叠片，8h，合格	>16h 无锈

检 验 项 目	检 验 标 准	检 验 结 果
腐蚀试验（35℃±2℃），全浸	铸铁，24h，合格	＞56h
	紫铜，8h，合格	＞20h
对机床涂料适应性	不起泡、不发黏	

产品应用　本品主要应用于金属切削加工。

产品特性　本品具有优异的润滑性和清洗性，还具有优异的极压抗磨性、冷却性能，适用于高硬度的切削，不易损坏刀具和金属表面。

参考文献

中国专利公告

CN—201210425574.4
CN—201410296606.4
CN—201410282302.2
CN—201410282334.2
CN—200610013974.9
CN—201210203878.6
CN—201310671932.4
CN—201210367444.X
CN—201310654099.2
CN—201510207643.8
CN—201310118446.X
CN—201310654509.3
CN—201310672880.2
CN—201410839880.1
CN—201310682271.5
CN—201410438930.5
CN—201510207649.5
CN—201110349301.1
CN—201410367663.7
CN—201410770029.8
CN—201410490721.5
CN—201410493258.X
CN—201410840753.3
CN—201410843689.4
CN—201210349796.2
CN—201510046218.5
CN—201310605389.8
CN—201410512091.7

CN—201410292167.X
CN—201410292247.5
CN—201310284909.X
CN—201310654129.X
CN—201410839879.9
CN—201410840334.X
CN—201410367149.3
CN—201410367614.3
CN—201310443209.0
CN—201410296637.X
CN—201310498128.0
CN—201310490798.8
CN—201310498038.1
CN—201410501934.3
CN—201310490799.2
CN—201010101288.3
CN—201310670824.5
CN—201410519526.0
CN—201410493865.6
CN—201410290917.X
CN—201210177136.0
CN—201210177445.8
CN—201310654062.X
CN—201110069323.2
CN—201310247683.6
CN—201410304854.9
CN—201410282333.8
CN—201410750852.2

CN—201510193101.X
CN—201410839593.0
CN—201310654700.8
CN—201410280740.5
CN—201410365345.7
CN—201210399536.6
CN—201210400613.5
CN—201210400615.4
CN—201410304822.9
CN—201410512075.8
CN—201410296491.9
CN—201310575005.2
CN—201410282248.1
CN—201410839341.8
CN—201310653446.X
CN—201310492246.0
CN—201410305509.7
CN—201310655617.2
CN—201410839432.1
CN—201310492249.4
CN—201310504817.8
CN—201310490882.X
CN—201310244435.6
CN—201410355043.1
CN—201210165567.5
CN—201310245308.8
CN—201310245309.2
CN—201310501424.1
CN—201310247553.2
CN—201010264702.2
CN—201210561671.6
CN—201310505037.5
CN—201310490870.7

CN—201310738512.3
CN—201310244519.X
CN—201210177121.4
CN—201310255537.8
CN—201410279029.8
CN—200610161546.0
CN—201310372679.2
CN—201210177425.0
CN—201210350291.8
CN—201410372511.6
CN—201310244558.X
CN—201410160617.X
CN—201510109970.X
CN—201310654390.X
CN—201410840594.7
CN—201410305508.2
CN—201210113159.5
CN—201510169569.5
CN—201310490825.1
CN—201310490827.0
CN—201410485345.0
CN—201510207612.2
CN—201310501437.9
CN—201310575397.2
CN—201410435606.8
CN—201410296853.4
CN—201310575530.4
CN—201310490834.0
CN—201410493112.5
CN—201410362177.6
CN—201310490840.6
CN—201410512436.9
CN—201410485334.2

CN—201410303899.4
CN—201410507093.7
CN—201410435614.2
CN—201410512440.5
CN—201410507006.8
CN—201310490849.7
CN—201310490853.3
CN—201410435609.1
CN—201410296871.2
CN—201310579808.5
CN—201410507036.9
CN—201310575121.4
CN—201310575524.9
CN—201410481524.7
CN—201410507092.2
CN—201310575500.3
CN—201410282351.6
CN—201410507038.8
CN—201310580283.7
CN—201310580264.4
CN—201310501681.5
CN—201310575314.X
CN—201410296879.9
CN—201410517928.7
CN—201410296855.3
CN—201410297431.9
CN—201410296621.9
CN—201410296869.5
CN—201410282238.8
CN—201410517656.0
CN—201310654458.4
CN—201310291079.3
CN—201510207610.3

CN—201310671333.2
CN—201210306914.1
CN—201210109957.0
CN—201310654431.5
CN—201410499633.1
CN—201410547835.9
CN—201410366804.3
CN—201410367711.2
CN—201410367713.1
CN—201410839388.4
CN—201310504810.6
CN—201410367229.9
CN—201510207676.2
CN—201410362189.9
CN—201310498037.7
CN—201310492385.3
CN—201410296881.6
CN—201510207679.6
CN—201410847129.6
CN—201410846985.X
CN—201310490880.0
CN—201310482560.0
CN—201310492281.2
CN—201410846759.1
CN—201410512410.4
CN—201410282310.7
CN—201310387993.8
CN—201410372528.1
CN—201310678356.6
CN—201410779931.6
CN—201510211302.8
CN—201310490881.5
CN—201310679915.5

CN—201310437916.9
CN—201410365286.3
CN—201510207598.6
CN—201410282276.3
CN—201410547833.X
CN—201310387984.9
CN—201410279031.5
CN—201110161285.3
CN—201410496979.6
CN—201410537948.0
CN—201410362181.2
CN—201410279034.9
CN—201410497041.6
CN—201410547543.5
CN—200910063352.0
CN—201410780981.6
CN—201410362173.8
CN—201410481530.2
CN—201310289264.9
CN—201210237048.5
CN—201310148515.1
CN—201310291078.9
CN—201310492384.9

CN—201310498043.2
CN—201310490872.6
CN—201310492383.4
CN—201310501243.9
CN—201310579416.9
CN—201310492382.X
CN—201310613946.0
CN—201110175613.5
CN—201110176262.X
CN—201310751697.1
CN—201310653501.5
CN—201410494500.5
CN—201310654140.6
CN—201310654525.2
CN—201310654895.6
CN—201310655092.2
CN—201410838657.5
CN—201310167713.2
CN—201310654161.8
CN—201310046393.5
CN—201310375426.0
CN—201410305917.2
CN—201310655050.9